U0022279

會計資訊系統

顧喬芳　范懿文　鄭漢鐔 著

Accounting Information Systems

三民書局

國家圖書館出版品預行編目資料

會計資訊系統／顧裔芳，范懿文，鄭漢鐔著.－－初版一刷.－－臺北市；三民，民90
面；　公分

ISBN 957-14-3492-2 (平裝)

1.會計－資料處理　2.管理資訊系統

495.029　　　　90011620

網路書店位址　http://www.sanmin.com.tw

© 會計資訊系統

著作人　顧裔芳　范懿文　鄭漢鐔
發行人　劉振強
著作財產權人　三民書局股份有限公司
　　臺北市復興北路三八六號
發行所　三民書局股份有限公司
　　地址／臺北市復興北路三八六號
　　電話／二五〇〇六六〇〇
　　郵撥／〇〇〇九九九八──五號
印刷所　三民書局股份有限公司
門市部　復北店／臺北市復興北路三八六號
　　重南店／臺北市重慶南路一段六十一號
初版一刷　中華民國九十年八月
編　號　S 49315
基本定價　玖元陸角
行政院新聞局登記證局版臺業字第〇二〇〇號

ISBN 957-14-3492-2 (平裝)

序言

舉凡企業組織無不重視會計活動的進行，因為企業日常的各種活動，例如企業商品的製造及出售等經濟活動，都是仰賴會計活動的認定、衡量、記錄、分析及彙總程序，方能提供相關人士有關企業經營的成效資訊。所以，如何利用發展成熟的資訊科技來幫助企業兼具效率及效益地執行其會計活動，是許多組織相當重視的課題。本書的撰寫目標即是介紹會計資訊系統這個重要的課題。希望會計基本素養或資訊科技基本素養有限的讀者，都能在一學期的時間內有系統地認識會計資訊系統。

現代或未來的會計資訊系統，必將高度運用資訊科技。如何仰賴科技技術發展出可用的會計資訊系統並不難，但若要系統既契合企業組織的會計制度，又能將良好的內部控制機制建立在系統內，則有賴會計人員與系統發展及設計人員共同努力。因而，本書特別對內部控制深入淺出的介紹並舉例說明，期使讀者能確實瞭解內部控制的觀念及機制，以便將來發展或設計系統時，能一併考量將內部控制機制建立在系統內。符合內部控制需求的系統，也才是個理想的系統。這是本書的另一個特色。

本書共分十五章，教師可依據學生特性，選擇章節作為授課內容。比如，針對會計學系的學生，第二章內容大部分熟悉，可將重點放在學生尚未學過的電腦審計、文牘化工具上等。再比如，針對資管系的學生，對第五章至第八章的內容較為熟悉，其內容多以會計資訊系統舉例說明，建議可以很快的瀏覽內容，而將重點與時間放在其他章節上。對於其他科系學生，則本書既可幫助其了解資訊科技概念，又能了解企業內部控制之重要，而第十一章至第十五章的各循環，則有助於其瞭解企業的相關活動及加值過程。

會計資訊系統 目次

第三章　會計資訊系統與內部控制結構

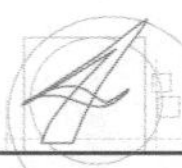

第四章　企業組織採用內部控制的情形

第五章 會計資訊系統的科技基礎

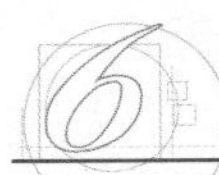

第六章 資訊系統之規劃與可行性研究

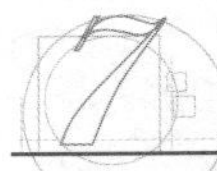

第七章 資訊系統分析與設計

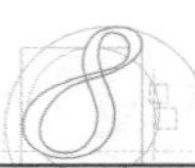

第八章 系統施行

第九章 資訊與知識處理系統

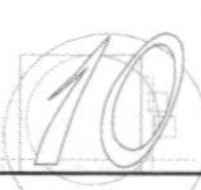

第十章 電腦化會計資訊系統的控制

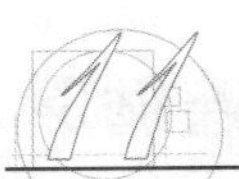

第十一章 收益循環

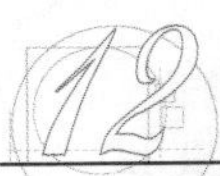

第十二章 支出循環

第十三章 製造循環及固定資產循環

第十四章 會計總帳、彙報系統及融資、投資循環

第十五章　管理報告系統及進階會計資訊系統的應用

第一章

會計資訊系統導論

概要

資訊化的社會是所有邁入公元兩千年的企業須面對的經營環境。不論企業組織是主動地採用各項發展成熟的資訊與通訊科技來創造其競爭優勢，或是被動地應用與經營夥伴相契合的資訊科技來維持企業營運機會，許多企業早已投資不少的資源，運用資訊系統處理各項企業營運。會計資訊系統正是其中最早在實務業界成軍且貢獻良多的資訊系統之一。本書將系統化介紹會計資訊系統的理論與應用情形；讓讀者能夠有效率地瞭解會計資訊系統的內涵，瞭解在變遷的經營環境中，如何發揮會計資訊系統所有的預期效益。本章首先說明會計資訊系統的基本觀念，以幫助讀者認識其內涵，及與企業其他資訊系統整合的情形。

第一節　緒　論

一般都以為會計資訊系統只是將會計交易使用電腦處理而已，其實未完全瞭解會計資訊系統的功能。所有企業內部的各項營運活動，只要是量化、可記錄的資料都可彙整到會計資訊中；因而善用會計資訊系統的企業，就會設計完善的會計制度，藉以蒐集各項營運活動及處理會計事務。在電腦化時代，會計制度也要整合所有作業系統電腦化，因而整合電腦化作業及會計制度，就成了會計資訊系統。換句話說，會計資訊系統的重要性即是憑藉良好的電腦化會計制度，確實保護企業的資產安全，及達到既定的營運目標。目前盛行的 ERP 企業資源規劃系統 (enterprise resources planning)，是以整合企業資源為根基，再規劃各項業務活動的資訊系統。所謂企業資源即是會計所謂的資產，因而理論上可說：ERP 是以電腦化的會計制度為根基，建構企業各項營運作業的管理資訊系統，也是學者多年來期盼的整體化資訊系統 (total information system)，融合資源應用與管理於一系統，且可整合、規劃企業的各項營運活動。

第二節　會計資訊系統、資料及資訊的定義

在人工會計作業時代，會計人員需花費許多時間登錄分錄、過帳、調整、結帳、製作報表等例行的交易處理，無法提供管理諮詢的服務。但是，在電腦化會計資訊系統時代，電腦不但可以快速的處理這些例行業務，會計人員還可藉助電腦的特性，彙總報表、比較資訊、分析財務狀況、提供管理諮詢服務、查核交易處理，甚至可以輸入模擬資料、預測將來情況、趨勢等。這些支援服務工作在人工會計作業時代可能因為需要額外時間，以致無法適時提供；或者需要額外的人工整理，致使資訊成本增加或延誤；而設計完善的電腦化會計資訊系統，可快速的提供這類支援資訊。

簡單的說，會計資訊系統 (accounting information systems) 是資訊化的會計制度，或者是電腦化的會計制度，也就是會計制度整合資訊科技的系統。因而，我們可以說會計資訊系統的功能就是：

1.提供可用的會計資訊：

企業應用組織資源（人員、硬體、軟體），依據組織環境、自有特性及管理程序，將活動資料應用電腦資訊科技轉換成符合會計理論、遵循法規要求、支援經營管理所需的各項會計資訊。

2.提供決策者使用資訊：

系統可將這些資訊適時的、正確的、有效的提供給決策者使用。決策者可以是內部使用者，也可以是外部使用者：

(1)提供內部決策者資訊（管理會計），以協助各層經營管理人員執行作業、控制管理、策略規劃、制定決策、改善缺失、提昇組織經營績效等；

(2)提供外部決策者、使用者資訊（財務會計），如稅務機構、證管會、投資大眾等對企業需求的稅務會計資訊或財務會計資訊。圖 1–1 簡示會計資訊系統提供有用資訊的過程。

輸入：收集交易憑證及其他相關資料輸入系統。
處理：系統處理資料並貯存資料供將來使用（資料庫、檔案）。
輸出：以報告、報表或查詢功能，提供使用者所需的資訊。
確保資訊有用，應注意：
1.控制整個會計資訊流程，確保資訊處理過程正確且可靠。
2.資訊應有之品質特性——有用（攸關）、適時、正確、完備、彙總。

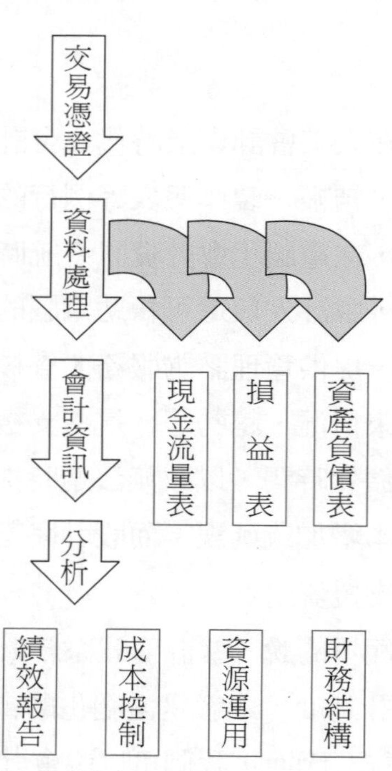

圖 1–1　會計資訊系統提供有用的資訊

資料 (raw data) 指尚未經過處理的記錄、檔案、文件等。資訊 (information) 係指資料經過處理，且能為特定目的所使用。資訊應符合攸關性、適時性、正確性、完備性及彙總性等品質特性，否則只是處理過的資料而已。資訊的流程可以是橫向水平的支援同層管理人員詳細的作業內容；可垂直上送各管理層的作業彙總報告；也可下達指示給各級員工。資訊流程常用金字塔圖形表示水平支援及各管理層資訊的流動（見圖 1–2）。

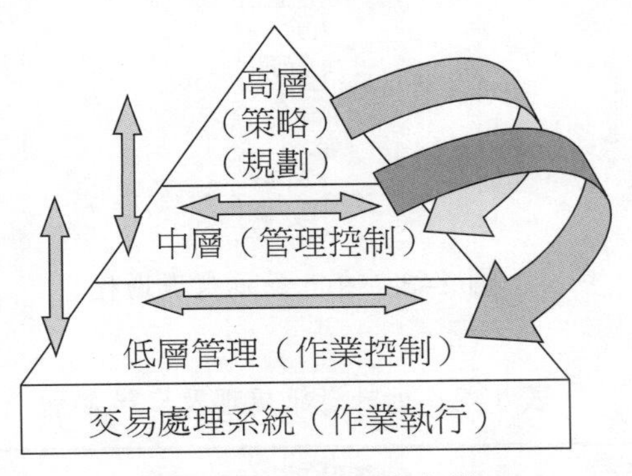

圖 1–2 資訊流程金字塔

管理資訊由於使用者的管理階層不同，其決策性、資訊類別、時間性、資訊結構都會因為管理功能不同，而使得所需求的資訊也有不同。表 1–1 簡示各層管理資訊特性。

表 1–1 管理資訊特性

管理層	決策性	資訊類	彙總性	時間性	不確定性
高	非結構化	策略規劃	高	（長期）年	高
中	半結構化	管理控制	↕	↕	↕
低	結構化（程式化）	作業控制	低	（短期）日	低

會計資訊既是管理資訊的重要內涵，也有上述管理資訊的特性。圖 1–3 簡介會計資訊處理的過程。若將圖 1–3 的內容，依照會計資訊處理的過程、資訊處理的系統、提供的功能或資訊類別，進一步描述其間的關係，則成為表 1–2。因為會計資訊系統包含財務會計及管理會計。所以，以圖 1–4 簡介財務會計的資訊處理過程；以圖 1–5 簡介管理會計的

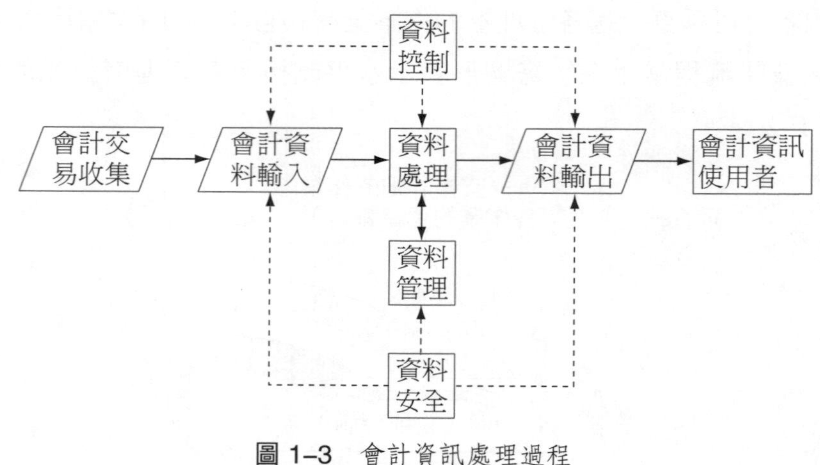

圖 1–3 會計資訊處理過程

表 1–2 會計資訊處理及資訊類別

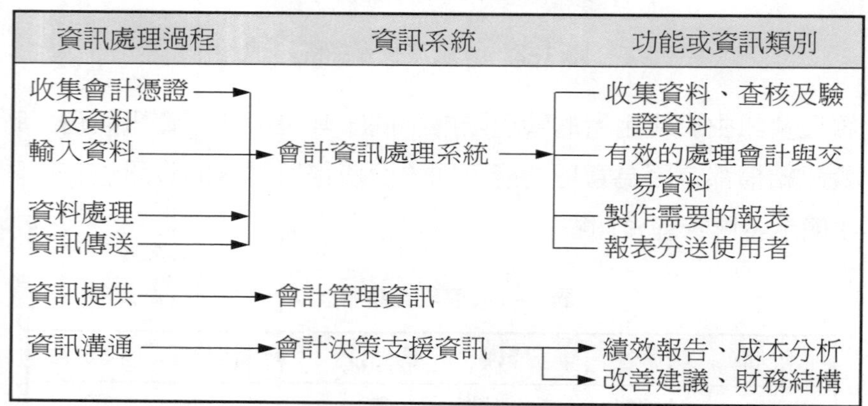

資訊處理過程	資訊系統	功能或資訊類別
收集會計憑證及資料	會計資訊處理系統	收集資料、查核及驗證資料
輸入資料		有效的處理會計與交易資料
資料處理		製作需要的報表
資訊傳送		報表分送使用者
資訊提供	會計管理資訊	
資訊溝通	會計決策支援資訊	績效報告、成本分析
		改善建議、財務結構

資訊處理過程。

企業若能充分運用電腦化的會計資訊系統，不但基本的會計資訊可以快速處理，且可提供管理層的資訊，支援管理的功能，並提供進階的管理諮詢及支援服務的功能。圖 1–6 顯示會計資訊系統的支援管理功能：從最右邊（最基本的、狹義的）會計資訊處理系統，到會計管理資訊系統，到最左邊（充分運用會計資訊的決策支援特性）的會計系統可提供的功能。因而理想的會計管理資訊系統應能符合 ERP 觀念，而能提供如圖 1–7 的功能。

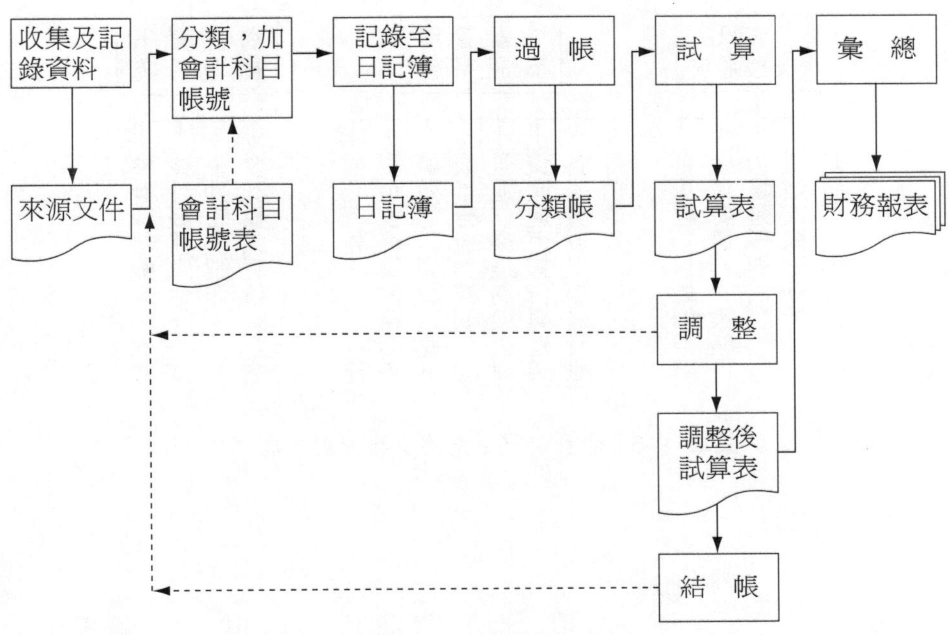

圖 1-4 財務會計資訊處理過程

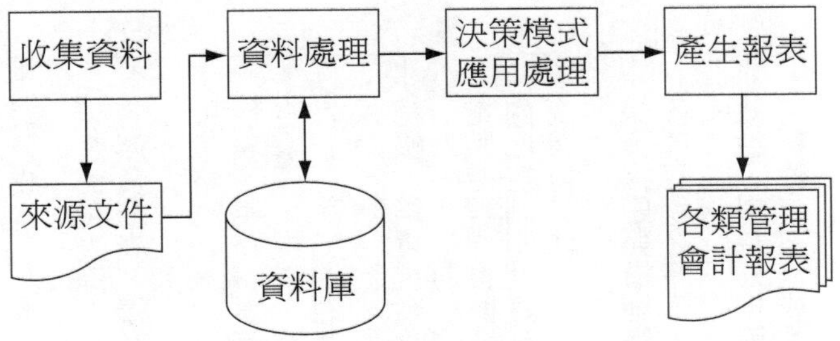

收集資料
資料處理
決策模式應用處理
產生報表
來源文件
資料庫
各類管理會計報表

圖 1-5 管理會計資訊處理過程

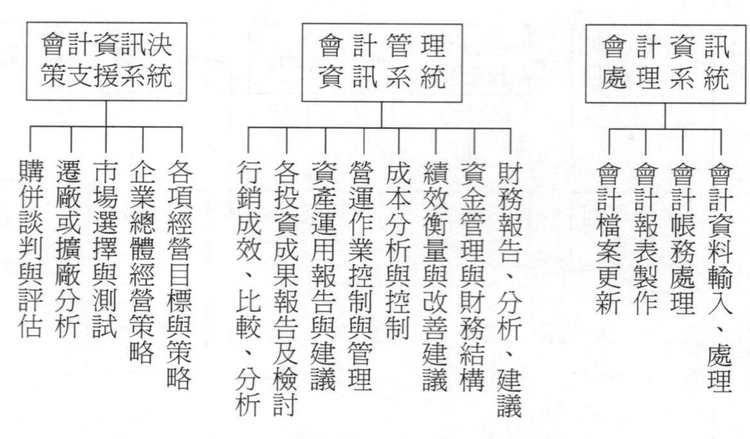
會計資訊決策支援系統
各項經營目標與策略
企業總體經營策略
市場選擇與測試
遷廠或擴廠分析
購併談判與評估
會計管理資訊系統
財務報告、分析、建議
資金管理與財務結構
績效衡量與改善建議
成本分析與控制
營運作業控制與管理
資產運用報告與建議
各投資成果報告及檢討
行銷成效、比較、分析
會計資訊處理系統
會計資料輸入、處理
會計帳務處理
會計報表製作
會計檔案更新

圖 1–6　會計資訊系統的支援管理功能

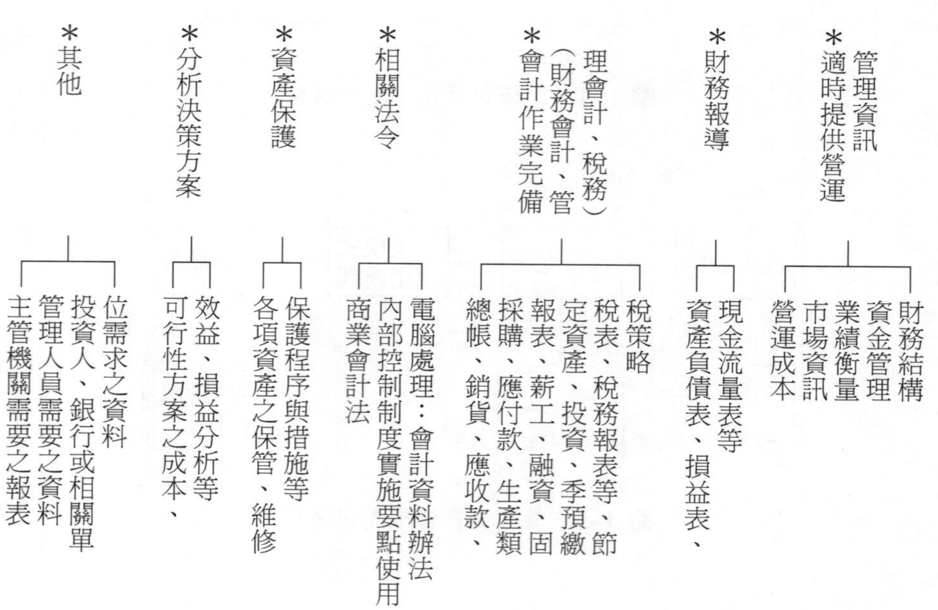
＊適時提供營運管理資訊
財務結構
資金管理
業績衡量
市場資訊
營運成本
＊財務報導
現金流量表等
資產負債表、損益表、
＊會計作業完備（財務會計、稅務）理會計、管
稅策略
稅表、稅務報表等、節
定資產、投資、季預繳
報表、薪工、融資、固
採購、應付款、生產類
總帳、銷貨、應收款、
＊相關法令
電腦處理：會計資料辦法
內部控制制度實施要點使用
商業會計法
＊資產保護
保護程序與措施等
各項資產之保管、維修
＊分析決策方案
效益、損益分析等
可行性方案之成本、
＊其他
位需求之資料
投資人、銀行或相關單
管理人員需要之資料
主管機關需要之報表

圖 1–7　理想的會計資訊系統應有之功能

第三節 管理資訊系統與會計資訊系統的關係

會計資訊系統如同管理資訊系統 (management information systems)，由許多子系統組成，都是支援管理階層對企業資源的運用及管理責任，即支援企業組織的作業、管理、控制與決策規劃功能；也都以電腦及相關硬體設備為基礎，整合人員、軟體程式、設備與管理功能的整體化系統。兩者的區別是：狹義的會計資訊系統只處理財務性交易，非財務性的交易或事務則由管理資訊系統的其他子系統處理。過去的觀念認為會計資訊系統可以和其他管理系統分開獨立發展。但是卻有實例讓我們學習到一個重要的觀念；也就是說組織若不以會計系統為基本，再發展其他管理系統，則會產生系統間無法整合的問題。80 年代，HP 公司在發展了製造系統和工程管理系統後，才試圖發展成本管理系統，耗費了可觀的成本、人力和時間後，卻無法整合，只好放棄這套系統的研發。而 IBM 發展以產生會計資訊為主的製造業會計生產資訊控制系統，其發展成本較低，被認為易於使用，因而廣被製造業採用。現今的 ERP 觀念，也是整合企業組織內的電腦系統和資料庫，使各子系統間能互相溝通，交換資料，產生各類所需資訊。如 Oracle 公司的 ERP 以總帳為基礎，發展並連結其他採購、存貨、生產等……子系統，整合成 ERP；其實就是以會計資訊系統為本，整合其他管理及生產等子系統而整合成資源規劃系統。

一般說來，管理資訊系統或 ERP 可包含以下幾類子系統（視企業性質而有不同）：人事、薪資、考勤子系統；行銷、收款子系統；製造、工程、生產子系統；原料、物料管理子系統；資料處理、資訊管理子系統；採購、總務子系統；運送、分派子系統；會計、財務子系統等（見

圖 1–8）。事實上，這些個別的管理子系統中都有財務資訊（如現金、投資的管理及運用）及管理資訊（人事、薪資、生產、行銷、研發等）。只要是有關資金運用、成本費用、收入或支出等相關的金流資訊，最後都會彙整到會計資訊系統來；所以，廣義的會計資訊系統包含財務會計與管理會計，若充分運用會計的管理及決策支援的特性，則與 ERP、管理資訊系統的功能類似；而且若以會計資訊系統為本，再發展其他系統，更能使企業資訊系統的整合性達到理想狀態。這也是 Oracle 公司發展 ERP 時，以總帳為基礎的理由之一。

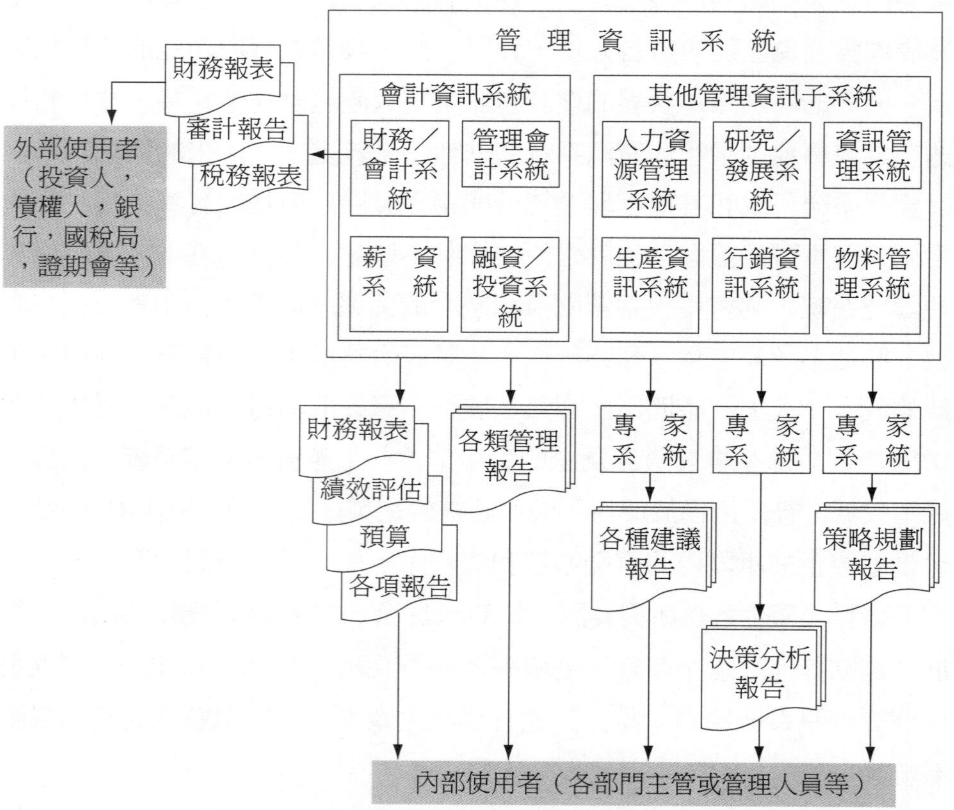

圖 1–8 管理資訊系統與會計資訊系統的關係

第四節　會計資訊系統的組成分子

「系統」乃是為了達到同一目的，由二個或二個以上的相關組成分子，或子系統整合成一個群體，相互支援，以處理作業，提供資訊，完成營運目標。因此，整體化的會計資訊系統的子系統可包括下列子系統：

⑴會計交易處理系統 (transaction processing system)：通常包含下列幾類會計循環：收益循環 (revenue cycle)，支出循環 (expenditure cycle)，及製造循環 (production cycle)，資訊處理循環 (information management cycle)、薪工循環 (payroll cycle) 等。

⑵總帳／財務報告系統 (general ledger/financial reporting system)。

⑶管理報告系統 (management reporting system)。

⑷會計資訊決策支援系統 (accounting information decision support system)。

表 1–3 簡示會計資訊系統的組成分子。

表 1–3　會計資訊系統組成分子

<table>
<tr><td rowspan="4">會計資訊系統</td><td>會計交易處理系統</td><td>收益循環
支出循環
製造循環
資訊處理循環
薪工循環</td></tr>
<tr><td colspan="2">總帳／財務報告系統</td></tr>
<tr><td colspan="2">管理報告系統</td></tr>
<tr><td colspan="2">會計資訊決策支援系統</td></tr>
</table>

茲分別簡述如下，各循環將在本書以後的相關章節詳細說明。期使

沒有實務經驗的讀者，能透過本書的介紹，對企業活動、會計制度、資訊流及金流有基本的瞭解：

㈠會計交易處理系統

會計交易處理系統是會計資訊系統最基本的必要子系統，通常也是企業需要每天或定期執行的系統。交易處理循環包括收益循環，支出循環，製造循環，資訊處理循環，薪工循環等，簡介如下：

1.收益循環，或稱銷貨與收益循環：

主要處理企業的營業收益活動，可能包括訂單處理子系統，銷貨處理子系統，貨品出貨或運送子系統，應收帳款子系統及現金收入子系統等。本書在第十一章會詳細說明收益循環。

2.支出循環，或稱採購與支出循環：

主要處理企業為償還負債、取得資源、或購入貨品而支付款項的作業程序。薪資系統也是一個定期應執行的支出循環。支出循環可能包括採購子系統，貨品驗收子系統，倉儲子系統，應付帳款子系統及現金支付子系統等。本書在第十二章會詳細說明採購與支出循環，並一併說明薪工循環。

3.製造循環，又稱轉換循環：

是製造業特有的循環，是企業將原料、材料經過加工、製造後成為製成品的循環。包含生產子系統及成本會計子系統。固定資產循環與製造循環相關性最大，亦包含在本書第十三章與製造循環一併說明、討論。

4.資訊處理循環：

主要處理有關會計資訊的管理作業，也是整個資訊管理系統的一部分；此循環支援整個會計資訊系統的相關作業，並與組織內的其他作業系統連結。包含會計資料輸入、處理、輸出會計資訊等作業。

5.薪工循環：

薪資系統也是一個定期應執行的支出循環；有時包含在支出循環

中。本書在第十二章說明支出循環時，也一併說明薪資子系統。

㈡總帳／財務及報告系統

主要處理會計總分類帳、編製試算表及各項財務報告，也包含預算、績效評估、融資與投資循環等。本書會在第十四章說明。

㈢管理報告系統

營運作業評估等報告，包括固定資產循環、研究發展循環、業績報告、財務預測等。本書會在第十五章說明。

㈣會計資訊決策支援系統

主要運用會計資訊配合決策支援系統、專家系統等，提供決策管理層所需的資訊等，是進階應用會計資訊系統，也在本書第十五章一併說明。

第五節 會計、系統設計及相關職務人員在會計資訊系統內的角色

會計資訊系統應具備的基本功能是：系統可完整的衡量、記錄、分類、彙總、分析及報告資訊給使用人，以協助使用人藉著提供的資訊，作出決策。圖 1–9 顯示會計資訊系統與組織內各營運管理系統的關聯運作關係，也顯示內部控制制度與九大循環的關係[註]。會計資訊系統除保存交易憑證，從事資料處理，提供相關財務報表及管理資訊外，還可提供企業各營運單位的彙總、分析、管理、諮詢等決策支援資訊。

依據民國八十七年四月十五日證管會公告修正的「公開發行公司建立內部控制制度實施要點」第八條、第九條及第十條。

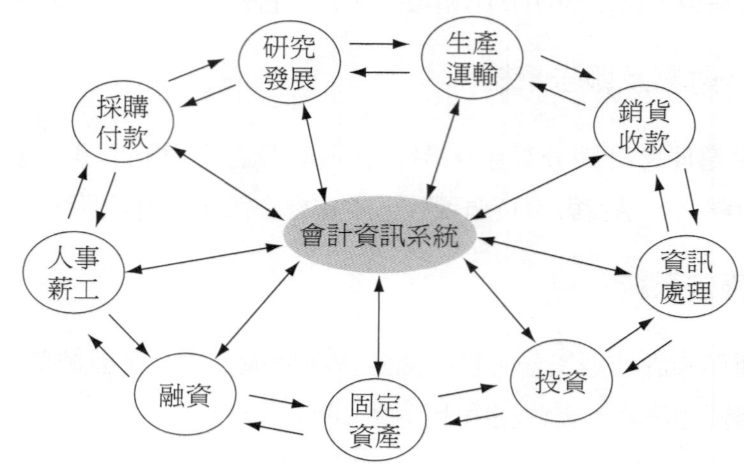

圖 1–9 會計資訊系統與營運管理的關聯

瞭解各營運單位的資訊需求後，會計人員可將資料、來源及應適用的會計原則，經過資訊系統彙整後成為有用的資訊，提供給決策者參考、使用。因而，會計職務在組織內的角色是提供資訊的服務者，也是其他使用者的諮詢幕僚，其角色可大分為三類：⑴使用者；⑵發展者及⑶評估者。圖 1–10 簡介會計人員在會計資訊系統裡的角色。當然，角色的界定並非是絕對的；比如財務會計人員雖然大部分時候是使用者，然而在資訊系統剛開發的時候，可以參與開發（比如：提供輸入表單應備的資料或輸出表單應有的資料欄位），也可在使用資訊系統一段時間後，建議增添新的相關作業，則此時，就成為發展者。再比如電腦審計人員，使用資訊系統從事電腦審計時是使用者；而在稽核電腦資訊系統時，就成了評估者；而在開發、維護、添加稽核程式時就是發展者。而主要負責系統設計或維護的人員，若在發展系統的初期就能得到會計人員參與，不但容易瞭解企業內部文件的流程，也對企業資訊收集及彙整的過程及會計程序有比較深度的瞭解，也較能夠設計出具有整合觀念的資訊系統。因而，針對組織內與會計資訊系統有關係的職務討論如下，以使讀者瞭解這些人員的功能：

1.財務會計人員：

主要彙總有關財務會計的歷史資訊，如資產負債表、損益表、現金流量表、業主權益變動表或其他有關的財務報表等。這些報表大部分都要提供給外部使用者，特別是債權人、投資者與證管會，因而財務會計人員必須確定會計資訊系統的處理過程符合一般公認會計原則。

2.稅務會計人員：

主要負責稅務規劃、稅務會計的彙報，也提供有關的稅務規劃、建議及諮詢。對外，稅務會計人員必須依照稅法及稅務機構的要求處理各項進貨稅、銷貨稅、財產交易稅、投資交易稅、所得稅申報、所得稅預估報繳等的稅務處理。對內部各單位，稅務會計人員提供稅務報告、稅務規劃、分析及建議等。稅務會計人員必須確保會計資訊系統能協助其達到這些功能。若稅法有所改變，則稅務處理相關功能也應更新，以符新稅法的規定。故而稅務會計人員既是使用者，也是發展者。

3.管理會計人員：

包含成本會計人員，負責提供管理會計資訊給內部使用者。管理會計資訊多為內部管理目的而彙總，因而不必嚴守一般公認會計原則。管理會計人員運用系統功能，針對不同管理階層，分別提供符合策略性、規劃性或控制性的管理資訊，以使管理階層能運用這些資訊完成其企劃、制訂決策、指揮、控制、協調等任務。管理會計人員可開發、或提供成本—差異分析、損益兩平分析等管理報表及資訊，因而必須參與會計資訊系統的開發，也需要評估系統是否能提供相關管理會計資訊，可能建議要修正系統，因而可說是使用者、發展者、也是評估者。

4.會計主管或會計長：

主要職務為確保財務會計、管理會計、預算等作業、及處理這些作業的有效性及安全性。會計長或會計主管們利用會計資訊系統控制所有會計相關的作業活動，評估其所屬的會計人員的工作績效，並使用會計資訊系統規劃、領導、執行、控制會計功能。為確保會計資訊系統符合內部控制目的，會計長或會計主管們一定要參與開發會計資訊系統，並持續評估會計資訊系統是否需要更新或修正等。

5.稽核、審計人員：

是最主要的評估及稽核會計資訊系統的人員。除了評估會計資訊系統是否有效的執行各項作業，比如輸入資料是否完備、資訊是否可靠、有效等；還需要確保組織有合適的內部控制制度，比如審計作業，既查核各項文件、交易、記錄、報表是否完備、正確，還評估內部控制環境、各作業的處理程序、並測試現有的控制方式等。稽核人員也需測試會計資訊系統所製作的財務報表是否符合一般公認會計原則。雖然其職務主要為評估者，然而當會計資訊系統有誤或需修正時，也應提出變動設計的建議。當然，審計人員也必須具備使用電腦查帳的能力，所以熟習電腦技能非常重要。

6.系統發展及維護人員：

雖然上述相關會計職務的人員可參與設計及發展會計資訊系統，但

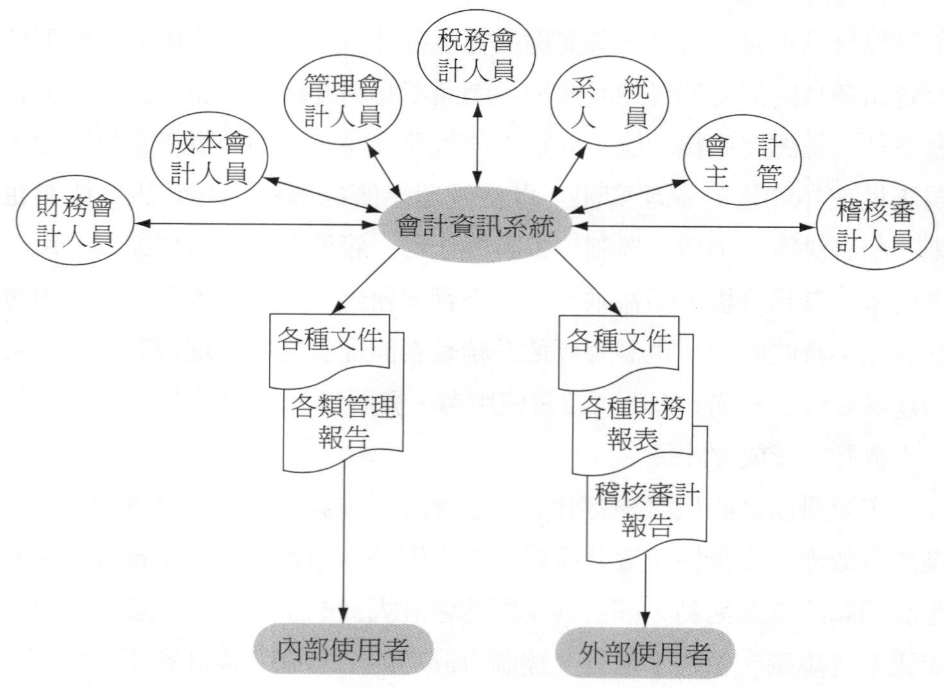

圖 1–10 會計人員在資訊系統中的角色

是系統發展人員仍是最專業的系統發展專家。系統發展人員負責設計、編寫程式、及發展各項會計資訊系統模組、程式、報表等，以符合企業所需的再造會計資訊系統。系統發展人員也需維護、或修正現存的系統，也需要解決目前系統運作的難題、或瓶頸。會計資訊系統經設計、開發完成後，還必須架設、裝置完成、測試後才能正式運作。運作一段時間後，可能需要再更新、修正等。所以，身負系統發展主要職責的人員應瞭解會計資訊系統內涵，以完成發展及維護會計資訊系統的使命。

從上可知各相關人員在組織內的角色，若將這些相關的職務組織架構以觀念性顯示，可參考圖 1–11：會計相關職務的組織架構。

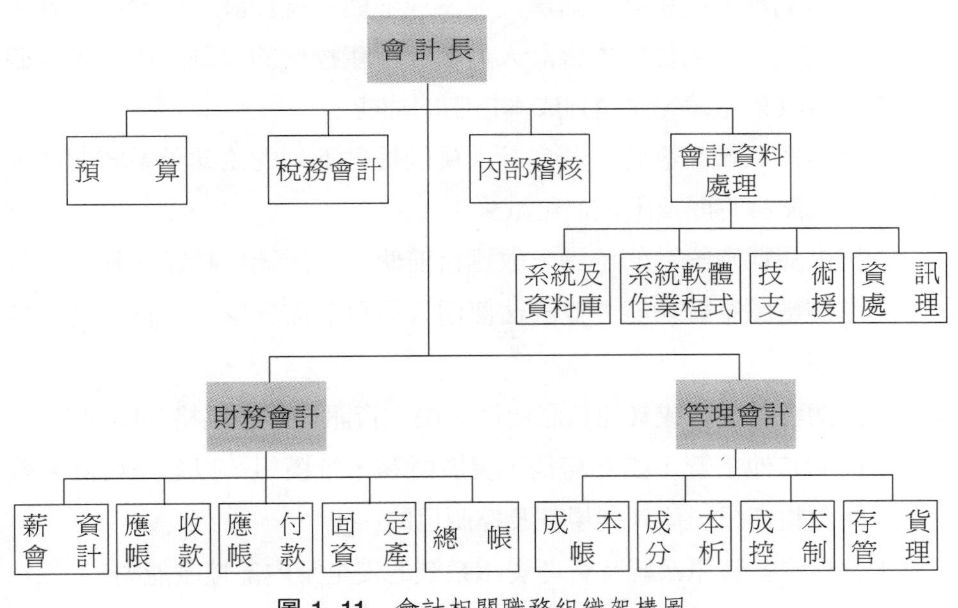

圖 1–11 會計相關職務組織架構圖

第六節　會計資訊系統開發時應有會計人員參與

為能充分發揮會計資訊系統應有的管理功能，會計人員和系統開發人員除了要有基本會計素養及資訊管理觀念外，也應在會計資訊系統設計及發展的初期，就要有會計人員完全參與。比如：會計人員應該告知系統發展人員有關財務報表的格式，所需要的各項文件、報表格式等。有的企業會訓練一些會計人員專門從事或參與系統設計、發展的職務。有的企業委派一、兩位成本會計人員參與生產控制的規劃及設計，以確保成本資料收集完備，並達到成本控制的功能。

會計資訊系統開發時，若會計人員能提供下列的協助予系統開發人員，則系統開發時間及困難都可減少：

⑴提供資料庫設計的諮詢，敘述目前使用的系統優缺點，建議可改進的電腦系統功能，並評估使用人員可能需要學習系統的進階訓練等。

⑵協助會計主管或其他資訊使用者決定資訊格式、規格等屬性。

⑶協助其他主管，如財務長，發展財務系統模組，以運用會計系統的彙整資訊，達到其規劃及控制目的。

⑷評估會計資訊系統及管理資訊系統的安全及內部控制能力。

⑸協助設計、發展會計相關運用的專家系統，並以專家身分提供諮詢。

⑹協助設計、發展運用會計資訊的決策支援系統，協調資訊的傳遞。

⑺可協助發展主管資訊系統，幫助主管查詢、彙報資訊並建議可行方案。

(8)協助高階主管查詢資訊、襄助製作有關決策、支援資源運用、策略規劃的決策類資訊及解說系統所提供資訊的意義。

第七節 本書章節安排簡介

本書撰寫的目的是為企業管理資訊的使用者及發展者說明一般企業的會計資訊流程，如何運用電腦科技，發展適合企業的整合性的管理資訊制度。在內容安排方面，兼重會計基本概念，會計循環、內部控制的介紹與系統開發技術的說明。在章節的安排方面，第一章到第四章介紹組織的會計制度與一般內部控制概念，第五章到第十章探討資訊科技應用及會計資訊系統的各項相關議題，其餘章節說明會計資訊系統的九大循環與作業控制重點。讀完本書，讀者當可瞭解以資源整合為基礎的會計資訊系統的作業情形，瞭解會計制度，開發會計資訊系統的基本技術，也瞭解開發會計資訊系統時，應建置的控制點。如此，資訊管理或系統開發人員在設計或開發系統時，會注意到會計制度所需要的控制點；而會計人員則可協助系統開發人員注意系統需求及控制點，則雙方協同參與，共同設計、開發的資訊系統才能合乎各企業組織之所需。

研討習題

1. 管理資訊系統與會計資訊系統有何不同？有何相關性？
2. 資料與資訊有何不同？
3. 會計資訊系統的子系統有哪些？
4. 資訊應有哪些品質特性？
5. 簡述會計交易處理系統。
6. 會計資訊系統能提供組織哪些資訊？
7. 試述會計人員在會計資訊系統內的角色。
8. 為什麼會計人員應參與會計資訊系統開發？
9. 為什麼資訊系統設計或開發的人員需要瞭解會計資訊系統？
10. 為什麼企業組織應瞭解且重視會計資訊系統？

參考文獻

Bedford, N., "Future Accounting Education: Preparing for the Expanding Profession." *Issues in Accounting Education*, Spring 1996: 168–195.

Hall, James, *Accounting Information Systems*, St. Paul, Minn. West Publishing Co., 1995.

Moscove, S. A., Simkin, M. G. & Bagranoff, N. A., *Core Concepts of Accounting Information Systems*, John Wiley & Sons, Inc., New York, 1997.

Porter, M. E., & Millar, V. E., "How Information Gives You Competitive Advantage." *Journal of Business Review*, July–August 1985: 149–160.

Romney, M. B., Steinbart, P. J. & Cushing, B. E., *Accounting Information Systems*, Seventh ed., Addison-Wesley, 1996.

Wilkinson, J. W. & Cerullo, M. J., *Accounting Information Systems—Essential Concepts and Applications*, Third ed., John Wiley & Sons, Inc., 1997.

第二章

會計的基本概念

概 要

財務經濟資源對任何企業組織而言，是其經營運作的根本資源。企業組織只有在有效且適切地管理其財經資源的情況下，方能有永續經營的基礎。所以，針對各項財務經濟資源的取得、應用及控制業務的瞭解與評估，是二十一世紀企業組織的股東與經營者都非常重視的課題。因此，所有企業單位皆會採取合宜的會計制度來記載、彙編及報導其財務經濟資源的應用成效及活動狀態，以便管理決策者瞭解企業經營績效。實務作業中的各會計制度或許有些程序上的些微差異，但是其基本內涵與架構都是設計一套有效率的會計資料處理系統，使得企業內外各個資訊使用者能夠及時得到相關的正確企業經營資訊以及各項財經資源的應用成效，作為其從事各種經濟活動的決策依據。本章即在介紹企業會計的基本概念以及實務作業的一般公認會計原則。

第一節 緒 論

企業運作需要各種財務、人力及經濟等資源的投入，方能採購原料、物料、材料、設備或成品存貨來投入生產製程，以便製造產品或提供服務，產生滿足顧客需求的輸出產品。其中，因為財務經濟資源常是取得其他資源的基礎，所以可說是企業最重要的投入資源之一。在競爭激烈的二十一世紀經營環境中，我們時常聽聞一些企業經營活動活躍，經營績效也不差，但是卻因為其財務流動性不足而造成生存危機，甚或清算倒閉的例子。所以，有人將企業的財務經濟資源稱為企業體系中的血液。既然是企業體系的血液，有關企業財經資源的各項活動，影響著企業永續經營的根本，其活動管理與成效評估之重要性自是不在話下。

有關企業各種財務資金資源的取得、使用及管理控制是所有企業都非常重視的企業機能活動。實務上，企業各項經濟活動的進行，各企業單位都會設計並遵循合宜的會計制度來記載、彙編及報導其財務資源的應用成效及活動狀態，以便企業內部管理決策者對其決策執行結果瞭若指掌，並可進一步據此規劃、控制及評估企業各財經資源應用經營績效；同時，更提供企業外部的使用者，如股東或債權人等，來瞭解比較企業經營成果。這些會計制度基本內涵是在於設計一套有效率的會計資料處理系統，使得企業能夠提供及時而相關的正確資訊給企業內外的決策者，作為其從事各種經濟活動的決策依據。

第二節　會計的意義

企業組織最常面臨到的基本經濟問題是如何將有限的資源做最適當的分配。因為資源分配的決策問題在競爭激烈的二十一世紀，其執行結果往往是企業的生死存亡關鍵，其重要性自是不可同日而語。但是，一方面，資源的相對稀少性使得決策者常常須面對兩難的決定；另一方面，決策結果的不確定性更使得此類財經資源分配決策問題深深地困擾著所有的決策者，於是決策者常須尋求適當的資訊作為決策依據，期能提昇其決策品質。一般的會計作業便是針對此項需求而設計的服務活動之一。

根據美國會計師協會 (American Institute of Certified Public Accountants) 的定義：「會計是一項服務活動，其功能在於提供有關組織經濟活動的有用的定量性財務資訊給相關使用者，幫助其釐訂各項經濟決策。」這個定義強調實用導向的會計目的，所以，提供給使用者的資料必須是有助於其決策的有用資訊，且其資訊性質屬於定量的財務資訊。因為其強調實用性，所以當企業組織所處的經營環境改變時，會計的作業服務也須因時因地制宜地動態調整，以期能提供符合使用者需求的資訊。

因為上面所述的美國會計師協會的定義只偏重在會計目的之說明，而未能探討其作業的內容，所以 Kieso、Weygandt 及 Kell (1991) 又另外補充解釋會計的意義為：「會計是確認、衡量、記載、及報導組織經濟活動或事件給關心此資訊的使用者的過程」。舉凡公司的銷貨、提供服務、或是薪資給付都是組織的經濟活動或經濟事件，都需加以忠實記載，一方面作為此經濟活動發生的憑證，另一方面作為經營管理者績效評估或未來決策規劃的依據。簡言之，會計是對經濟資料加以確認 (identify)、衡量 (measure)、記錄 (record)、分類 (classify)、彙總 (summarize)、報告 (report)、分析 (analyze)、溝通 (communicate)、解釋 (interpret) 的程序，以協助資料使用者做審慎的判斷及決策。而會計實務作業時常常假設以下五項慣例：

1. 經濟個體慣例 (business entity concept)：

會計制度將企業視為獨立的經濟個體，以進行擁有資源、承擔負債、簽訂契約、履行義務等活動。

2. 貨幣評價慣例 (money measurement concept)：

會計制度只記錄可用貨幣單位來衡量或記錄的交易，並且假設貨幣價值穩定。

3. 成本原則慣例 (cost principle concept)：

組織資產以其歷史成本列報，既能反應真正付出的代價，又是經客觀衡量，真實且可驗證的可靠資料。

4. 永續經營慣例 (continuity concept)：

企業將永續經營以完成其預定目的及履行義務。如此一來，企業的土地、廠房資產以成本原則列報，而非以清算值或市價列報；因為永續經營，這些廠房資產因使用損耗的成本應分攤，所以需要提列折舊。也因為永續經營，才需將資產與負債分成流動資產、流動負債與長期資產、長期負債。

5.會計期間慣例 (time period concept)：

為了財務報表的目的，以人為方式將經濟年限劃分為月、季、年，以便計算經營損益。會計年度 (fiscal year) 可以選擇曆年（陽曆的一月到十二月），也可選擇自然年（以組織活動最低潮的時間，為會計年度的起迄分界點；比如有些學校以八月一日至七月底為會計年度、有些銀行以七月一日至六月底）。

如前所言，在會計制度活動記錄與報導的過程中，經濟活動或經濟事件必須以財務單位衡量。通常，企業組織是以企業主體所在地區的通行貨幣為衡量單位來衡量。在電子商務盛行的今日，一些跨國企業組織也可以世界通行的強勢貨幣作為其衡量單位。然而，依此慣例而言，若組織活動或事件無法以貨幣單位衡量的話，便是缺乏可衡量性，因而無法以會計作業程序來確認、衡量、記載、及報導之。這種無法以量化單位衡量的事件或活動，不管其對組織的衝擊為何，或對組織未來競爭力影響多大，都不在會計資訊記錄與報導的範圍內。

舉例來說，若某公司聘任一位新總經理並為其添購了一套新的辦公室桌椅，此時，會計作業會忠實記錄並報導公司添購了為新總經理準備的新辦公桌椅，但是無法以量化資訊記錄並報導此位新任總經理的就任事件。到底是新任總經理對公司未來營運成效的影響力大呢？還是新辦公桌椅對公司未來營運成效的影響力大呢？答案當然是顯而易見的。所以，當我們認識會計的意義時，不要偏忽若將會計制度的設計重點，只偏於量化資訊的記錄與報導下，所可能引起的缺失。是故，我們可以看到不少企業組織以補充報表，或在會計報表上另加附註的方式，補充說明企業重要事件的報導，以改善此種缺失。

第三節　會計制度架構與會計循環

如前節所述，所有可用適當貨幣單位衡量的活動或事件經記錄後，便可處理、彙整成組織內財務活動的永久歷史。這一套會計資料處理程序在各企業間或有少許些微差異，但實質內涵都需遵循著一個架構而執行，才能使會計資訊反映組織各項經濟資源的實際經營狀態，這便是所謂的會計制度架構。一般而言，各項活動或事件經確認為會計事件記錄後，依照事件發生的先後順序，先以一種類似記錄日誌的方式加以記載。然而，這些日復一日的交易事件或活動記錄，若不經過適當編排處理，只是單純累積資料時，無法發揮會計資訊的效益。因為，經過一段時日後，資料也會累積到資訊過量的程度，使組織內、外使用者皆無法有效處理、閱讀或理解。而上述的確認、衡量及記錄工作便不能發揮其預期成效。所以，會計制度尚須將所記載的日誌，分類過帳及彙總，並編製成各種管理和財務報表，供相關人士參考；否則，整個會計服務活動便失去其意義。簡言之，會計制度架構是以系統化方式確認、記錄、過帳、彙編及報導各項組織可量化衡量的經濟活動與事件過程。

傳統上，會計日誌的記錄與分類過帳常用人工處理，為求處理績效，常常以批次作業方式處理，因此不免影響了資訊的時效性。自從1950 年代電腦進駐企業組織幫助組織處理會計資訊以後，電腦化會計處理系統可以同時允許即時處理與批次處理的作業方式，不但大大地提昇了會計資訊的正確性，更可以改善會計資訊的時效性。

會計業務處理的資料須透過特定形式，編製的會計報告，才能提供給使用者有助於其決策的資訊，所以會計程序的一項重要工作便是準備各項會計報告，如資產負債表 (balance sheets)、損益表 (income statements)、保留盈餘表 (statement of retained earnings)、現金流量表

(statement of cash flow) 等財務報表。

資產負債表又稱財務狀況表，主要報導企業在一特定時日之資產、負債、業主權益等財務狀況的報表。

損益表主要是報告企業在一定期間的經營損益，所以是動態報表。

保留盈餘表又稱盈餘撥補表、盈餘分派表、虧損彌補表，主要是報導企業在一定期間保留盈餘的變動情形，因而也是動態報表，而且報表上的資訊，連結損益表和資產負債表。

現金流量表主要報導企業在特定期間內，有關企業的營業活動、投資活動及理財活動的現金流入及流出的情形；可以幫助投資人及債權人評估企業未來產生淨現金流入的能力；資訊使用者可藉現金流量表，評估企業償還負債、支付股利的能力；也可評估企業需要向外融資（借錢）的程度；亦可評估純益與營業活動的現金流量產生差異的原因；還可評估企業在特定期間的現金與非現金投資、理財活動對財務狀況的影響。

這些會計報告即是所謂的財務報表。為了使財務報表的內容具有意義，使報導的資訊具可瞭解性及溝通性，會計作業在處理過程中應遵循一般公認的會計原則與制度。換言之，會計制度的功能即在提供組織的會計業務人員一套可依循的作業程序以及一般公認的會計原則來處理相關會計資訊，以求所處理的會計資訊具有相當的信度與效度。

總之，會計作業首先依事件發生時間先後順序記錄可以確認、衡量的事件後，再將類似的交易以累積或加總的方式，並用標準化及定期的方式彙報之。當組織永續經營下去，交易活動不斷發生，會計記錄便不斷地記載及彙報這些活動，儼然成為一個個循環週期 (cycle)。我們將在本書中稱之為會計循環。

一般而言，會計作業循環可概分為營運循環 (operating cycle)、報告循環 (report cycle) 及財務循環 (financial cycle) 三大類。

所謂營運循環，包含與企業直接經營活動有關的會計資訊彙報，如銷貨收益循環、生產製造循環、採購支出循環等。銷貨收益循環偏重於記載、彙報各項組織向客戶銷售產品及向客戶收取報償的活動，含訂單處理、銷貨處理、應收帳款與現金收入等處理活動，有的企業還包含研究和發展活動。生產製造循環則偏重於記載彙報各項組織聚積資源、使用資源，並轉換資源為產品的活動，含存貨控制、生產處理、運輸、成本計算，相關設備資產的取得、使用、和報廢等的程序也包含在此循環內。而採購支出循環則偏重於組織向外部供應商或內部員工取得各種勞務或實體貨品而支付相當報償的活動，含請購、採購、應付帳款、現金支出及薪資等活動。這些循環都需要資訊處理的過程，所以會計作業循環不能沒有資訊處理循環的支持。

所謂報告循環，則是與會計資訊的定期彙報有關。至於報導的頻率或次數，則是依照資訊使用者的要求以及資訊的性質而定。例如，經理人員要求月份營運報告時，則彙報的循環週期為一月；而若股東關心的是企業年度經營結果與財務狀況時，則會計制度的彙報循環週期為一年。

財務循環除了營運循環內有關的現金收入、現金支出等循環外，還包括融資循環和投資循環，也就是有關於從股東或債權人處獲取資本、運用及償還資金之活動循環。

第四節　會計的用途

因為會計處理的資料可以將企業的財務狀態報導出來，一方面提供有用的財務資訊給企業組織內的成員，協助組織所有人及管理人瞭解擁有及使用經濟資源的情形，如債務情況，營利及所得等情況；另一方面也協助債權人、稅務機關、投資大眾等瞭解企業組織的營運情況、資金運用、經營績效等的情形；所以有人也將會計稱為「企業的語言」。通常，不同的使用者在不同的時間會要求不同目的之各種資訊，因此會計作業程序須能針對不同使用者的資訊需求，以有效的企業語言，忠實地將企業組織的真實狀態報導給各種使用者。基本上，使用者可以分為內部使用者與外部使用者兩種。前者是企業內部直接參與各項組織運作活動的工作執行人員、管理者或決策者；後者是身處企業外部，而與企業目前或未來會發生直接或間接財務關係的決策者，如股東、債權人、稅務機關等。

一般來說，內部使用者常須利用會計資訊進行規劃、控制或績效評估等工作，所以常會要求會計資訊處理作業提供詳細而即時的會計資料。此外，針對特定專案的執行績效及損益預測，或特定資金的需求，做分析與規劃，內部使用者也會要求各種管理報告，或者使用比較報表，報導組織活動的脈絡與趨勢。

另一方面，外部使用者因為其與組織的財務關係不同，因此其關心的問題或資訊需求與內部使用者也有差異；例如，股東與業主需要能判斷企業價值與未來獲利能力的會計資訊；債權人或授信賒銷的供應商則利用會計報導的資料來研判授信的風險；顧客則關心企業組織是否有足夠的財力維持經營生產與售後服務；稅務機關則強調稅源的保護與稅法的維護；因此外部使用者對會計資訊需求的重點不一。

綜合以上的說明與討論，可以說：會計的用途即是提供一套合宜的作業格式、程序與準則來處理、彙整出能夠滿足內部使用者和外部使用者要求的複雜且多樣的資訊。

然而會計制度若只是注重提供給使用者的資訊量，而忽略了資訊品質的考量時，也可能為組織造成無可彌補的缺憾。換句話說，當公司的會計系統提供的會計資訊若有錯誤時，除了對內部使用者與外部使用者有很大的負面影響外，更會影響到公司整體的價值與形象。舉例來說，民國八十六年五月，力捷電腦公司經其董事會及股東會依其會計制度提供的會計報告決策，通過配發股票股利六元，待證管會核准要定除權交易日時才發現沒有足夠額度可以配發。後來，力捷公司緊急向證管會撤回盈餘暨資本公積轉增資案，並調降股票股利為五元，而造成了力捷股票連續重挫的影響。

總之，會計資訊的廣泛用途及影響說明了其重要性，故其過程須能滿足各使用者的資訊需求。如前節說明，為使會計報告表達可以據實分析及解釋重要而正確的財務趨勢及事實給相關的使用者，會計作業程序須在確認、衡量、記錄、報導等作業點提供嚴謹設計控制機制，而這依序進行的程序就是所謂的會計循環：確認經濟交易事件、以適當貨幣單位衡量經濟交易事件、記錄分類及彙總會計記錄、編製相關財務報表或會計報告並分析與解釋報表內資訊的使用、意義與限制。圖 2–1 可說明有關的會計循環。

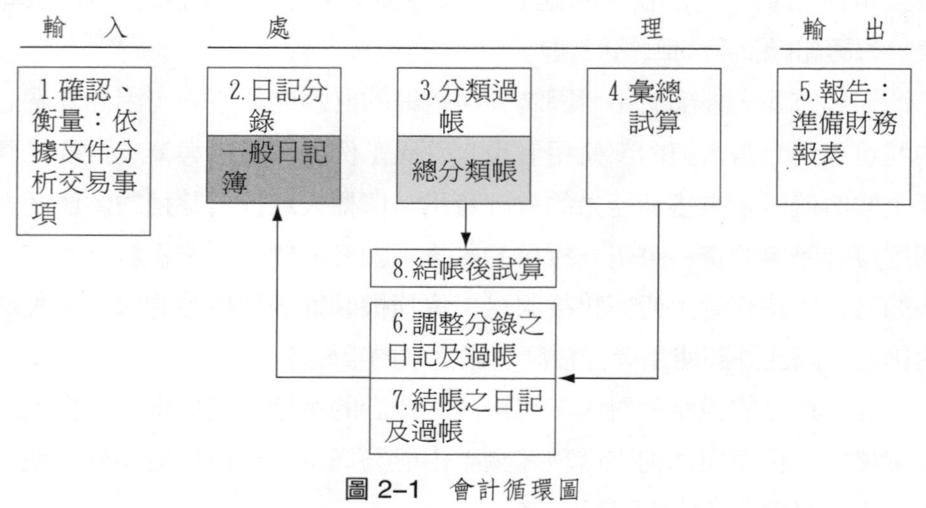

圖 2–1　會計循環圖

第五節　一般公認會計原則

如果會計資訊僅供內部使用者使用，則企業內部的管理者即可自行訂定其會計資料處理準則或指導原則。但是，如前所言，會計資料也必須同時滿足各種外部使用者的資訊需求，許多外部使用者甚至需要將不同組織的財務報表作比較分析，以作為決策的依據。所以會計制度的實務運作須有一套適合實務應用，且能被廣泛接受的標準規則與程序，作為依循。換句話說，當會計資訊系統要將財務資訊及經營狀況提供給企業以外的人士瞭解時，須按一定的標準編製。目前廣為實務業界接受的準則是所謂的一般公認會計原則（generally accepted accounting concepts and principles，GAAP）。一般公認會計原則指由會計權威團體所發佈，並由大家所遵守，廣泛使用於會計實務中的原則。

目前大家採用的一般公認會計原則主要源自美國的財務會計準則委員會 (Financial Accounting Standards Board, FASB) 及美國的證管會 (Securities and Exchange Commission, SEC) 共同合作負責建立。我國財務報表一般公認會計原則的主要權威來源為財務會計準則委員會〔自民國 73 年起陸續修訂並頒佈財務會計準則公報〕，財團法人中華民國會計研究發展基金會，中華民國會計師公會全國聯合會及證券暨期貨管理委員會。

因為企業所處的經營環境常是瞬息萬變，而一般公認會計原則常須因應經營環境的改變而做適當調整與變動，因此許多實務界或學會的意見也常被財務準則委員會和證期會納入考量，以便及時修訂出實用的公認會計原則。

一般公認會計原則提供基本的財務會計報告準則，揭示報導組織內各項經濟事件的共同指南。指明各項原則、準則的建立，旨在達成會計資訊的七個品質特性需求：

1. 攸關性：

所有彙報的資訊內容都必須與資訊使用者的資訊需求相關，否則再多的資訊彙報只是垃圾資訊，對使用者有害無益。

2. 可瞭解性：

彙報表達方式須有意義且容易明瞭，能夠簡潔清晰之處，絕不拖泥帶水。

3. 可驗證性：

各彙報的資料數據都有相關憑證，有客觀證據支持資料之正確性，可證明資訊無錯誤及偏差。

4.無偏差性：

彙報會計資訊以報導真實情況為主，不偏袒任何一方的資訊提供者或資訊使用者。

5.具時效性：

過時的資訊只能說明一些事過境遷的事實，會計資訊使用者無法據此判斷，更無法把握決策時機，輔助其決策釐定。這麼一來，費時、費心、費力記錄彙報的會計資訊都成了英雄無用武之地的資料了，充其量，也不過是歷史，殷鑑不遠的事實記載。所以，會計原則要求時效性的原因不在話下。

6.可比較性：

會計資訊應可以彙報預期與實際活動成果之比較，也可彙編單一部門之多年度成果比較表，也可以將多部門多公司活動成果比較表提供給使用者。由於每個企業也都依據同樣的準則編製財務報表，因而企業間的報表和經營成果也可讓使用者評比；尤其是同業間更能比較。

7.具完整性：

所有應彙報的資訊必須完整呈現給資訊使用者，若必要時，亦可用附註方式加以說明，以增加會計報告的完整性。

目前會計處理常見的會計原則可例舉如下：

㈠收益承認原則 (Revenue Recognition)

收益在可實現或已實現，且已賺得的情況下承認，原則上在銷貨點或契約完成時承認收益，但有下列例外情形：

1.完工百分比法：

長期營建工程按完工百分比認列收益，較能反映經濟實況。因長期工程若等到全部完成時才承認收益，會嚴重扭曲損益報告；長期工程可能經過幾期大筆的成本支出，形成大賠狀況後，終於工程全部完成，收得全部工程款，結算盈餘而獲巨利。如此有些年有大損失，有些年有大收益的情形，會使得報表呈現收入不穩定的情況。因而以完工百分比法承認收益，既依據工程的完工進度，也配合各期的支出，各年度所承認的收益也較穩定，且符合實際狀況。

2.分期付款銷貨時可採用在每次收款時就比例承認收益：

因收帳期過長，為穩健起見，可採用此原則。

㈡配合原則 (Matching)

當承認收益時，與收益相關的費用也應在同一會計期間認列。將來才會耗用的成本，先以資產認列；待耗用後才轉為費用。

㈢費用認列原則

費用與收益之間有三種型態的因果關係：

1.因果關係直接配屬：

費用與收益之間有顯著的因果關係存在時，在認列收益時，費用也同期認列；比如承認銷貨時，同時也認列銷貨成本。

2.合理而有系統的分攤：

若支出之效用超過一個會計期間以上，則可將成本分攤於各個受益期間，以配合各個期間的收益；比如折舊。但分攤方法要合乎一致性。

3.立即認列：

當支出不具未來經濟效益，且與收益無顯著因果關係存在時，應立即當作費用。比如廣告費，研究發展費用等。

㈣充分揭露原則

若資料、情況、事項對報表會有影響，就應揭露。這是一個相當重要的財務報告原則，常見的報告事項如下：

1.重要會計政策彙述：比如存貨成本採用先進先出法或後進先出法，還是採用成本與市價孰低法；廠房資產採用直線法折舊等政策，應予揭露。

2.會計變動（原則、估計變動）的理由及對報表的影響。

3.其他重大偶發事項。

4.期後事項：從會計結算日至報表編送前，所發生的事項或已有定論的情況，並且對財務報表會有重大影響之事件，皆是所謂的期後事項。由於結帳後製作的報表要經過會計師查證，等到查證完畢可發佈時，已經過一段期間，若這段時間發生的狀況足以影響報表的公正性，應該揭露。比如火災損失燒毀存貨，雖發生在本年度初，但上年報表尚未發佈，上年報表上的存貨數字已經無法公正表達其價值，這就是期後事項，應予揭露。

5.我國財務會計準則公報第一號第五十五條規定有八項應附註或說明的揭露方式，讀者有興趣，可參考之。

㈤成本原則 (Cost Principle)

資產常以其歷史成本列報，因為其記載真正付出的代價（攸關），又經客觀衡量、真實而且可驗證。但是成本原則也有以下的缺點：

1.成本只在取得資產時攸關，隨著資產使用，時間漸漸過去，成本就越來越不能反映資產的真正價值。

2.貨幣價值其實不是一成不變的。成本表達過去購買時的代價，卻不能反映通貨膨脹後的價值。

因此目前有些組織提倡可以依據物價水準調整的物價水準會計及現值會計觀念，以彌補成本原則的一些缺失。

㈥修正原則

為達到會計目的，在某些情況下，有些會計處理，可考慮稍微修正一下；包括成本效益關係、重要性原則、穩健原則及行業特性原則。

㈦成本效益關係

會計資訊所產生之效益應高於成本時才值得提供。

1.產生會計資訊的成本包括資訊之收集、整理、編製報表、查核、簽證、分析及解釋；也包括揭露了公司經營的情況後，使得同業得知本公司的資訊，而造成同業競爭壓力的成本。
2.會計資訊所產生的效益包括：可提高經營效率、獲得資金融通、吸引投資、債權人和投資人可充分瞭解投資報酬及風險，以便適當的運用資金。

㈧重要性原則 (Materiality)

因為會計資訊的價值不得低於成本，所以如果交易或事項的經濟後果不太重要，又不會影響決策時，其會計處理方法可以從權，不必嚴格遵守 GAAP；若性質特殊或金額重大則可認為重要。重要性的標準目前無普遍接受的標準。下面舉例說明使用重要性原則的情況，比如：購入的廠房資產成本非常低，則直接當作當年度費用不必提列折舊。假設購買工具一組，現金價格新臺幣 $9,000，估計可使用三年，若依會計原則，廠房資產應分年攤銷折舊；但若將 $9,000 的工具當費用處理，不分年提列折舊，對報表正確性的影響實在不大，又可節省會計處理成本。另外，財務報表常用百萬元、千元為單位，省略較小的百位數或十位數，也是基於實用觀點；因為畸零金額並不影響報表的正確性，反可顯得清晰、簡明。

㈨穩健原則 (Conservatism)

又稱保守主義，指在評價資產及衡量損益時，若有兩種以上的方法或兩個金額可供選擇，會計人員應選擇最不可能高估資產及純益的方法，亦即選擇對財務及淨利較保守估計的方法。比如：不預計未實現利得，但須要預計未實現的損失，即是穩健原則的應用。又比如：存貨或長期投資等可選擇「成本與市價孰低法」來評價其價值，因而存貨在市價低於成本的期間，在資產負債表上的金額較低，使得銷貨成本較高，淨利就會較低。又如，在物價持續上升的期間，有些公司會選用「後進先出法」來評價存貨成本或報稅。另外，如加速折舊法的「倍數餘額法」或「年數合計法」都會使資產取得的最初幾年的折舊費用較高，相對的，使企業組織的淨利比較低；這些都是運用穩健原則的表現。

㈩行業特性原則

因會計資訊必須符合「有用性」，為使財務報表發揮最大的效用，既要兼顧成本效益關係，又要會計處理可行，則特殊行業宜採用特殊的會計處理方法，以適應其行業特性。例如鐵路事業，其車廂、鐵軌、枕木為數眾多，不適合個別計算折舊（尤其枕木數量多、個別單價不高、又可使用多年)，則在汰舊換新的時候，可選用新設備的成本或舊設備的成本當作當年度的折舊金額。又如採礦業的開採探勘成本，土地開發業的土地規劃開發成本也都有特殊的會計處理方法。

⑾國際會計準則 (International Accounting Standards)

現在的企業組織為了攻佔世界市場或因應各國的法規規定，紛紛在海外擴建分支機構，組織因而國際化，被稱為多國籍企業。因為各國的會計準則、法規、稅賦都不同，增加了會計處理的複雜度。因而，自1973 年起，國際會計準則委員會聯合了 60 餘國和 80 多個會計組織，先後發佈了 30 多個國際會計準則公報，希望能使世界的會計準則較有一致性，以減少會計處理的困難。下面以研究發展費用的例子來說明各國會計準則的不同；例如美國和德國將研究發展費用當作費用處理；英國則規定有些研究發展費用的支出可資本化；而日本則規定研究發展費用可以資本化，且可以五年攤銷。

第六節 人工會計系統與電腦化會計資訊系統

會計制度早在組織引進電腦之前即在企業組織中行之有年了。早期的作業方式是由人工作業，可稱為人工會計系統 (manual accounting systems)。在人工會計系統中，會計資訊的處理是由人員透過各種形態的紙上作業所完成的，這些處理的步驟主要是由許多抄寫的過程所組成。書面的種類包括原始紙張憑證（發票）、傳票、日記帳、記錄簿、分類帳、總分類帳（總帳）、工作底稿及財務報表等。

人工會計系統主要也是為了編製各種財務報表而產生的。一般而言，會計系統編製的財務報表主要有報導企業在特定時點的資產、負債及業主權益等相關帳戶及其餘額的資產負債表，與列出某段經營期間內發生的所有收入及費用相關的帳戶及其餘額的損益表，現金流量表等。有些時候，人工作業會計系統也必須對資料加以分析或重組，以提供滿足使用者特定需求的財務報表，例如過期應收帳款報表或存貨追加訂貨報表等。

為求工作效率與工作量的均衡，人工會計系統常以批次處理的方式，先將交易憑證累積或先謄寫在日記帳頁，再定時的將日記帳過帳到個別的分類帳中。過帳的頻率視管理決策者以及其他使用者的需求而定。有些管理者要求每日過帳，而有些決策者要求每週過帳即可。過帳的頻率與分類帳中資料的時效性及正確性有很大的關聯性。因為分類帳提供某特定會計科目或帳戶的餘額報導，只有在過帳之後才能顯示最新、最正確的資訊。若隔一段期間才更新其資訊，分類帳中的資訊便缺乏資訊即時性。這對一些重要的會計科目或帳戶而言，將造成極大的困擾。例如客戶賒銷額度是否在核准的額度內，須等過帳後才能決定是否接受新訂單，這種遲延會降低企業的服務品質；又例如存貨是否已達安全庫存量的下限，必須再訂購補貨？存貨是否充分，還可接受客戶訂貨？這些情況都需要有最新的存貨資訊，才能得知。因而存貨明細帳最好常常過帳，以維護存貨資訊的時效性。換句話說，各分類明細帳資訊的時效性受限於人工作業過帳頻率的牽制。

此外，人工作業會計系統還有一些人為疏失等的缺點，比如抄錄筆誤，和計算錯誤的情況發生，更影響了人工會計系統的正確性；有錯誤時，又要花時間尋錯，因而更加失去時效性。再加上人工成本節節高漲，且作業人員的專業知識難培養，組織的經營環境又隨時代變遷、科技發展、市場競爭等因素受到重大影響，而組織經營決策者卻無法從人工會計系統中獲取即時且重要的資訊。所以當組織引入電腦資訊科技時，管理者莫不積極推動電腦化的會計資訊系統，期能避免以往為了得到時效性和可行性的資訊，而不得不調整資訊需求的窘境。

因為電腦的速度快、精確度高、且可以日以繼夜地處理大量資料，加上近些年來的科技進展使得電腦價格越來越低廉，而功能越來越好，所以電腦對會計資料處理已造成了革命性的改變。現在大多數企業組織的會計系統多是電腦化的會計處理系統。基本上，電腦化的會計系統有以下四個特色：

1.提昇會計資料處理的時效性：

電腦可有效率地即時處理各經濟活動事件的記錄、過帳及彙報，所以決策者可隨時掌握組織經濟資源的實際應用狀況。

2.提昇會計資料處理的正確性與精確度：

電腦資料的精確程度可以改善因人工疏失或惡意鑄錯而產生的不正確或不精確資料情況。

3.提昇各項會計資訊報導的速度：

資料一旦記錄即可隨時供使用者依照自己的需求擷取彙報。

4.資訊可多元應用及整合表達：

整合的會計資訊系統資料庫可依不同的使用者需求報導資訊，更可有效率地提供整合性或比較性報表供決策者比較分析之用。

其中的「資訊可多元應用及整合表達」特色在過去人工會計系統時期往往會因為其費時費力的處理成本而被犧牲了。現因應用了資訊科技而可展現其預期效益。

第七節　會計資訊系統的文牘、文件

在傳統的人工會計作業時代，會計制度的文牘以文字寫成會計政策、帳務處理說明書、或會計制度說明等作為該企業組織會計處理的準繩。電腦化會計系統時代，除了已有的文字說明書、書面文件外，還增加了一些資訊時代的系統文件說明書，比如流程圖、圖形、符號等，幫助描述並說明系統的構成要素、功能及如何運作及維護系統等。

會計資訊系統的文件依照其在資料處理過程之定位可分為：

1.來源文牘（文件）：

如銷售系統中之廠商訂單為來源文件，銷售部門依據廠商訂單，才能進行銷售程序。採購系統之請購單亦是一例。

2.產出文件：

如銷售系統中的發票，是公司已將貨品運送給客戶，銷售行為已完成後所產出之文件。應收帳款部門記錄此一銷售行為之應收帳款分錄也是一種產出文件。

3.回轉文件：

指在前一系統時是產出文件，而在本系統是來源文件，比如發票是銷售系統的產出文件，但是應收帳款系統的來源文件。在現金收入系統內，廠商將支票與付款通知一起送來，當然都是現金收入系統的來源文件，然而付款通知是銷售系統的產出文件。所以，稱為回轉文件。

企業的文件說明書包含企業理念、經營目標、企業政策、組織圖、各職位的工作說明書、人事規程、及作業流程等。以下四種是常見的圖形化文牘技術，是瞭解電腦化會計系統必備的文件，資訊管理人員固然已經相當熟悉其意義與運用，會計人員也應當熟悉這個資訊時代的工具：

1. 資料流程圖 (data flow diagrams)：

圖示系統內的邏輯要素，只用四個圖示，表現投入的資料要素、產出的資料要素、資料的來源及資料間的流向等，非常簡單。由於常用的資料流程圖有兩種，在圖 2–2 中分別列示這兩種圖示。應用的資料流程圖在第十一章至第十四章有許多例示，讀者可自行參考。

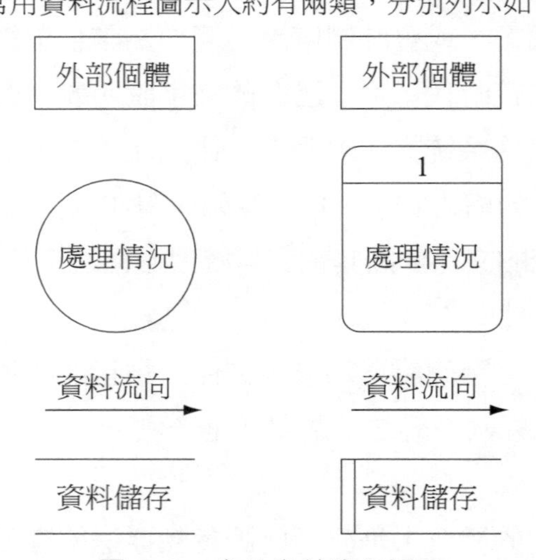

圖 2–2 常見資料流程圖示

2. 文件流程圖 (document flowcharts)：

圖示系統處理作業的程序，並以圖示及說明表現所需文件的名稱、

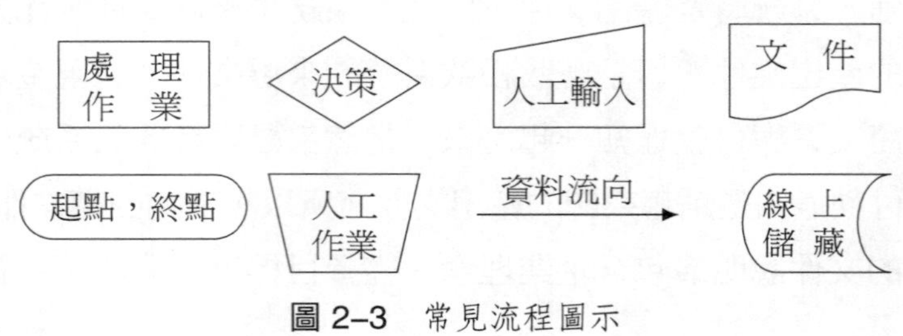

圖 2–3 常見流程圖示

份數，也將各文件、處理單位間的關係及處理方式，依組織別依序圖示清楚，比資料流程圖詳細、複雜，如圖 2–3 所示。圖 2–4 例示賒銷、信用查核、銷貨確認的文件流程圖。在第十一章至第十四章也有許多例示。

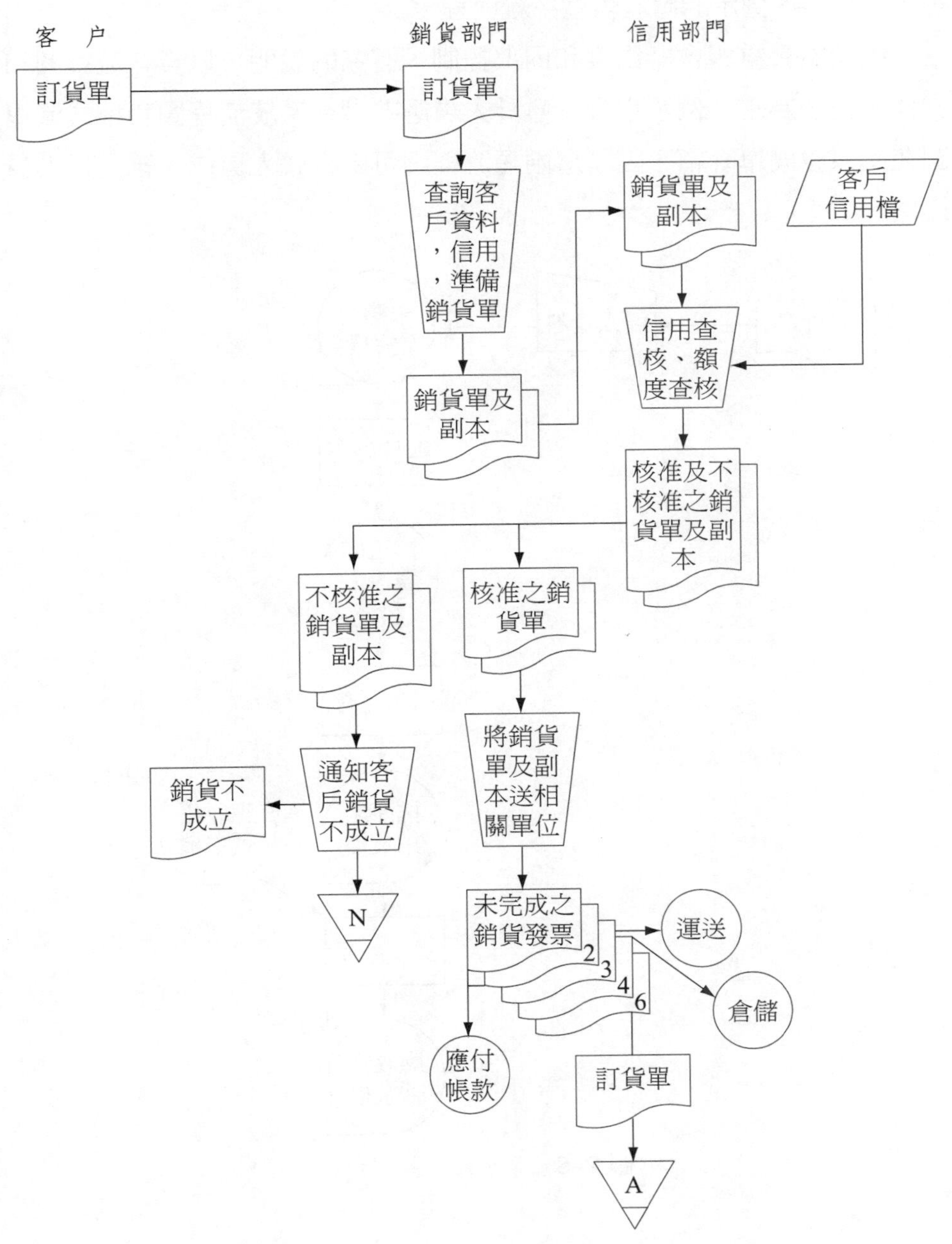

圖 2–4　文件流程圖例示

3.系統流程圖 (system flowcharts)：

以圖示表現電腦的作業系統內各要素間的關聯性及處理程序，可能運用的系統需求，如硬體裝備、所應用的軟體、產出的方式及報表名稱等，見圖 2–5 例示的應收帳款系統流程。

由於本書重視會計制度和內部控制，有關的說明，以資料流程圖和文件流程圖為主，例示也多，會計人員應熟習。系統流程圖和程式流程圖在此只做簡單介紹，因為這兩類流程圖可由程式人員或系統分析人員提供。

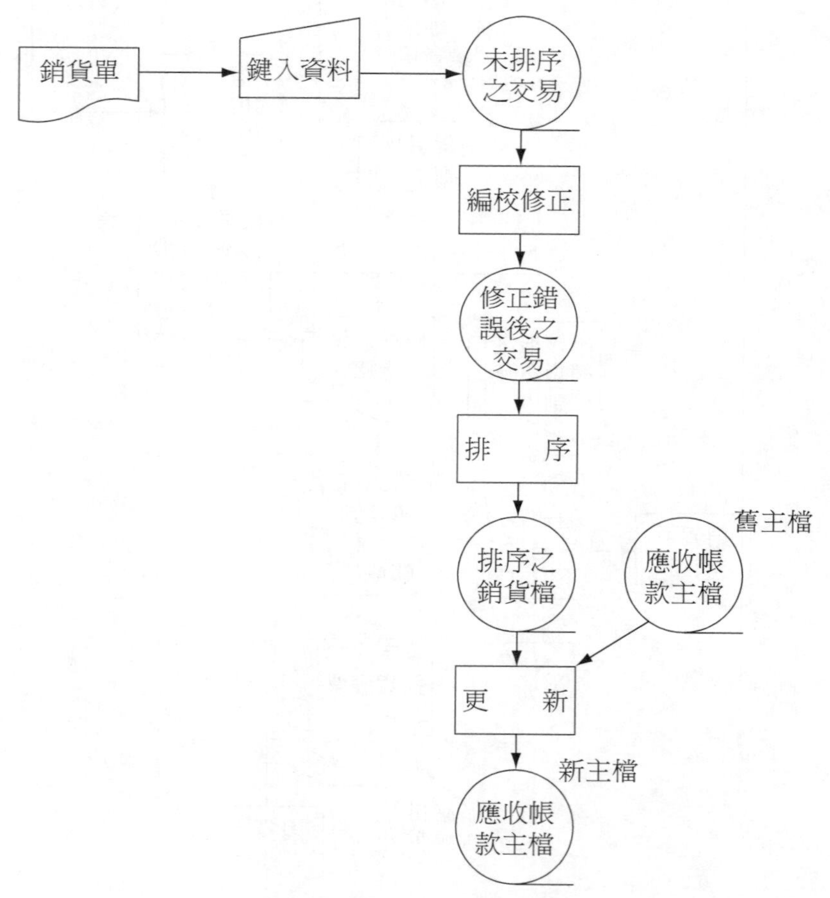

圖 2–5　系統流程圖例示

4. 程式流程圖 (program flowcharts)：

以圖示表現程式的邏輯程序。依據程式流程圖可查驗程式的邏輯是否正確、是否可達到客戶需求，見圖 2–6。

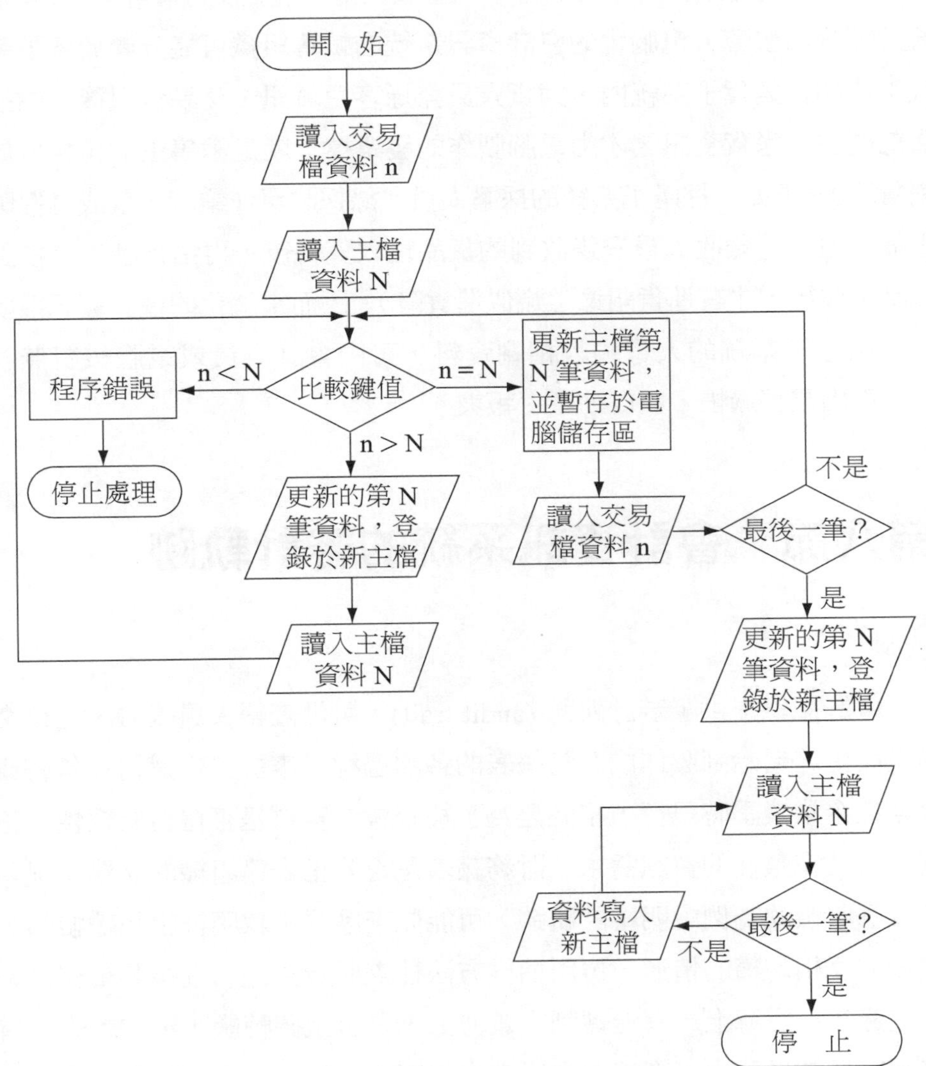

圖 2–6　程式流程圖例示

會計資訊系統中的帳簿組織也是重要的文件，且是提供審計軌跡的依據。人工會計資訊系統中固然可見到這些實體的帳簿組織，電腦化的會計資訊系統中亦有虛擬的，存在於磁碟中的帳簿組織系統。帳簿組織依據企業特性及對會計資訊需求的不同而有不同的子系統設計，但原則上仍有一般日記分錄簿（記錄一些不能歸屬於特種日記簿上的交易），特種日記簿（包含銷貨簿、進貨簿、現金收入簿、現金支付簿等），分類帳簿及總分類帳簿。電腦化的會計資訊系統的帳簿組織可能分屬於各子系統；比如在銷貨子系統內，銷貨人員登錄客戶資訊、交易資訊後，由送貨部門完成送貨資訊，才由電腦製作的發票檔，就是銷售主檔（相似於銷貨簿）。再如：採購子系統的採購人員登錄採購單作業時，就成為採購主檔，但要等驗收人員登錄收到的貨品輸入資料後，再由會計人員核對採購主檔後，才有進貨記錄（類似進貨簿）。因而電腦化的會計資訊系統可能由各子系統的人員輸入相關資料，可由會計人員或電腦核對無誤後，再由電腦過帳，並自動產生報表。

第八節　會計資訊系統的審計軌跡

會計記錄提供了審計軌跡 (audit trail)，可供查帳人員查驗、追蹤交易從發生之起始到製作成財務報表的各項過程。審計工作通常在年底或定期在企業淡季時舉行，審計是為了複查會計資料是否符合有效性、正確性、及完整性的資訊需求，財務報表是否公正表達組織的財務狀況。若以應收帳款為例說明審計軌跡，可能先查應收帳款明細帳與總帳的應收帳款互相勾稽的情形，再用抽樣方法抽查原始文件，查核某筆交易是否登錄在日記簿上，有無轉到分類簿上，是否正確轉帳，再查報表上有無此交易結果；也可直接向客戶查詢其應收帳款的交易及餘額是否與應收帳款明細帳上的交易相同。

雖然電腦化的會計作業系統的審計軌跡不像人工會計作業的審計軌跡，那麼明顯容易追蹤，但仍可從下列的檔案中查得：

1.主檔 (master file)：

記載主要的會計資料，如客戶主檔，存貨主檔，銷貨主檔，明細帳主檔等，主檔的資料要時常更新。

2.交易檔 (transaction file)：

是個暫時檔案，只有新交易，需要更新主檔的交易資料才會記入交易檔，如銷貨單交易檔，更新了銷貨主檔後，因為交易資料已併入銷貨主檔，則此交易檔就可成為備份檔。

3.參考檔 (reference file)：

專門儲存標準資料，如稅率檔，貨品售價檔等。

4.卷宗檔 (archive file)：

可說是個歷史檔，記載過去的交易記錄，而這些資料又可提供將來參考。卷宗檔可提供相當重要的審計軌跡。

電腦化的會計資訊系統的審計方法：

1.繞過電腦的審計 (audit around the computer)：

這種查帳方式是：假設電腦系統是個黑箱，其作業程式因無法觀察，只好假設其程式的邏輯應當正確，故僅檢查輸入的文件是否正確，檢查輸入的資料是否正確，並檢查輸出報表是否正確。運用此方法查核的前提是客戶的電腦系統單純，且客戶的硬體、軟體，都能運用通用的審計軟體去查核。

2.透過電腦的審計 (audit through the computer)：

這種查帳方式實際測試電腦系統。包括測試電腦的作業系統、應用程式是否有效的遵行既定的控制程序；測試電腦的處理過程是否正確；不但檢查、驗證原始資料，查核資料輸入的情形，也測試程式能否偵測出資料在輸入時是否有誤，亦實際測試處理資料的程式是否合乎邏輯及控制程序。可能使用整體測試設施，或平行模擬方式，以測試資料產生的方式是否合乎控制程序等。比如審計人員可用準備好的測試資料，使用客戶的程式處理這些資料，再查核結果是否與應有的結果相同，如果正確，則可推斷程式的邏輯應是正確的。

繞過電腦的審計和透過電腦的審計都是可運用電腦查帳的審計方法，稱之為使用電腦的審計 (audit with the computer)。現代資訊科技發達，使用電腦查帳已經相當普遍，會計人員應當熟習，資管人員也應能提供必要的資訊技能協助。比如，使用電腦協助執行審計工作，可將客戶的資料檔輸入審計人員的程式處理後，再比較結果是否相同。現在亦有許多通用審計軟體（有一般用途的，也有特殊用途的審計軟體）被發展出來，這些審計軟體可實證測試客戶的資料、檔案及結果是否正確。若企業特性無法使用通用審計軟體，則需另外請程式人員設計特殊用途的審計軟體，成本較高。

第九節　電腦化會計資訊系統優缺點

使用電腦化處理會計資訊大約有下列的優、缺點。不過其缺點只是電腦化資訊系統都有的一般化缺點，而且大都可以補救。如果企業組織在選用適合的電腦化會計資訊系統時，能做好完善的分析、評估工作，並有適當的訓練計畫，則缺點大都可以被改善，畢竟其優點能改善資訊品質、服務能力，從而提供許多競爭優勢。

1.優點：

(1)增加生產力，提昇服務品質，以增加競爭優勢。

(2)減少存貨量，減少倉儲、保管、處理存貨等的相關成本。

(3)增加存貨周轉率，減少利息支出。

(4)減少遲發帳單，減少遲延向客戶收帳的問題。

(5)快速處理資訊，提供適時有用的資訊，可加強、改善決策能力。

(6)利用電腦化處理資訊，可促進組織間之溝通能力，如利用企業內部網路系統，決策人員可從網路上諮詢有關的稅務規劃，以選擇較佳決策。

(7)交易以電子資料處理，減少書面（紙張）的處理，較符環保概念。

(8)使用資訊系統，可增加使用者的知識、見解及學習新觀念的能力。

2.缺點：

(1)隱藏的審計軌跡，增加審計的困難。

(2)軟體、系統維護、人員訓練的經費等隱藏成本較高。

(3)較複雜，系統人員及使用人員都要經過一定的訓練。

(4)電腦化會計作業雖是必定的趨勢，但系統若太複雜或太昂貴，則小型企業的電腦化成本可能無法達到損益兩平。

第十節 結 語

本章旨在說明會計的基本概念，為管理人員做一簡明扼要的介紹或回顧。本章先說明會計的意義及經濟個體、貨幣評價、成本原則、永續經營和會計期間等慣例。次說明會計只能報導量化資料的缺失，以提醒注重財務報表上的其他相關資訊。要瞭解會計資訊系統，除了應瞭解會計的用途外，也應瞭解會計資訊的七個品質特性：攸關性、可瞭解性、可驗證性、無偏差性、時效性、比較性和完整性。

除了說明一般公認會計原則的權威來源，並介紹常用的原則，如收益承認原則、配合原則、費用認列原則、充分揭露原則、成本原則、修正原則、成本效益關係、重要性原則、穩健原則、行業特性原則，也稍說明國際會計準則的由來。

由於人工會計系統無法提供時效性資訊，而電腦化會計資訊系統有幾個特點，正能彌補此一缺失。而電腦化的會計資訊系統也增加了一些人工時代所無的文件化工具，資管人員固然熟習，但也可和會計人員一樣，可藉此文件工具瞭解會計資訊系統。本章也說明電腦化會計資訊系統後，可能引起審計軌跡的遺失和審計方法的改變，最後也說明電腦化會計資訊系統的優、缺點，以提醒管理人員重視加強優點，盡量減少缺點之努力。

研討習題

1.試述會計的定義。

2.試述會計實務常假設的慣例。

3.會計有哪些使用者？並說明其如何使用會計資訊。

4.簡述會計循環。

5.會計制度編製的主要財務報表有哪些？並說明其報表目的與內涵。

6.為何須有一般公認會計原則？

7.能說明一些常見的會計原則嗎？

8.會計資訊應有哪些品質特性？

9.為何會計只記載能夠用貨幣單位衡量的事件？

10.人工會計系統有哪些限制？

11.電腦化會計資訊系統有哪些特色？

12.試說明來源文件、產出文件、和回轉文件。

13.有哪些常用的圖形化文牘技術？

14.試說明如何在電腦化會計系統中追蹤審計軌跡。

15.試說明電腦化會計系統中的審計方法。

16.試說明電腦化會計系統的優、缺點。

參考文獻

〈冠德也算錯股利〉，《中國時報》，民國八十六年五月十八日，第十八版。

Kieso, Weygandt & Kell, *Accounting Principles*, 2nd ed., 1991.

Smith & Skousen, *Intermediate Accounting—comprehensive volume*, 6th ed., South-Western Publishing Co., 1977.

Statements of the Accounting Principles Board, No. 4, "Basic Concepts and Accounting Principles Underlying Financial Statements of Business Enterprises," New York: American Institute of Certified Public Accountants, 1970.

第三章

會計資訊系統與內部控制結構

概要

隨著會計資訊系統的電腦化，傳統的內部控制方式也要隨之改變。尤其電腦化的資訊系統在使用一段時間後，常需添加功能，或需修正系統、或改變原來設計，使得系統功能日益複雜，以致企業暴露在風險中的可能性也增加。因而保護系統、維護資產安全，在電腦化的會計資訊系統環境中是相當重要的課題。若企業之內部控制結構不良，不唯會計記錄不可靠，員工可能舞弊，企業資產亦可能被淘空。本章先說明管理人員必須瞭解的內部控制觀念、內部控制的要素、及有效的內部控制結構、程序等基本概念；在第四章會說明一般企業運用內部控制的概況；在第十章則說明電腦化會計資訊系統的內部控制。如此，經過三章的介紹，當可使得對商業實務不太瞭解的同學對內部控制可有較完整的瞭解。

本章重點在說明管理人員與稽核人員如何在企業內制訂有效的內部控制和管理政策，經由執行授權、職權分工、文件記錄及保管監督、資產保護、程序控制等的控制方式，促使組織的內部控制有較完善的規劃，以減少風險的威脅。並提醒企業應訓練管理人員、會計人員與稽核人員偵察及學習矯正內部控制缺失的知能，以便將來在組織中發揮內部控制原則，確實負起保護資產、系統及資訊的安全與完整的責任。

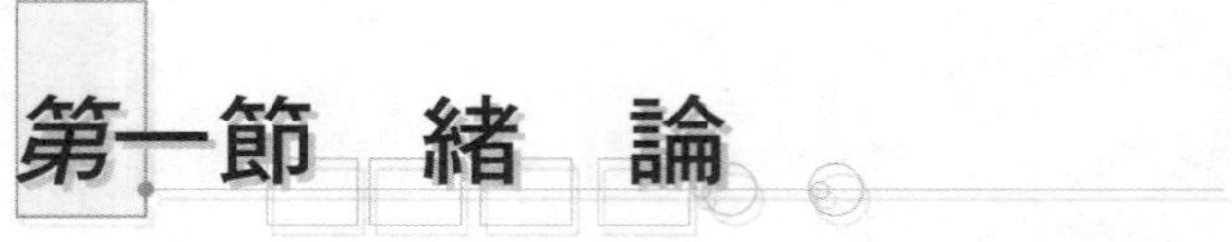

第一節 緒論

企業組織開始發展後，便應設計一系列的組織控制程序以確保企業組織的政策被遵行、資產能被安全防護。會計人員稱呼這一系列的組織控制程序為內部控制 (internal control)。會計人員在設計會計制度時，應設計能防止舞弊的內部控制程序，以確保資產、交易及會計記錄的安全。完善的內部控制制度可使企業組織暴露的風險達到最低。企業因會計控制不良可引起的潛在風險有：資產可能被偷竊、被侵害、挪用，組織或股東被欺瞞、不知真實情況，或員工、管理層有舞弊情況，或因人員疏失致產生損失，或產生損害情況，或帳簿記錄失真，組織資金、資產被淘空等。因而管理科系的學生必須瞭解這些風險情況、內部控制的重要性及內部控制結構的觀念、要素及適當的控制方法、程序等。

第二節　企業組織可能暴露之風險

企業組織可能暴露於不良內部控制制度下的風險很多，風險可能發生於企業組織內部，也可能是外來的，如員工、客戶、侵入組織盜取機密、或電腦駭客 (hackers)、或犯罪行為及自然情況都可能讓組織受損。茲略舉與雇用不當員工有關之風險數例：如雇用不適任的員工，致使組織無效率，或使資訊流失、挪用資產；或因員工的疏失，造成銷貨業績下降，使企業形象受損；或有員工不誠實，而有舞弊的行為；或離職員工蓄意報復，致企業受損失。這些風險，雖無法預測其發生時間，但若能採取適當的防護措施，卻可使災害減到最小。內部控制就是為了控制並試圖減少這些風險之發生，而建立之必要政策及程序。會計人員應有能力評估風險，並建立有效的控制程序。

可能使企業暴露的相關風險類別如下：

1.不良的或錯誤的決策：

若決策錯誤、或估計錯誤，比如所製造的新產品不符市場需要，則無法銷售，將有重大損失。

2.沒有效率的或無效的營運企劃：

比如規定子公司必須在所屬的企業集團內採購材料、物料、零件等，不得向其他公司購買；則可能使得有些子公司無法取得成本較便宜、或品質較佳的零件、原、物料等，最後導致失去競爭優勢；此為無效率的營運企劃之例。或無視於市場導向，開發早已過時的產品，則為無效之營運企劃。

3.資訊系統被侵入：

企業組織的資訊系統或網路被侵入，造成資訊外洩或資訊被竊、被破壞，使組織受損。

4.資訊流失：

可能由於系統設計不良，或根本未設計備份、重建工作，也可能是員工的失誤，致使資訊流失、不完整，以致無法運用。

5.無心的失誤：

常見於輸入資料及處理過程中；只要員工按錯鍵、選錯資料欄，就能產生諸如客戶姓名錯誤、錯誤的送貨地點、數量錯誤、甚或價格選錯等失誤。也可能選了錯誤的程式，或用了舊程式，以致資料處理不正確、資訊不可靠。也可能因員工所受的訓練不夠，或不適任、不能擔負其職務。也可能因員工疲乏，而缺乏應有的警覺性等。

6.故意的錯誤：

也就是舞弊，是風險中，與員工操守最有關者。所謂舞弊 (fraud) 指蓄意欺瞞，製造偽交易，作「假的陳述」，不揭露重要資訊等，致使會計資訊使用者遭受損害。大部分有下列性質：

(1)不實的陳述，隱瞞，不揭露重要的會計資訊。

(2)製作假的財務資訊。

(3)蓄意，故意引起他人誤解會計資訊的內涵。

(4)利用他人的信賴，或利用提供資訊的機會作假。

(5)致使資訊使用者受損害。

7.資產失落：

資產未採取適當保護措施，致失去應有價值、或損失價值（如化學藥品存貨未蓋緊，以致蒸發無存，或與空氣自然產生化學反應，而失去效用等）。或將貨品放置到錯誤的倉架上，以致找不到該貨品。記錄貨品所在的存貨磁碟，可能因疏忽被破壞、或因突然的電力短路、或電腦有機械性的故障，而無法讀取。

8.資產遭竊：

企業的資產可能被員工、也可能被外人挪用、偷竊。比如出納可能暗藏一些企業的現金自用；或工人將公司貨品帶回家；也有員工聯絡外賊製造監守自盜的把戲。這些行為，員工都需要事先計畫，利用時機竊取，並竄改記錄，甚至潛逃，以掩飾其竊盜行為。

9.保全系統被破壞：

只要有保全系統，就有可能被破壞。可能切斷線路，可能鑿牆挖洞，或繞過保全監督系統等。也有產業間諜專門從事收集競爭對手資料，或行賄競爭對手的員工，收購企業機密等。又如美國國防部的電腦系統有很多設計周全的保全、防護措施，仍有電腦駭客以侵入其網路為傲。

10.不可抗力或自然災害：

火災、水災、或天災等，其破壞力，也會造成企業的系統無法正常運作，造成損失。甚至恐怖分子置放炸藥等不可抗力，也能使企業之貨品受損，或使建築大樓、辦公場所、設備、資料、或資訊處理系統受損。也曾有員工離職前，在程式裡暗藏病毒，等預設的時間一到，就破壞組織的資料及系統。蕭條的經濟情況，也能使企業遭受無法收回本金、存貨堆積、資金無法周轉的損失。

第三節　管理舞弊及員工舞弊

會計人員通常將舞弊劃分為兩類：管理舞弊與員工舞弊。

1. 管理舞弊 (management fraud)：

指管理階層故意要求下屬，作出錯誤的財務資訊或不實的財務報表，以便操縱損益，操縱股價，或者假造盈餘，以分配較多的紅利，或逃避稅捐等。管理舞弊又稱績效舞弊，最常見的有虛報（或虛減）盈餘，誤列財務資料。管理舞弊通常有下列特性：

(1)主要的犯錯人員是內部控制層以上的管理人員，如主管階層。

(2)常使用財務報表製造假象，使企業似乎多賺、或少賺、或多報損失。

(3)常有複雜或假的交易行為，如將資本支出轉為費用支出等。

2. 員工舞弊 (employee fraud)：

指員工利用職務之便，挪用或偷竊組織的資產。員工舞弊通常有三個程序：

(1)偷取或挪用有價值的資產；

(2)將資產轉成現金；

(3)再用會計記錄掩蓋此一犯罪行為。

員工舞弊可能用的舞弊方式有：

(1)記入費用帳（報銷成公帳）：將自己的私人花費報成組織的費用。

(2)早收遲記或挪用周轉：利用職務之便，將負責保管的組織資產，先借用、挪用後，晚些入帳，以掩蓋挪用之實。

(3)做手腳：利用管理現金帳之便，操縱現金帳，轉移帳戶間的現金。

(4)交易舞弊：刪除、更改、或加入假交易以轉移資產。

現今的資訊時代，利用電腦達到會計舞弊目的的類別，仍離不開管理舞弊與員工舞弊兩大種類。利用電腦舞弊的方法大約有下列方式：

(1)竄改電腦資料記錄，以偷竊資產。

(2)竄改程式，以偷竊資產，或製作假交易、假財務報表。

(3)竊取企業或其他企業之電腦資訊或網路上之資訊。

(4)竊取或破壞軟體。

(5)竊取或破壞硬體。

第四節　資訊系統各階段可能的電腦舞弊

1.資料收集階段：

最脆弱的階段，因資料輸入前很容易被竄改。資料在輸入時，可能遭到下列的方式破壞：

(1)偽裝成使用人或偷用別人帳號侵入系統；

(2)利用偷搭通訊線路的方式侵入系統；

(3)可能是電腦駭客的破壞分子，想勝過系統，設法解碼以進入系統。

2.資料處理階段：

處理資料的程式不適當；或程式邏輯被破壞或被竄改；或程式操作不當，致使資料被破壞；或者電腦資源被濫用，如濫用組織網路傳輸私人資料，或利用上班時間，撰寫自己私接的專案程式。

3.資料庫：

被不當修改，資料庫結構被破壞，或資料庫的資料被偷竊、盜用。

4.資訊輸出階段：

電腦輸出的資訊被偷用或濫用。如不小心將機密資料丟棄在垃圾筒，或已被刪除的電腦檔案，被有心人設法回復、盜取；或通訊線路遭偷聽、截聽。

第五節　內部控制的目標

內部控制對組織相當重要，若無適當的內部控制，則上述之風險及舞弊一旦發生，企業一定有損失。故而企業應本於組織自我的結構特性，衡量內部控制制度之成本及效益，設計必要之控制政策及程序，並確實施行內部控制制度，以達到內部控制目標。內部控制的目標如下：

⑴保障資產安全。
⑵驗證會計資料及記錄的正確性與可靠性。
} 會計控制

⑶促進組織的營運績效。
⑷鼓勵員工遵行管理階層制定的政策及程序。
} 管理控制

第一個目標與第二個目標都要藉由企業的政策及程序，才能確保會計資料可正確的收集及正確的處理，以確保資產的安全，所以可歸類為會計控制。設計會計控制程序時，應要求相關人員注意，並遵行下列程序，才可合理的確保會計記錄及資產的安全：

⑴交易係依據管理階層的一般授權或特殊授權而執行。

⑵交易應有記錄。

⑶依一般公認會計原則或適用的規則編製財務報表。

⑷資產應有正確的會計記錄。

⑸資產的記錄，應定期與實際資產相核對，如有差異，應採取適當措施。

⑹只在管理階層授權下，使用或保管資產。

第三個目標與第四個目標則與組織的營運、管理及作業程序有關，故可歸類於管理控制。管理控制包括企業的政策及管理階層授權員工的作業範圍，決策過程及有關的程序與記錄。此類均與管理功能有關，適當的授權給員工，並要求員工達到組織目標。可從其意義中，看出管理控制也包括了會計控制。

但 1992 年美國 Committee of Sponsoring Organization (COSO) 發表內部控制研究報告後，就不再區分會計控制或管理控制。1992 年後，COSO 的研究報告廣被接受為內部控制定義的最高權威，各國也紛紛修訂有關內部控制的相關規定。在 COSO 報告中最重要的一個觀點就是：內部控制應從最上層的管理階層做起。因而 COSO 報告認為首要因素為建立控制環境。而所謂的控制環境，指從董事會、監察人、總經理至每一個員工都瞭解內部控制的重要性，且願執行。故而控制環境要求企業的管理哲學、組織結構、權責分派、人力資源之政策及實行都要符合內部控制規劃，而且要有執行能力。

總而言之，為達到內部控制四大目標，應瞭解：

(1)做好內部控制是管理當局的責任。

(2)內部控制應合理的確保能達到目標。

(3)任何資料處理的方法，都應達到內部控制目標。

(4)內部控制仍有其限制性，不可能完全無漏洞；比如人為的疏失，仍可能使企業受損；或有人陰謀的破壞內部控制；或高階管理層有政策性的改變情況時，內部控制制度可能改變。

第六節 內部控制結構要素

企業組織在組織結構或作業程序中加入控制點，才能達到這四個基本的內部控制目標。企業的管理階層應負責設計、並使用這些內部控制結構。內部控制結構至少包含三個要素：㈠控制的環境；㈡會計系統；及㈢控制活動。根據民國八十七年財務部證券暨期貨管理委員會公佈之「公開發行公司建立內部控制要點」則有五個要素：㈠控制環境；㈡風險評估；㈢控制作業或活動；㈣資訊與溝通；㈤監督。以下分別說明之：

㈠控制環境

企業的管理階層若重視內部控制，則員工會遵行企業的政策。員工經由在職訓練，可促使其瞭解內部控制對企業組織的重要，如此，整個組織才有控制觀念的環境。有控制環境才能提供、或發展組織適用的內部控制原則或程序；所以控制的環境是所有其他的內部控制方法的基礎。企業組織若注意下列因素，則具備基本的環境控制：

⑴董事會有確定的內部控制意向或目標。

⑵組織的理念、目標或管理哲學明白的揭示內部控制觀念。

⑶董事會、監察人及高階主管有正確的操守及價值觀。

⑷組織結構及權責分派，合乎內部控制原則。

⑸經理階級授權給其下屬的方式及職權範圍相當明確。

⑹管理階層確實有執行內部控制程序的能力。

⑺組織全體人員有廉潔觀念及倫理價值觀念。

⑻組織全體人員認同企業理念、管理風格及管理方式。

⑼人力資源之政策及實行合乎內部控制規劃。

⑽組織全體人員具有能力且合乎任用需求。

但會計、審計人員應瞭解尚有其他影響控制環境的因素，茲分述如下：

1.企業之組織結構：

企業為達到規劃、監督、控制及執行的管理功能，有其個別的型態及特性。不同的組織結構，可有不同的授權模式，則其控制環境亦不同。

2.董事會及稽核委員會的角色：

稽核委員會係組織委聘外部審計人員而組成。主要職責為協助董事會監督，並審查企業之會計及財務事項及報告，且擔任董事會與內部稽核人員或外部查核人員間之溝通管道。

3.管理階層的思維（管理哲學）或管理方式：

管理階層面對企業風險的態度，政策的制訂方式，執行政策的方法，管理階層對會計、財務報告的要求，預算編製及執行方式等，均影響企業之控制環境。

4.責任及權力的委任：

授權方式、授權範圍及授權程度影響組織各層人員的責任及權力關係。這些委任情況可從董事會的會議記錄，相關政策手冊，企業之備忘錄，作業規劃，員工職責說明書，人事規則等有關文獻瞭解控制環境。

5.評估績效的方法：

企業若採取成本控制之績效評估，則可能與採取利潤衡量來評估績效而有不同的控制環境。

6.獨立的內部稽核功能：

內部稽核是組織內的一部門，獨立於各部門（包括會計、財務部門）之外，直屬於企業之最高階層，最好直屬於董事會，以確保其獨立超然。內部稽核人員獨立查核並監督內部控制的政策是否被遵行，是否仍然能有效的保護資產的安全，並建議較佳的內部控制制度等。內部稽核在組織中的重要程度，亦影響控制環境。

7.外在因素：

企業所處的經濟環境、政治環境或新頒的法令要求，均可能影響其控制環境。

以上這些因素均能影響組織的特有環境，審計人員應特別注意重要的管理人員，例外的特殊事務，客戶的行業類別，可能影響查帳的因素，相關的政策，或影響審計事項的分工等。

具備了這些有效的內部控制環境，管理人員才能有效的提昇經營績效並鼓勵員工遵守這些政策。良好的內控環境必須建立在董事會及經理階層重視內部控制結構，支持且設計控制點，並在組織系統內推行內部控制制度，否則其他內部控制都無法有效建立。因而，企業組織的人事制度亦是一種環境控制的表現；舉凡人事聘任、解雇、考勤、敘薪、福利等人事規則，在招募新進人員及舉行職前訓練時，一定要說明清楚。在職訓練時，也應教導並使員工瞭解自己的授權範圍、職權、責任，才能有效的遵行公司政策並有效的執行其職務。

㈡風險評估

企業應先制訂整體目標。各部門及作業層級則以整體目標為準，制訂各自之相關目標。專業之稽核人員，則針對這些目標，評估可能的內在、外在之風險因素；並建議因應改變的管理。

稽核人員在評估風險時，除了考慮第二節所討論的企業相關風險外，應就企業組織自有的特性，如有無海外機構、政治環境的改變、文化環境變化、法規需求改變等，加以評估。評估風險之原則，可簡述如下：

1.評估天然災害之風險：

評估企業暴露在地震、水災、火災、氣候過熱或颱風等情況下可能遭受之破壞，有無改善、加強、或救災計畫，有無負責執行防災的單位、方針，員工有無應對這些災害的訓練，都是應評估、應建議之範圍。

2.評估政治性災害之風險：

評估企業有無暴露在政治性災害如戰爭、暴動、或恐怖分子的蓄意破壞等之風險情形。若企業有海外分公司，更應常蒐集各地相關之政治情況，以免突然暴露在這些風險中。

3.評估因法規修訂而可能增加之風險：

評估企業因法規修訂、改變，而導致的風險，比如，應增加廢棄物、廢氣、廢水的處理、排放設備，或改進工作場所粉塵的必須措施，或因應法規應有之額外投資計畫的這些風險，均應評估。比如，旅遊業因民法修改，有直接適用的規範，則增加之風險為何，應評估之。

4.評估文化、環境變更的風險：

現今環保及保育觀念較強，民智也較進步，而我國住宅區與商業區、甚至工業區不區分清楚的型態，在現代法治精神被重視時，企業也暴露在以往所不曾經歷過的風險下。比如：企業可能暴露於被控訴為污染源，引起職業病，甚至工廠內之生產、建設、或運輸時之噪音也可能被民眾檢舉，徒增困擾。又如，開公路、挖地基亦被附近居民認為噪音擾民等。因而，若企業曾遭逢民眾聚集、抗爭之情事，現仍在談判的情形，更應評估其風險。

5.評估使用電腦的一般風險：

評估使用電腦後產生的風險，分硬體一般風險與軟體一般風險。所謂硬體一般風險，如硬體設備不良、儲藏量不足、處理速度太慢、功能不符所需、電源供應不穩等。而軟體一般風險，指有關軟體的邏輯錯誤、程式設計謬誤或程式含病毒等。如千禧年危機，企業因應所需之花費及可能產生的風險，應加以評估。

6.評估個人電腦的硬體設備、資料和軟體的風險：

因為現代企業採用個人電腦非常多，而個人電腦相當容易被他人使用、修正；其軟體容易被盜版、也容易被破壞。個人電腦除了有使用電腦的一般風險，還有因其系統較小，容易被偷也容易被破壞的風險，其因應措施，也應評估。

7.評估制度有無疏失或錯誤之風險：

評估制度中有無可能因人為疏忽，或錯誤設計，致使容易產生過失、或意外的疏漏或錯誤。各部門有無員工倦怠、勞累或加班時間太長或未有適當訓練、監督的情事。這些可能相關之風險為何，均應評估。

8.評估有無可能利用系統舞弊，或不正當使用系統之風險：

亦即評估若員工有心製造錯誤，不當使用系統，可能導致的風險為何。稽核人員應建議如何偵察，如何預防，如何改進系統，如何保護等相關措施。

㈢控制作業或活動

乃企業為達成目標而設定的一種程序。針對不同的組織型態及作業方式而有不同的控制活動。控制活動大約可有下列五大方式：

1. 適當的授權（核准）(authorization) 活動：

確保員工只處理核准過的交易。每位員工可訂定的政策或可處理的交易範圍及方式均明確訂定。授權指政策的決定，核准指授權決策的執行；如銷售人員可賒銷特定款項給某位特定客戶，此為銷貨政策明訂的授權範圍，但該筆賒銷是否可以成立，仍要經過信用核准後，才能決定。授權又可分為：

⑴一般授權：依組織所定的權限範圍核准交易，亦即例行職務的核准與執行。

⑵特別授權：為處理特殊個案，而授與特別權限及核准範圍。

2. 職能分工 (segregation of functions)：

組織功能的權責分工，是為了能確實劃分職責。所以要注意：⑴核准交易的；⑵實際保管處理資產的；⑶記錄該項交易的，這三個職位的工作都應由不同的人負責，以減少疏失或避免故意。

⑴核准交易者與處理交易者應分開，如核准付款者與準備支票者應分別為不同的兩人；又如信用部門核准客戶的賒銷額度，而由銷貨人員處理銷貨事項。

⑵資產保管者與記錄者分開，如出納收付現金而會計保持帳簿的記錄；又如倉儲人員保管資產，而存貨管理員負責存貨帳簿。

⑶作業部門與記帳責任分開，如銷貨部門負責銷貨，而會計部門負責記錄銷貨交易；又如驗收部門檢驗進貨，會計部門記錄進貨交易。

⑷核准交易者與資產保管者分開，如驗收部門核准所驗收的貨品，但要交由倉儲管理人員保管貨品。

電腦系統的職能分工原則為：

⑴核准層次及使用權限應設計在程式內。當使用人欲進入電腦系統時，電腦應先檢驗、核對其身分及權限後，才可讓該使用人進入可使用的範圍。

⑵雖然電腦處理系統可以減少人工失誤，但先決條件是輸入的資料要正確，並應使用正確的程式，才可避免垃圾進，垃圾出 (GIGO—garbage in, garbage out)。

⑶資料輸入者應與系統操作者分開。

⑷程式的編碼，程式的操作執行，與程式的維護應分由不同的人員負責。

職能分工的原則其實就是：若員工要在同一組織內進行舞弊時，需要兩人以上共謀才能成功；故⑴交易一定要經過核准，且要經一定的程序辦理核准；⑵核准者，保管者，記帳者都要分開；⑶同一部門內不要有兩人的工作及責任相同，如此才能達到職能分工的目標。

3.會計控制活動：

各項交易憑證及會計記錄可提供企業所有經濟活動的審計軌跡。在電腦化的會計資訊系統中，雖不同於人工環境，但仍可找到來源文件 (source document)，或分類帳 (ledger account)，或輸出報表等的審計軌跡。故會計人員應瞭解電腦檔案的結構，資料庫結構及如何產生會計記錄的經過，以探尋審計軌跡。

為保護資產的安全，並可驗證會計資料的正確性和可靠性，經理人員有責任確保會計制度之有效性。所謂有效的會計制度係指交易經過衡量、確認、記錄、分類、分析、彙總等處理過程後，能提供有用的資訊給決策使用人之外，還能確保資產的安全。因為會計系統主要任務為衡量、確認、記錄、分類、分析、彙總財務交易資料，並提供有用資訊給內部或外部使用人及確保資產的安全；故內部控制結構應提供下列功能：

⑴確認並記錄所有的有效交易。

⑵提供時效性資訊，提供有關交易之足夠詳細資料，以便分類、分析並製作財務報表。

⑶適當衡量財務交易的價值，以便記錄。

⑷正確的記錄及報導交易。

內部控制結構應可合理的保證經過會計系統的記錄、處理、查核後，可將商業交易中的財務資料完整的呈現給有興趣的使用者（如投資人或債權人）。這類的控制程序被稱為會計控制程序。會計控制程序經適當的設計或執行後，經理人員對會計資訊及資產保護會有較強的信心。比如說有關資產保護的會計控制活動，是為了確保資產可被合理的使用，不會被不當的使用，故流動資產的會計控制活動非常嚴謹。因為資產的流動性愈高，被盜用的機會也就愈大，要彌補這樣的高風險因素，也就要比較嚴謹的控制程序，因而現金的保護程序要比廠房資產及設備資產的保護程序來得多。

4. 使用控制 (access control) 及資產的實體控制 (physical control) 活動：

為保護資產及會計記錄的安全，最好採用實體控制。亦即資產及會計記錄避免讓無權限之人可實質接觸；使用鎖，電子識別器，保險箱，或電子保全設備等保護資產及記錄；比如存貨必須儲存在有保護措施的儲藏所在，也可以上鎖，禁止無權限之人員搬運存貨；帳簿、現金最好保存在防火的保險箱中。又如電腦中心應有識別系統，除了查核欲進入中心的人員是否已被核准外，最好還能利用電腦記錄進出人員的識別號碼及時間、日期等。也要禁止非電腦中心授權的人員操作系統、或維護資料。應用程式中也應將限制使用檔案、或程式的規定設計在內，以免無權限的人使用。資料、檔案應做好備份。電腦中心及儲存檔案、資料的場所應有復原、防弊、防災的措施；如此，或可避免資產及會計記錄可能被誤用、破壞或偷竊的風險。

5. 獨立驗證 (independent verification)：

管理階層與電腦均可執行獨立稽核。比如：管理人員可複查財務報表及管理報告，而電腦可複查批次總數 (batch total)，或比較明細分類帳及統制帳之異同。獨立查驗時，應注意之事項舉例如下：

(1)調查交易處理的批次總數。

(2)調查實際盤點與會計記錄。

(3)調查明細帳與分類帳。

(4)複查管理人員的報告。

(5)員工的態度。

(6)交易處理的完整性。

(7)查核文件，日記帳中資料的正確性等 。

(四)資訊與溝通

既是資訊系統的內部控制，故第四個要素特別注意資訊部門或資訊相關的控制，包括資訊之取得，資訊系統的制訂，資訊如何傳遞；如何保管企業資訊，員工資訊和顧客資訊。管理層如何反映這些資訊，如何行動等要素之制訂。

(1)資訊系統應在不增加資源浪費之情況下，訂定各資訊來源文件的規格，一來便於輸入，二來便於保存審計軌跡。

(2)各負責輸入、修改、核准、過帳、印製報表、或使用程式的員工之權限、方式均應設定，以免因資訊系統的人工少，而產生組織分工不完整，或不完善的不良後果。

(3)由於資訊系統錯誤的效果會一直持續到系統的錯誤被修正為止，因而定期測試系統亦是必須的例行事項。

(4)資訊系統的設計、訂定都應注意符合內部控制目標。相關系統設計時，最好邀請相關的員工參與設計。

(5)員工應有足夠的電腦知識及技能訓練，以便維護系統，具備因應突發狀況的判斷能力及保全系統的防護能力。

(6)資訊的傳遞過程，取得何種資訊的人員名單應訂明，以免資訊被無權限的、或不必要的人員接觸、操作或使用。

(7)員工應被訓練或使其瞭解負有保密責任，即有「保護從業務上得知之機密」之責任。企業應告知員工若違反保密責任，可能引起之刑事責任為何。一免員工誤觸法網，二為保護企業之資訊財產。

(8)針對員工之意見、顧客之反應，以及企業策略之宣導，企業應設計良好之溝通管道，不唯蒐集額外資訊，亦可善用此類資訊，做回饋分析。管理層也可運用溝通資訊通道回應，解釋、宣導或訓練員工，甚或發展新產品等。許多企業運用正式或非正式的資訊溝通方式，聯繫員工、刊登新知或鼓勵員工思考新點子，改善管理營運，增進生產，成功的例子很多。

(五)監督

是補償性的控制活動，經由分工或分層負責的方式，監督並記錄企業組織內各成員或各部門的活動。使用標準或既定目標，與實際活動之記錄比較、評估，發現並報導缺失，以求改進。以下為監督的原則：

(1)若分工不適當，職責劃分不清，或員工一人負責原本應分由兩人做的事務，一定要有監督措施。

(2)在電腦作業中尤其重要，因無法逐步觀察每一執行步驟。

(3)因為很難監督員工的技術，故應選用有所需之特殊技術的員工，或先試用，或設計監控方式，或以品質控制方式間接監督技術。

(4)管理層有時過分信任資料處理的員工。因這些員工負責資料處理責任，常會接觸或使用機密資料，故應有適當的管理監督方式。

(5)很難在電腦化資訊系統環境中觀察、監督員工的行為，故應將監督設計在電腦系統中，如劃分使用權限、限制可接觸、使用的程式等。

第七節 內部控制的三種型態

內部控制程序大概可分成三種型態：

1.預防型的控制：

由於事前防止，比偵查錯誤，修正失誤的代價小；因而可將內部控制方法整合在系統中，並將既定的程序設計在程式中以保障確實遵行程序。預防控制就是在可能發生問題的所在或在問題發生前，就有一些防護的措施。會計資訊系統中最常用的預防型控制可以現金處理的控制為例來說明：負責現金收入的人員絕對不能記錄現金簿；負責現金收入的人員，必須計算現金的收據總和，每天負責將現金存入銀行，但是絕對不能記錄現金簿，不能碰會計帳冊。

預防型控制的主要功能為確實保護資產安全，並查核會計記錄的正確性。因而應將組織中功能相似的職務，適當的加以分工；比如：現金的出納人員與現金簿的登錄人員，應該要分由不同人員負責。適當分工後，其中一位員工的工作是否正確，就可以利用另一位員工的記錄來查核；比如：會計人員所記錄的現金收到的記錄，就應該與出納所計算的、與實際收到的現金總數無異，也要與存到銀行的現金總額完全相同。如果有一位處理現金的員工想要挪用或偷竊這些現金，必須要設法偷改現金簿的數字，且不被發現，才有辦法使現金總額與現金簿的記錄相符合。因而組織裡很多的分工情形，就是運用預防型控制的表現方式。

2.偵察型的控制：

偵察型的控制是事後偵察，比較實際結果與預設的標準是否有偏差。可能會採用一些設備，查核技術及查核、偵察程序去確認或揭發弊害。偵察型控制可提供事後回饋資料給管理人員，查核有無達到作業上的預定效率，或查核有無確實推行所欲加強的管理政策。最常見的偵察型控制的例子是：定期製作具時效性的財務報表。由於各部門的績效都在財務報表上呈現，故可從報表上查核實際績效是否符合預期績效，是否達到原訂的目標。假設實際生產成本比預算的標準成本高，可推斷生產過程缺乏效率，應即進行改正措施。

3.改正型的控制：

亦即事後彌補所發現的問題。偵察到生產某一成品的直接人工小時總是比標準的人工小時多，就應即刻進行改正型的控制程序；除了檢討為什麼會有人工小時超出以外，還要設法修正問題，使其達到標準成本的要求。因而，改正型控制除了要確認是否有問題、何處引起問題外，還要設法修正這些問題的錯誤部分；或者設法解決問題，以免將來再發生同樣的問題；或使將來產生問題的機會達到最小。最常見的例子是：重要的檔案及主檔案都應有備份檔，就是為了萬一原始檔案被破壞或有損傷時，可有備份檔使用。

預防型和偵察型有時要交互使用，但不必特別分立這兩種控制程序。比如：企業的銷貨部門或零售部門，每週應做績效報告。雖然績效報告是一種回饋型控制的報告，但仍然必須在這些部門內設計一些預防型的控制程序，比如：每週交給銷貨部門的空白發票，要預先編號，每週的績效報告要與銷貨發票的收據副本相配合。亦即每週營業結束後，應將銷貨發票收據中的一份副本送資訊處理部門。資訊處理部門處理後，可每週印出銷貨發票總數和銷貨金額總數，這些銷貨發票的總數和銷貨金額總數應該要和銷貨部門的銷貨發票總數與銷貨金額總數相符合。如果兩邊都收到同樣的資訊，則兩邊的總數會符合。如果資料處理部門或會計處理的這邊漏記了一筆銷貨，抑或銷貨部門漏報了一筆，則兩邊的總數可能就會不一樣。因而銷貨部門將發票副本送到會計部門以前，如果沒先計算總數，則會計部門送入電腦作業以後，所做出來的報告和銷貨部門的報告相比就沒有意義。從上例可知，偵察型的控制程序是為了比較資訊並驗證會計資訊。

雖然偵察型的控制主要是為了找出偏差，會計人員希望問題在被偵測時不致太嚴重，或在問題快發生前就能提出警告，然而實際上，運用偵察型控制發現問題時，問題可能已經太大，或者損失已經造成，而難以彌補；為了解決這樣的問題，有些企業就發展出另一種系統：回饋預估控制系統 (feed forward control system)。所謂回饋預估控制系統是先將資訊做一些預測，再預估可能產生的差異情形，再針對可能發生差異的機率，事先作一些調整，以免問題變嚴重。以下以「現金規劃」為例子，來說明這種控制。

每個企業都會規劃理想的現金水準。在規劃現金流量時，應將企業所有有關現金的活動包含在現金規劃的控制模型中；比如：應包含現金銷貨、賒銷的收款條件、應收帳款的收現情形、分期付款的收現情形；用現金採購存貨或是賒購存貨，應付帳款的付現情形；應包含存貨被使用到生產上的情形，或其他使用掛帳方式買進來的設備、供應品等的情形；也應包含一些需用現金支付的費用：如薪水、管理費用、行銷費用，以及一些資本支出：如所得稅的支出、股利支出等。這些項目都會影響現金的水準，因而應將這些重要的相關變數放入現金規劃的模型中。企業的財務長，就負責對這些重要變數行使監查以及衡量的控制。因而財務長在預估這些變動項目時，會針對每個項目設定一個控制及衡量的標準，並針對可能發生的差異情形做調整，再衡量、分析、調整，以控制現金水準維持在所規劃的水準間。

從上例可知：回饋預估控制系統會先預估未來可能發生的差異，並在差異尚未真正發生前，加以調整、修正，可讓管理人員立即反應、採取行動。會計資訊系統人員常用的試算表，就是一種簡單且容易使用的回饋預估控制工具。

第八節　內部控制與成本效益關係

每個組織系統都是獨特的，因而沒有一個標準化的控制程序，每個企業都應依自己所需，做最佳的控制策劃。策劃及設計控制程序時，所依據的最大準則就是成本效益關係。成本效益關係指所設計的預期控制效益會遠大於預期的控制成本。在設計控制程序的時候，應考慮到的預期發生成本，包括：設計、施行及執行每個控制所發生的成本。如果控制效果大於成本，就可以去發展所設計的控制程序，如果成本大於效益，就沒有必要去發展這樣的控制程序。假設有個百貨公司賣衣服、日用品及一些大型的電器用品，經理人員希望能將店裡順手牽羊的損失減到最小，因而需要一些控制程序。假設沒有控制以前，每月店裡被順手牽羊的損失是九萬元；目前有兩個方案可解決這問題：第一個方案：聘四個警衛輪流巡視不同的銷貨區，一年的警衛薪水大約一百六十八萬元。第二個方案：雇一個警衛，架設數個監視器，反射鏡及錄影機，並給發現或抓住順手牽羊的員工獎金，這些設備的花費可能要八十萬元。第一個方案顯然成本大於效益，雖然防止順手牽羊發生的效果可較好。第二個方案雖然仍有順手牽羊的情形發生，但是可以減少；因為隱形的監視錄影機可以讓看監視器的警衛馬上指出問題，追查犯案客戶，員工也會提高警覺心，較符合成本效益關係。美國有許多公司都設有這種隱形監視錄影機，且在明顯處所張貼「本公司設有隱形監視錄影機，請貴客戶勿從事觸犯法律的行為」。

因而理想的控制，應該是既可將潛在風險降到最低，減少錯誤發生的可能性，又不會增加太多的成本。如果控制的成本超過效益，也會降低企業的營運績效。管理人員在衡量控制的設計及實施之成本效益觀點時，有時要犧牲一點控制的理想；因為效益或許可以達到理想中的百分之百，可是相對的代價也可能付出太多。有時有一些不正常的現象，無法用企業組織之內部控制程序來控制，此時成本效益的衡量也無法施行，如：分支機構所在處突然發生戰爭情況，則原訂的內部控制可能無法實行。因而管理人員在考慮成本效益時，有時僅能期盼控制的設計及實行能在合理的成本之下達成。

成本效益衡量的另一困難是：某些風險因素很難數量化。針對可能的損失風險，會增加相對的控制程序，因而每增加一個控制就能減少一些損失的風險。此時不但要衡量實際的損失，還要衡量暴露在風險中的可能性，所以期望的損失不是風險而已，還有包含風險的程度。故管理人員要加用新的控制程序去解決可能的控制難題時，應該要比較新控制程序的期望風險值，以及沒有新控制程序的期望風險值，如此才可能查出新控制程序可以減少的損失有多少，才可將估計的效益和額外的新控制程序的成本來比較，如果估計的效果超過額外的新增成本時，則新設計的程序可被接受。

第九節　內部稽核小組

許多大企業組織有內部稽核小組。這些內部稽核小組成員，有些有會計背景、有些有企業管理背景、有些有資訊管理背景。通常稽核小組為保持其超然獨立性，都與企業組織的其他單位分開，向公司的最高管理當局或向董事會報告。內部稽核人員定期製作營業稽核報告，去每個部門稽查、衡量操作績效及業務績效。內部稽核人員稽核某個部門後，若發現有任何的不良情況，就應提出建議，以改進該部門的營運情形。雖然內部稽核人員也調查舞弊情形，但檢驗企業組織的內部控制程序仍是其最重要的工作。內部稽核人員之所以要超然獨立，是因為需要保持客觀性，因而內部稽核人員不屬於會計部門或任何其他部門管理，而應向管理當局的最高單位或董事會報告，才能客觀的衡量其他部門的績效。

第十節　結　語

總之，會計人員應瞭解企業組織可能暴露的風險原因及狀況，特別應注意因不良的內部控制制度所引發的風險。這些風險可能源於組織內部，也可能是外來的，可能因自然災害，也可能因人為，而使得企業之資產、企業機密被盜取或記錄毀損，而使組織受損。現代的內部控制觀念注重企業整體、環境的控制，上自董事會開始，下至各級員工都應有內部控制的觀念及目標，不必再詳細區分管理舞弊與員工舞弊的不同，而應將注意點設為如何適當設計會計制度，杜絕舞弊。

身為現代會計人也應瞭解使用電腦產生的舞弊現象；明瞭內部控制目標及五大要素後，才能針對企業特性，設計適當的、合乎成本效益的理想內部控制程序。理想的控制程序不但可將潛在風險降到最低，也能減少錯誤發生的可能性，又不會增加太多的成本。本章也說明內部稽核人員在內部控制中的職責，所負之責任及在組織中的地位。

研討習題

1.何謂內部控制？
2.企業可能面臨的風險有哪些？
3.試說明管理舞弊與員工舞弊的差異。
4.電腦化資訊系統可能有的舞弊、風險有哪些？
5.內部控制的結構要素有哪些？
6.影響控制環境的因素有哪些？
7.企業內部控制的目標有哪些？
8.試述控制程序的五大方式。
9.電腦系統的職能分工原則為何？
10.試述內部控制的三種型態。
11.試述內部控制與成本效益關係。
12.試說明內部稽核小組的職務和內部控制的相關性。

參考文獻

American Institute of Certified Public Accountant. SAS No. 55, *Consideration of the Internal Control Structure in a Financial Statement Audit*. 1988.

Cerullo, M. J. McDuffie, R. S. and Smith, L. M., "Planning for Disaster." *CPA Journal*, June 1994: 34–38.

Committee of Sponsoring Organizations of the Treadway Commission. *Internal Control—Integrated Framework*, Vol. 1 of 2. New York. 1992.

Hall, James, *Accounting Information Systems*, St. Paul, Minn. West Publishing Co., 1995.

Moscove, S. A., Simkin, M. G. & Bagranoff, N. A., *Core Concepts of Accounting Information Systems*, John Wiley & Sons, Inc., New York, 1997.

Romney, M. B., Steinbart, P. J. & Cushing, B. E., *Accounting Information Systems*, Seventh ed., Addison-Wesley, 1996.

Wilkinson, J. W. & Cerullo, M. J., *Accounting Information Systems—Essential Concepts and Applications*, Third ed., John Wiley & Sons, Inc., 1997.

第四章

企業組織採用內部控制的情形

概要

上市公司和上櫃公司每年都需要提出內部控制聲明書，說明公司的內部控制制度和政策。因而各上市、上櫃公司需要實際的制定內部控制政策與程序，也要實際遵行自己制定的政策與程序；又由於各個公司有其個別的營業特性，則各公司的內部控制政策與程序也就稍有不同，控制的重點也不同，本章只就一般狀況舉例說明公司採用的內部控制情形。詳細的控制程序和控制點則在第十一章至第十四章詳細說明，至於電腦化會計資訊系統的內部控制，則在第十章加以說明。讀者若能瞭解第三章、本章和第十章，則相關的內部控制觀念就算齊備了。

第一節 緒論

在上一章，已經說明了內部控制的重要性、基本概念、內部控制結構、以及內部控制程序等。讀者已對企業風險、內部控制的重要性、內部控制結構的觀念、要素、以及控制類型、程序等有所瞭解。本章則將企業一般採行的內部控制情況加以討論。

一般的企業組織為達到內部控制目標，通常會制定內部控制政策與程序，作為企業遵行和評估的依據。本章針對一般企業常採取的措施，分別在以下各節討論。這幾節將討論的主題如下：

(1)審計軌跡。

(2)人事政策。

(3)實質保護資產的措施。

⑷內部稽核小組。

⑸定期績效評估。

第二節　審計軌跡

如果企業可維護良好的審計軌跡，則不論是會計部門的經理，或是內部稽核人員，或是會計師事務所的查帳人員，都可依照資料的記錄及處理程序流程來進行查核；比如說：發票是交易的來源文件；若追蹤某筆銷貨發票的處理情形：有無記入日記帳、有無過帳到分類帳，直到最後的財務報表中有無包含這筆交易，這就是所謂的審計軌跡。若有良好的審計軌跡，則每筆交易都可以被仔細查驗出來；不但可從報表中追蹤複查到原來的原始文件，也可從原始文件一步步的查核其處理過程，一直查核至報表為止。這兩種查核方式廣被企業的內部稽核人員採用。

審計軌跡是非常重要的一個內部控制程序。如有良好的審計軌跡，就可讓會計資料的處理程序一目了然；可使會計部門人員或稽核人員容易偵測出任何錯誤或不正常的交易處理情形。反之，若無審計軌跡，則一些不正常的錯誤狀態就很難被偵查出。審計軌跡在電腦化的會計資訊系統環境下比人工化的環境下更難偵測；因而在電腦化的會計資訊系統中，若有員工犯錯或舞弊，因為沒有審計軌跡，較難查出哪些是有嫌疑的交易。所以避免或減少電腦化的會計資訊系統中的錯誤風險、或不正常的資料處理情形，的確是電腦化會計資訊系統很大的挑戰。

一般企業為了確保審計軌跡可以查詢，通常會準備並製作下列項目：

1.會計科目表和其對應帳號：

描述每一個總分類帳的會計科目，科目性質，使得帳務可以正確的記錄。每個會計科目應有帳號，或依照一定原則予以編碼，以使資訊處理容易。

2.仔細登錄並保管來源文件：

在原始文件、來源文件上，詳細記錄資料會登錄到哪個帳簿上或傳票上，如此在記錄會計交易時，才能依據來源文件，作正確的會計記錄。

3.編製相關員工職權說明書：

每個不同系統都要分別就各自的系統內，編製詳細的員工職權說明書。系統內各程序，執行相關職務的員工都應該清楚知道個人職務的相關權責，說明書是最好的依據和職務指導。在說明書上，應清楚記載每個職位的權限及責任，如何處理或記錄交易。如此，每位員工就可確實瞭解自己的職責所在，瞭解執行業務上的權限，也就會注意到若依據公司政策應準備什麼樣的文件及使用何種方法或會計科目才能適當的處理相關交易。

4.編製資料流程圖：

資料流程圖顯示系統內的邏輯要素，可讓員工藉著圖示瞭解投入的資料要素、產出的資料要素、資料的來源及資料間的流向，從而瞭解資料的相關性，保護文件軌跡。

5.編製文件流程圖：

文件流程圖可協助員工瞭解並依據正確的程序執行交易。文件流程圖還可讓內部稽核人員及公司員工去確認重要的控制點。所謂控制點是指：為了控制的目的，在資訊系統中特設的一個程序。亦即在組織中或執行業務的程序中，為了防止有不正確的資料進入資訊系統中，所加設的控制點，以便偵測不正常的交易、錯誤的交易或遺漏的交易，以確保所有的失誤在進入資訊系統時，已修正完成。

本書從第十一章到第十四章討論各營運循環的章節時，會介紹各循環的資料流程、文件流程，及控制程序等，也會詳細討論各個重要的控制點。讀者在讀完第十一章至第十四章後，會更瞭解企業的實質控制程序，將來在企業服務，就會瞭解如何保護及搜尋審計軌跡了。其他的文件如程式流程圖和系統文件圖，雖然也是相當重要的文件，但與會計軌跡較無直接關係，卻與電腦資訊軌跡有關，會在第十章討論。

第三節　人事政策

適當的人事政策及聘僱適任的員工，是很重要的內部控制程序。因為員工會直接影響內部控制的有效性，所以人事政策不應只是字面上的政策或表格，而應是組織中每個階層、每一位員工都願意確實遵行的行為準則。因為員工隨時可接觸公司的資產，或取用公司的資產，比如：出納處理公司的現金；存貨管理人員、倉庫的員工會收取存貨或發送存貨；負責運送的員工會使用公司的運送卡車，所以，若無誠實或適任的員工，或沒有公正、公平的人事政策，則公司的資產可能會被無效率的使用，因此會導致公司在執行作業上無效率，或無法達到組織的目標。因而企業組織的人事政策，至少應有下列幾項：

⑴特別的選任、聘僱程序，以雇用適任的員工。

⑵訓練員工可有效執行業務的訓練計畫。

⑶良好的監督系統。

⑷公正以及公平的員工考績、加薪、獎敘的指導原則。

⑸員工輪調政策。

⑹強迫員工休假的制度。

⑺定期考核員工績效，以考察員工是否有效的執行職務，也可藉此適當的修正員工無法達到的標準。

⑻忠誠或資產保險：有些美國的企業採用忠誠保險，以免因員工侵害重要資產，而受損失。若無忠誠保險，則公司的重要資產應加以保險，以免員工所處理的重要資產遭致偷竊或被破壞。

上述人事政策的第六項：強迫員工休假的制度，是內部控制的一個相當重要的觀念，有兩個重要原因如下：

⑴假設有員工挪用公司資產（比如現金），則在休假時，可能被人發現，故其本人必不願休假。如果有強迫休假制度，則員工會考慮到若挪用資產，會在休假時被發現，而放棄此意圖。

⑵強迫員工休假時，因員工會離開自己的工作崗位，比較不易產生職業倦怠，或因有休假，會比較容易從職業倦怠中恢復過來。因而強迫休假可讓員工休假回來後的工作較有效率。

為保管公司重要資產的員工投保忠誠保險，或將公司重要資產加以保險，亦是公司內部控制可考慮的政策，因為保險公司在接受這類保險案件時，會對該員工的背景及相關的人士做調查，公司比較容易知道員工的過去背景，而減少公司資產被毀壞的風險。

第四節　實質保護資產

企業的資產應該有實質的保護措施，比如將資產存放在安全的地方，或實施某些保護措施，可減少資產被偷盜或被損害的風險；以會計控制來舉例：存貨必須保存在安全的儲藏區域裡，可以上鎖，或只有有權限的員工或保管的員工才可接觸存貨。這樣的保護措施，可防止沒有權限的員工進入儲藏區域偷取存貨。當供應商要運送存貨來時，該批存貨必須由供應商直接送到驗收單位，由驗收單位的員工馬上點算、記錄數量後，立刻存入倉庫。點算存貨的員工應負責製作驗收報告單，並在驗收報告單上簽名，如此，該員工正式負起收到且驗收完畢該批存貨的責任。存貨送到倉庫時，倉儲人員亦點收、簽名，並負起保管存貨的責任。任何其他員工如果要向倉庫領取存貨時，應有領料單，並有存貨管理人員核可。領料單就成為製造循環或成本會計的來源文件。領料的員工持有領料單後就明確的負起保管該存貨的責任。

企業組織中尚有許多重要的文件需要妥當保管；比如：公司的組織章程、契約、支票、支票登記簿、圖章、會計帳冊等，都應該保管在適當的地方，避免給無權限的人取得，可存放在防火的保險箱裡，或存放在銀行的保管箱中。

現金是最容易被挪用的資產，因而現金的保護除了要有適當的地方存放外，尚有兩個重要程序必須執行：

⑴隨收隨記隨存：收到的現金，馬上做記錄，且最好每天都能存放到銀行。

⑵支付所有任何已經核准的付款憑單時，一定使用支票付款；且付款支票都應預先編號，有支票登記簿，登記每張支票的付款金額、日期及受款人等資料。

付款憑單應遵行憑單系統。付款憑單本身是個相當重要的文件，會計人員除了在付款憑單上記載交易、支付項目之外，也要記載相關的來源文件：根據哪個項目、哪個交易、哪張發票而支付的，因而相關的交易文件也要黏貼在付款憑單的背後，故付款憑單本身就是個重要文件。舉例來說：如果需支付款項，在填寫付款憑單前，要先檢查三樣文件：

⑴企業的採購訂單。

⑵收到貨品的驗收報告單。

⑶正確的供應商發票。

當支票完成後，所有的證明文件都要註明「已付」，並在憑單上註明支票號碼，以避免文件被拿去做重複付款的依據。支票的付款金額若超過某一特定金額時，通常都要有第二位負責人的簽名。如果支票係依據付款憑單而簽發，則審計軌跡非常清楚。支票與付款憑單都應預先編號，也是實質保護現金，免於錯誤的控制方式。每個月，公司應由一位會計或稽核人員製作銀行調節表。負責製作銀行調節表的會計人員不能負責處理任何與現金有關的出納或現金帳簿的會計工作。銀行調節表可查出公司的支票帳簿與銀行的記錄有無差異。

雖然企業大多數會使用支票付款，但多使用零用金制度，支付企業的小額零星支出。每次支付零用金時，也要有付款登記。零用金也應該保管在特別的保險箱內。每天將收到的現金存入銀行的政策，不但可將當天從營業活動中所收到的現金及從賒銷所收到的現金，都在當天一起存入銀行；還可避免從當天所收到的現金中取款、以支付任何其他費用。這樣的會計控制，不但可確保每天都會將當日所收到的現金立即存入銀行，每次存款又有銀行簽收的存款收據，而每月的銀行對帳單上也會顯示這筆款項；如此，則審計軌跡非常清楚，也很容易調整相關的銀行調節表。如果允許員工可從當天收到的現金中支付某些金額時，審計軌跡就會非常的模糊，因為不容易查出使用哪筆金額支付哪筆款項；如此，就會增加「無法偵測到的錯誤、或是不正常的付款風險」。

第五節　內部稽核小組

大部分有規模的企業或者上市、上櫃公司都有內部稽核小組，負責定期複查企業的內部控制組織結構。如果內部稽核人員發現企業的某些控制不適當，或者控制程序不適用，應建議適當的修正方法。如果內部稽核人員認為某一控制程序的成本顯然超過其效益時，就應向管理當局報告，並建議適當的控制程序，以免成本太高。內部稽核人員也可負責對各項業務的績效加以評估，或者分析各項業務可能的最佳化執行方式，或者提出整合計畫，整合企業內的營運活動或整合人員、資源等。善用內部稽核人員，利用其分析專長，可以有效的改進營運績效，達到內部控制目標。中小企業雖然沒有法規規定一定要有內部稽核人員，然而若能委派專人負責，或分工委託幾位主管互相評估作業程序，建議適當修正方式，也能稍有一些內部稽核的效果，又可改善營運，高層主管應思考此一可行性。

內部稽核人員因為要保持超然獨立的態度，所以不屬於任何其他部門，而直屬於最高管理當局或董事會。一般來說，內部稽核人員的職責約有下列幾點：

⑴確保遵行內部控制制度的設計與程序，確實保證系統的安全，並可合理的偵測到實質錯誤或不正常的交易。

⑵複查所有在組織內制定的政策、計畫、程序、規則或辦法。

⑶確定企業資產的記錄完整，並有安全保障。

⑷定期檢驗組織內資源的使用符合經濟性及有效率。

⑸應向管理當局作真實且可信的報告。

目前很多企業已經使用電腦化的會計資訊系統，因而內部稽核人員也應瞭解會計資訊系統電腦化後的企業環境，以及在電腦化的會計資訊系統中應有的控制設計和程序。本書將在第十章會討論電腦化會計資訊系統的控制，讀者應瞭解第十章的概念，充備完整的系統控制知識。

第六節　定期績效評估

定期評估企業的內部控制結構的績效報告，可使管理當局瞭解公司內部控制的效率及其功能。管理人員可從績效報告中的回饋資訊，瞭解先前所使用的內部控制制度，是失敗的還是成功的；因而績效報告是一種偵察型的控制程序。管理當局如果能適當的評估內部控制程序，並且能夠在內部控制一發生問題時就能馬上得知，馬上修正，就會使企業的損失達到最小。因而，績效報告應定期編製，針對現況之事實，在發生問題時，就提出適當警告，以便管理當局能及時修正不當的內部控制。

大部分企業在做績效評估前，通常會要求各部門在會計年度開始前，就提出各項預算；可能是該部門的費用預算，生產量預估，預估的月目標、季目標、或年度目標等，也可能是銷售預估，市場佔有率預估等等，視其部門的功能而定。通常各部門會以一季為評估期間，比較實際的營運狀況與預算的差異，檢討差異發生的因素、經過、可能的改善方針、或解決方法等。但是有些部門的績效評估的週期較短，比如生產部門或銷售部門，有可能每週或數天就需要作一次績效評估，以便立即或下週就可針對多變及目前的經濟狀況作出調整、因應的措施。這些預算與實績的差異比較、差異產生的情況或分析，就是一種績效報告。績效報告的使用情形，在第十五章中也會舉例說明，讀者可參考。

第七節　結　語

本章的主要目的是舉例說明一般企業採用內部控制政策的實際施行狀況。這些內部控制程序，可能因企業特性而稍有修改，然而所運用的內部控制政策原則卻是不會變的。因而本章討論審計軌跡、人事政策、實質資產保護、內部稽核小組及績效評估等的一般常用的內部控制政策。

本章也討論一般企業常用的內部控制方法。本章的結論是：若企業有整體內部控制意識，能制定適當的內部控制政策，使得企業整體能遵行法令及組織策略、運用並執行內部控制政策，使企業之內部控制機制若發生問題時，仍能馬上得知，馬上修正，以使企業所可能發生的損失達到最小。

研討習題

1.何謂審計軌跡？
2.企業如何建立審計軌跡？
3.為達到內部控制目的，企業可採行的人事政策有哪些？
4.為什麼要強迫員工休假？
5.試舉例說明企業如何保護資產。
6.企業如何保護企業的現金？
7.試說明如何運用付款憑單制度。
8.企業的內部稽核小組有何功能？
9.內部稽核人員有何職責？
10.企業如何進行績效評估？

American Institute of Certified Public Accountant. SAS No. 55, *Consideration of the Internal Control Structure in a Financial Statement Audit*. 1988.

Cerullo, M. J., McDuffie, R. S. and Smith, L. M., "Planning for Disaster." *CPA Journal*, June 1994: 34–38.

Committee of Sponsoring Organizations of the Treadway Commission. *Internal Control—Integrated Framework*, Vol. 1 of 2. New York. 1992.

Hall, James, *Accounting Information Systems*, St. Paul, Minn. West Publishing Co., 1995.

Moscove, S. A., Simkin, M. G. & Bagranoff, N. A., *Core Concepts of Accounting Information Systems*, John Wiley & Sons, Inc., New York, 1997.

Romney, M. B., Steinbart, P. J. & Cushing, B. E., *Accounting Information Systems*, Seventh ed., Addison-Wesley, 1996.

Wilkinson, J. W. & Cerullo, M. J., *Accounting Information Systems—Essential Concepts and Applications*, Third ed., John Wiley & Sons, Inc., 1997.

第五章

會計資訊系統的科技基礎

概　要

透過資訊科技的應用，電腦化會計資訊系統的效率有驚人的進步。如何善用資訊科技，建置合宜的資訊系統更是許多會計資訊系統的學習者與使用者都非常關心的議題。本章旨在介紹資訊科技的發展及基本概念，讓讀者瞭解資訊科技在會計資訊系統的發展與應用上的重要性，及選用各項資訊科技的影響。

第一節　緒　論

電腦化會計資訊系統利用電腦科技記錄、儲存、彙整、擷取資料，並增進系統的效率及效益，進而使組織中的會計相關人員節省許多作業處理時間，而有較多的時間思考如何提昇其工作效益與服務品質。凡此效益與效率的追求，都有賴合宜的硬體與軟體資訊科技之選用及適當的搭配組合。故本章針對會計資訊系統的科技基礎加以系統化介紹。

第二節　電腦系統的整體概念

組成電腦系統的元件包括硬體、軟體以及作業程序。所謂硬體就是我們所看到的處理資料的各種實體裝置。在硬體 (hardware) 方面，根據 Von Neuman 的模式，我們可以將這些構成電腦的機械設備與電子設備分成三部分：(1)中央處理單位 (central processing unit, CPU)；(2)記憶單位 (memory unit) 及(3)輸入輸出單位 (input/output unit, I/O)。其架構示意圖如圖 5–1 所示。

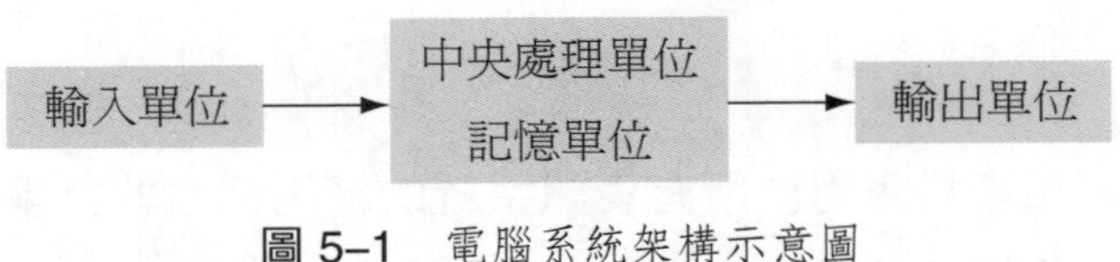

圖 5–1 電腦系統架構示意圖

中央處理單位是由控制單元 (control unit)，算術及邏輯運算單元 (arithmetic and logic unit) 所組成，是電腦處理資料及控制系統操作的中樞。記憶單位包含主記憶體與其他次級記憶體，其主要功能是存放使用者的程式與資料。使用者經由輸入單位將其程式與資料輸入到電腦中加以儲存或處理，電腦再將處理過的結果或查詢的結果經由輸出單位表達給使用者。

即使電腦能迅速地儲存或處理大量的資料，若沒有使用者的指示或命令，電腦仍只是一個高科技的機件，無法發揮其預期功能，無法滿足使用者的資訊需求。這些指示電腦運作的指令及操作程序統稱為軟體 (software)。電腦的軟體可分為系統軟體 (system software) 與應用軟體 (application software) 兩大類。系統軟體指揮所有的硬體機件使其構成一個可用的系統，可供使用者運用電腦的基本功能。應用軟體是為了解決特定實際的應用問題所發展出來的軟體。會計資訊系統中所用的會計總帳軟體即是一種應用軟體。系統的操作程序是指使用者應用系統、應用硬體或軟體時的各種使用規則。操作程序常須因時、因地制宜，以求符合系統目標並滿足使用者的資訊需求。

電腦系統處理的資料常以檔案或資料庫的形式儲存在電腦的儲存體中，以下討論電腦檔案的概念，並說明在批次處理與即時處理的環境下，如何更新電腦檔案的資料。然後再簡單說明一些檔案的結構方式，及不同的檔案結構如何存取資料或更新檔案。最後介紹不同類型的資料庫結構以及資料庫管理系統。

第三節　電腦檔案概念

電腦檔案和資料庫對於所有資訊系統的應用都是非常重要的。舉例來說，會計應收帳款的處理需要有詳盡而完整的顧客檔案資料，會計應付帳款處理也需要組織現階段所有供應商的檔案資料，而薪資給付作業更少不了所有員工的檔案資料。此外，尚有以下幾個理由可說明電腦檔案與資料庫對資訊系統的重要性：

1.珍貴的資訊：

儲存在組織電腦檔案中的資訊有時候是最重要的資產。

2.容量：

某些組織的資料數量確實大得相當驚人，必須應用電腦檔案或資料庫的方式，才能有效處理。

3.複雜性：

某些組織的電腦檔案是集中化的，也就是檔案儲存於企業總部的單一位置或是保存在區域網路中某一臺單一的檔案伺服器裡。然而也有許多的電腦檔案是分散式的；也就是檔案依照其需要被處理、使用的情況，分別儲存或複製在各個不同的電腦中。分散式檔案通常有以下的困難：⑴難以保證檔案間的正確性，一致性，與完整性。⑵難以保護檔案不受未經授權的存取，以及⑶難以在系統當機時，從備份中重新製造檔案。

4.隱密性：

電腦檔案經常含有敏感性資料。例如，員工的薪資付給層級，或是顧客的信用卡號碼。這種資訊必須保護，不被那些未經授權的人持有。某些最重要的會計控制就是要保護電腦檔案不受未經許可的存取。

5.無法取代的資料：

大部分資訊系統的檔案資訊對於其所屬的組織而言都是獨一無二而且無價。所以資料庫管理特別重視資訊安全。

一、資料儲存方式

為了使資料有用處，儲存在組織內的電腦檔案和資料庫裡的資料，其儲存與組成方式必須合乎效率。為達到效率的目標，檔案的組成方式通常循兩個重要的概念：㈠資料階層，㈡記錄結構。

㈠資料階層 (Data Hierarchy)

要在電腦檔案中儲存資料，須先瞭解如何在資料階層中組織資料。現在以薪資檔案為例來說明資料階層概念。在薪資檔案中最底層的資料是一個個單一的位元，再上一層是結合數個位元的字元——可以是一個字母或是一個特殊符號（比如加號由數個位元組成，字母也由數個不同的位元組成），再上一層則結合了數個字元以形成一個資料欄位——比如身分證號碼（由下一層的十個字元：一個字母加上八個數字和最後的一個檢查碼組成）。

再往上的一層，則由幾個資料欄位（身分證號碼、員工代號、姓名、性別、職位、部門別、通訊地址等）形成一個員工的記錄。集合所有員工的記錄，就可上推一層，稱為薪資檔案。

企業組織有許多檔案；比如存貨檔案記錄所有商品存貨或零件存貨的資料；每個存貨記錄都有相同的固定欄位，所有存貨記錄組合成存貨檔案。客戶檔案就是所有客戶的記錄組合，每個客戶記錄也都有固定且相同的資料欄位。再如供應商檔案也是所有目前與公司往來的所有供應商記錄的組合，每一筆供應商記錄都儲存了相同資料欄位的資訊。

在資料階層的最高層就是資料庫，是由幾個相關的電腦檔案而組成。舉例來說，薪資資料庫就是包含所有有關薪資的應用軟體以及薪資相關檔案的集合；這個資料庫包括：薪資應用軟體、所有從薪資應用軟體產生的薪資資料，再加上所有可以幫助使用者有效地存取或是整理薪資資訊的檔案。

㈡記錄結構 (Record Structure)

電腦檔案中的每個記錄都有特定的資料欄位，這特定的資料欄位就是所謂的記錄結構。在許多檔案中，記錄結構是固定的，也就是說某一個記錄所包含的資料欄位都和檔案中其他的每個記錄所用的資料欄位一樣。

電腦檔案裡的每個記錄都有個主記錄鍵 (primary key)，這是一個可用來與其他記錄作明確區隔，且具個別獨特性的資料項目。例如，每個人的身分證字號絕對可以指明一個人，且不會重複；一個學校的學生學號也是每個學生一個號碼，不會重複。使用者與電腦程式可使用主鍵當作辨識單位，在檔案中存取一份特定的資料。比如，以員工代號為主鍵，可存取某個特定員工的記錄；又如以存貨編號查詢一項存貨項目；或是以客戶代碼查詢某位客戶的帳戶。有時，為了需要，必須結合兩個或更多的資料欄位作為一個主記錄鍵；譬如，為有效運用資料庫，總公司的資料記錄可以結合其分公司編號與客戶代號作為主記錄鍵。

二、檔案類別

關於交易處理過程中的檔案，可依其性質分為主檔及交易檔。所謂主檔，即記載著某個會計科目或某個帳戶相關資訊狀態的檔案，比如薪資主檔記錄薪資資料，存貨主檔記錄存貨資料。然而由於營運狀況持續進行，組織須隨時更新主檔中的資訊以便呈現出企業的交易結果。例如，會計人員須從存貨中扣除顧客所購買之商品數量及價值以表達真正的存貨水準。因為每個交易都會影響某個主檔內的資訊狀態，主檔需要更新後，才能呈現交易後的實際狀況。

需要更新主檔的活動叫做交易活動，因為表達這種活動的資訊通常都記錄在交易記錄中。為了保持控制與審核的軌跡，交易記錄都儲存在自有的檔案裡，稱為交易檔。因此，一般的公司對於每一種會計應用軟體都可能至少有兩個主要檔案：(1)一個主檔（比如會計應收帳款主檔），保存著常置性的應收帳款資訊，以及(2)一個交易檔：其中的記錄載明了影響著主檔案的活動或交易（例如，賒銷交易會影響應收帳款主檔）。

三、交易資料處理方式

為了更新一個主檔，交易資料可以下列方式處理之：(一)批次處理、(二)即時處理和(三)線上資料處理。

(一)批次處理

所謂批次處理是將收集了一段期間的資料，集合成一組或是一群資料批次後，再交由電腦系統處理。批次處理適用於可在交易活動低調時段處理的交易資料，或可以隔段時間定期處理的場合。批次處理也適用於交易數量可累積到一定數量後再處理，才比較有效率的情形——例如一個月一次的薪資應用軟體與一學期一次的學生成績應用軟體，都是適用批次處理的例子。批次資料處理有時候也使用在資料量很大，但又能滿足控制程序的情況——例如，銀行每天都以批次處理大量的票據交易和客戶交易，而且每天都做必要的結帳，以完成「驗證交易」的控制工作。

在批次處理的環境下，執行更新主檔前，交易資料仍然儲存在其交易檔案中。一直到電腦系統讀取交易資料，進行處理後，主檔案中相關欄位的資料才被變更，以呈現出交易狀況。此時，包含舊交易資料的檔案不再有用了，理論上也可以被清除了，但是為了審核與控制的目的，這些交易資料被轉換到歷史性檔案中，或稱「從本年度開始至今」(year-to-date) 的檔案中。

批次處理有幾個優點：一個優點是只在需要時執行。例如，一週一次或一天一次。另一個優點是處理的時間可選擇「背景模式」（比如說，可使用大型電腦沒有執行其他作業的閒置時間作批次處理），或是在電腦資源需求很低的非營業時間。第三個優點是批次作業可留下良好的審計軌跡；因為批次處理可以呈現更新「之前」和「之後」的主檔案給稽核者，管理者，或其他人員，而且可以提供從一個檔案導引到另一個檔案的有關的交易檔案。

批次處理最大的缺點是：主檔案的資訊必須要等到所有的處理程序執行完畢之後，才能提供最新的即時資訊。

㈡即時處理

所謂即時處理是指一旦交易進入系統時，就立刻更新到適當的主檔案上。比如，一旦存貨驗收的交易活動輸入系統時，這些交易就會增加相關存貨項目的數量。所以即時處理不需要像批次程序，不需使用另一個交易檔，以便暫時收集與儲存交易資料。

即時處理的優點是主檔案可提供較為即時的資訊。對於那些非常需要即時資訊的應用軟體，這是個相當重要的優勢——比如即時處理的應收帳款，可查知客戶賒購和付款的最新情況；即時處理的存貨軟體也可隨時提供存貨的最新數量資訊。即時處理的另一個優點是可在資料輸入時，使用偵錯程式抓出錯誤；藉此，允許立即的更正。例如，假使一位應收帳款員試圖輸入一位尚未在主檔建立資料的客戶的賒銷交易，系統便會提供「無此客戶資料」的錯誤警告信息，警告職員必須更正這個錯誤。

即時處理系統的缺點是：比批次處理更複雜與昂貴，因為即時處理需要一部能夠持續運作的電腦；而且為了保護免於未經許可的存取或人為錯誤引起的損失，即時系統需要更仔細的控制和備份程序。還有，即時系統難以保持審計軌跡，因為即時處理直接存取記錄並直接更新記錄，沒有交易電腦檔，也沒有更新前、後的主檔存在。

㈢線上資料處理

線上指的是使用者（比如銀行的出納員）的工作站直接連接在電腦上，使用者輸入資料後，電腦就馬上處理，並回報處理結果。若使用微電腦處理資料，就是自動的在線上。若將微電腦當成終端機連接到學校的大型主機上或連到其他電腦上，查看電子郵件或使用主機上的程式時，則只有成功的與那部電腦連線後，才會是在線上。在線上後，可以按照資料結構使用批次處理資料，或將資料作即時處理，所以可有線上批次，也有線上即時。

若要即時資訊，需要即時處理，使用者必須要在線上。例如，為了預約特定航次的機位，旅行社必須要與航空公司處理訂位系統的電腦連線，才能確實訂到預定班機的座位；銀行的自動提款機也是24小時在線上，因為每提款一次或轉帳一次，銀行的電腦就馬上自動更新帳戶，並可將最新的帳戶餘額，從提款機上印出來給客戶。然而，「線上」並不保證就是即時處理，比如線上批次處理，只是在線上收集資料，但在一段期間後才進行處理。比如信用卡公司提供線上即時查核信用額度的服務，也在線上即時記錄使用信用卡購物的記錄，但寄給客戶的帳單，卻要一個月才處理一次。

第四節　電腦檔案結構

資料在檔案中被安排的結構方式，會影響資料被更新、擷取、與維護的方法。雖然電腦檔案可能採用多種檔案結構方式整理資料，但可以大概分為以下三種：一、循序檔案，二、索引循序檔案，三、直接存取檔案。如下說明這些檔案的結構方式：

一、循序檔案

循序檔案主要的特色是以升冪或是降冪的次序排列主記錄鍵的順序。次序可以是數字序、字母序或是時間序。為什麼要使用循序方式儲存電腦檔案呢？因為循序檔案的結構容易理解，因此有直覺上的吸引力。此外，由於大部分人工會計系統是以循序的排列方式維護會計資料（比如，根據發票日期或是員工的國民身分證字號），所以要電腦化時，就很自然的將這種次序邏輯移植到電腦化系統上。由於循序檔儲存記錄時，在磁帶上或在磁片上的儲存位置是連續排列的，完全填滿分派給該檔案的儲存區，所以循序檔在電腦的儲存方式上是最具效率的，但卻是個不容易察覺的事實。

在會計資訊系統中循序地組織檔案有許多的優點；舉例來說，當時間次序很重要時（譬如，藉由活動日期評估應收帳款的延遲狀態），按照交易日期排列的循序排列，可協助管理者決定哪個帳戶已經過期；用日期排列應收帳款也有助於資料處理的控制。系統應該可以辨識出所有的拖欠記錄，因為拖欠的帳款應該會排列在那些沒有拖欠的記錄之後。

適用循序檔案的第二個優點是：若交易資料的數量相當龐大時，由於所有主檔的資料幾乎都要被存取，則更新檔案較快、較容易（例如，顧客帳單或是薪資應用軟體常用循序檔），而且大多數的會計交易處理系統也因必須存取主檔的記錄，而採用循序檔。循序檔案的另一優點是可以節省處理成本，比如薪資的計算使用循序檔處理，因為循序檔可以最快速的計算出結果。因此，循序檔案特別適合於批次作業且大量交易的處理，而使得循序更新的程序具有成本效益。

還有一個偏好循序檔案的論點是，某些資料處理若只比列印檔案或比螢幕顯示需要多一點點的處理時，循序檔很好用，也很有效率；比如說，郵購公司若要印出所有賒銷發票的清單，此時只要將賒銷交易按發票號碼排序，就可毫不費力的印出賒銷發票的清單了。

在檔案資料的更新方面，大部分循序性的主檔案以批次更新為主。交易資料經過一段時間的收集後，儲存在交易檔中，並依需要而定期更新。為了要能夠適當的更新主檔，交易記錄檔也必須按照主檔案的記錄，使用同樣鍵值的排列順序。因為排序作業花費時間，比起即時處理不必排序，批次處理就顯得比較差了。

在即時處理作業中不採用循序檔的一個理由是：每次要查詢某筆特定記錄時，必須一筆接一筆的按序搜尋；因而在找到所要查詢的記錄以前，平均一半的主檔案記錄要被讀過，太花時間。不採用循序檔處理即時資料作業的另一個理由是：在循序主檔中插入新記錄很困難，因為每次加入一筆新記錄後，整個檔案必須重新排序、拷貝複製一遍。除非主檔案很小，或者需要增添額外記錄的情形不太頻繁，否則主檔案常常要被拷貝複製，實在不符經濟可行性。

二、索引循序檔

所謂索引循序檔即是除了循序檔的功能之外，在資料檔中再加上索引的功能。索引功能主要由索引表所提供。索引表記錄資料檔中的鍵值及該資料在磁碟中的位址。在資料存檔時，索引也儲存於索引表中，在需要擷取資料時，就利用索引表查得位址而直接擷取。

索引循序檔享有單純循序檔案的所有優點，要搜尋任何一筆特定記錄時，也可用索引很快的找到記錄；因為索引循序檔案只需搜尋一個檔案區段，以查詢記錄的位址，不需要循序搜尋整個檔案才能定位。索引循序檔案的缺點就是：即使只搜尋一個檔案區段也比下段所描述的直接存取要花費較多的時間。而且在索引循序檔案中若要加入新記錄時，必須重新製作整個檔案區段（重新建立含有新記錄的索引表），這樣子不但耗時且拖慢系統。

三、直接存取檔案

直接存取檔案也就是所謂的隨機存取檔案；通常是將資料儲存在磁碟上。若已知記錄在磁碟上的位址時，就可以立刻定位該記錄。這個可立即定址的特點使得在需要查詢即時資訊時，直接存取檔最適用。直接存取檔的資料存取方法，可使用索引（或稱位址表）。此索引方式與索引循序檔的索引方式不同，直接存取檔案的索引是指每筆記錄都有其磁碟位址，而不是檔案區段。當直接存取檔不使用時，索引（或位址表）被當作是個獨立的檔案，但是在即時查詢時，索引又小得足以放入主記憶體備供其用。

使用索引（位址表）存取記錄要經過兩個步驟，過程就像在圖書館中找一本書一樣。在圖書館中，必須首先在圖書目錄中查詢到書本的書號和存放位置，再走到書架中找到那本書。這兩個步驟與直接存取檔案的索引法類似；當會計資訊系統查詢某特定記錄時，檔案系統首先查詢索引，找到該記錄的鍵值和位址後，再指揮磁碟讀出位址上的記錄。

更新資料時，直接存取檔案可以使用批次方式或是即時更新。這兩種方法的更新過程大致相同。先選一筆更新交易，並決定主檔案中需要更新的記錄鍵值，然後系統使用索引找到那個需被更新的記錄，將它拷貝到電腦裡，將需更新的欄位資料更新後，再將新資訊回寫到磁碟上；如此，那筆記錄便適當的更新了。

直接存取檔更新時，由於將新資訊直接回寫到舊記錄的位址上，換句話說，新資訊直接覆蓋了舊資訊時，使得舊資訊流失了。因而，從會計的立場來看，由於直接存取檔案無法適當的保存審計軌跡，不符控制目標，所以不是個理想的檔案結構。如果可以確定所有的交易處理都能百分之百正確無誤，使用直接存取檔案的問題可能就不嚴重；但是任何人都無法保證交易處理能做到百分之百正確無誤，總是有一點點要修正或改變。當發現所輸入更新的資料錯誤時，直接存取檔案無法使檔案回復到未更新前的狀態，除非檔案在更新前已經先備份了。同樣的，若磁碟本身有些損壞，則不論是索引、鍵值或位址哪個部分受損，該筆記錄就無法被磁碟讀出來了。因為有上述這些缺失，所以有關直接存取檔案的安全，備份，與其他的控制程序都在第十章中作詳細介紹。這些控制程序，對於維護直接存取檔案能適當的運作是非常重要的關鍵因素。

第五節　資料庫概念

若會計資訊系統為每個自動化處理作業建立各自必須的檔案，將使組織的資料重複存放，佔據電腦記憶體空間，在更新或維護作業時，需花更多的時間與心力，資料的一致性無法確保，也常發生總有某個檔案未被更新或未被修正的情形。因而若能將電腦系統內各個應用檔案的資料集中管理和運用，將能避免上述的缺失，這就是資料庫概念。電腦資料庫是一套電腦檔案的組合，可將資料的重複性減到最少，而且資料可供一個或多個應用程式存取應用。經由資料庫管理系統可指派其所屬的應用軟體，對資料庫內的資料作存取作業，此即所謂的資料庫系統，其架構圖如圖 5–2 所示：

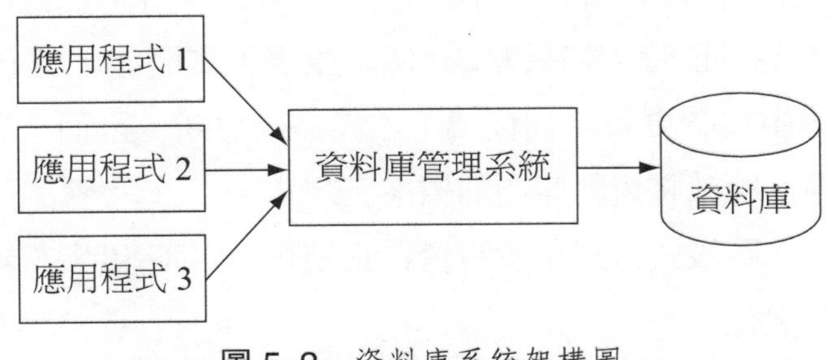

圖 5–2　資料庫系統架構圖

資料庫系統有許多優點：

(1)當必須同時服務不同的使用者運用電腦處理資訊時，能更有效率的使用電腦的儲存空間。

(2)若組織內的資料都集合在資料庫內的話，每個子系統都能使用其他子系統的資訊。

(3)允許所有的應用程式利用相同的電腦檔案，藉此簡化作業。

(4)為安全理由需要備份的檔案比較少。

(5)以前在使用者必須自己收集資料時，資料庫可減輕這些使用者的工作量。

因為資料庫必須謹慎的設計，才能符合其預期的效益目標。在設計資料庫時，需瞭解一些觀念及工具；以下，分別就正規化、個體關係模式、實體資料結構和邏輯資料結構討論一些重要的資料庫設計概念。

一、正規化 (Normalization)

為達到資料庫的效益，最好採用正規化設計，以避免同一資料在被不同使用者或應用程式存取或更新時產生異常問題。以下舉例說明未經過正規化所產生的異常問題：假設沒有獨立的開課檔，只有學生選課檔內有課程欄位；當要增添一門新開課程時，只有在更新學生選課檔，而且有學生選這門課後，這門課才被增添成功；然若修課人數不夠，這門課開不成，必須刪去這門課，若執行刪除指令，一定要將選過這門課的幾個學生的選課記錄都刪除，才能成功的刪除這門課的記錄；又若課程代號編錯，需要修正時；如果有 50 個學生選了這門課，就必須到這 50 個學生的記錄中逐筆更新課程代號，才能完成更新。因而，為避免產生這些異常問題，應該將資料庫內的檔案正規化。

正規化是以層級式方式逐步將資料正規化，以下說明其步驟：

1.第一級正規化：

確定每筆記錄沒有包含重複的屬性欄位。

2.第二級正規化：

若經過第一級正規化後的記錄，可進一步分成幾個記錄，而每個記錄都有個只屬於自己的獨一的主鍵值，記錄裡的其他屬性欄位都依據這單一主鍵值辨識，便合乎第二級正規化。

3.第三級正規化：

經過第二級正規化後的各個記錄，除了主鍵值外，所有其他的屬性欄位間彼此互相獨立，便完成了第三級正規化。

資料庫的設計至少要完成第三級正規化，才能避免在增添、刪除和更新資料時發生問題。這些正規化後的記錄，可以運用資料操作語言，被不同的應用程式組合成不同的檔案使用。

二、個體關係模式 (Entity-Relation Model)

個體關係模式也是資料庫設計時常用的工具。在個體關係模式中，矩形符號：代表著一個個體（譬如，在薪資檔案中的一個員工）。橢圓形符號：代表一個屬性（例如，該名員工的工作時數）。有底線的橢圓形屬性代表主鍵（比如說，該員工的代號）。此外，菱形代表個體之間存在的關係。三種最重要的關係類型是：⑴一對一 (one to one)，⑵一對多 (one to many)，以及⑶多對多 (many to many)。圖 5–3 顯示個體關係模式中的員工個體有三個屬性，圖 5–4 顯示三種個體關係類型。

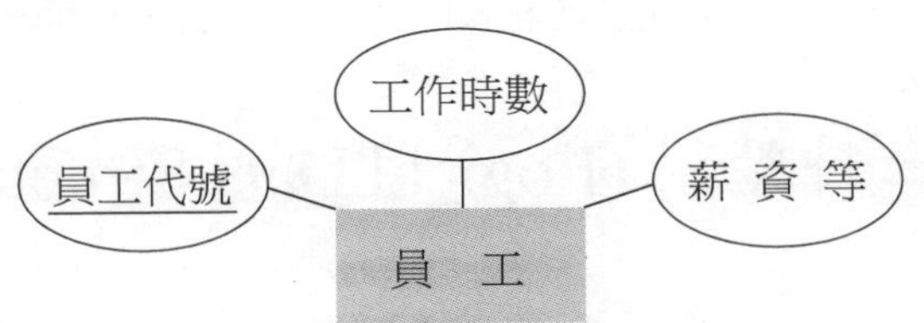

圖 5–3　個體關係模式

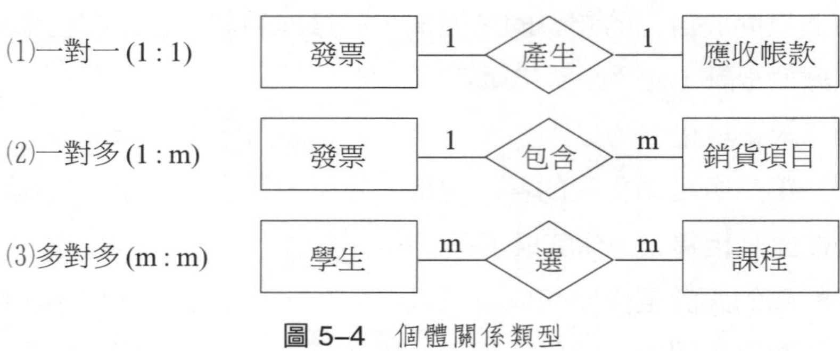

圖 5–4　個體關係類型

三、實體資料結構 (Physical Data Structure)

設計資料庫時必須同時考慮實體儲存和邏輯使用。資料庫的實體資料結構指的是電腦記錄的實體儲存所在，以及如何存擷取這筆記錄。舉例來說，在循序檔內的每筆記錄是依照某個鍵值依序一個個的實體排列儲存的。然而，資料庫的資料可儲存在磁碟、硬碟上，可能散佈在不同的儲存媒體上，也可能儲存在不同地區、不同層級的分散式電腦系統中或主從式網路電腦上。

使用者通常不容易瞭解，也無法看到資料庫的實體儲存結構。但是，對使用者來說，若知道資料的邏輯結構，就可用特定途徑找到所需的資料，因而，使用者需知道資料的結構以什麼邏輯構成。

四、邏輯資料結構 (Logical Data Structure)

依照一定的邏輯方式將資料的實體儲存以邏輯結構整理表現，就是邏輯資料結構；也就是說：使用者可以用合乎這個邏輯的特定方式搜尋到資料，使用者可以使用程式去尋找資料。

因而，資料庫的資料雖已經有了實體儲存結構，但要依靠其邏輯結構，才能讓使用者自由運用，或者可讓不同的軟體依照邏輯方式去運用資料。

資料庫內所有的邏輯結構以及所有資料間的關係會形成資料構想圖(schema)。使用者或每個應用軟體可能都只使用資料庫中的一部分資料，則適合個別運用的邏輯結構以及資料間的關係，就稱為次構想圖(subschema)。

綜合上述，資料庫的設計就是要為其資料設計一個整體構想圖，可有彈性的包含其中不同用途的次構想圖，或提供給不同的軟體運用；以邏輯結構的方式呈現給使用者有關資料的結構，以便其運用。

第六節　資料庫結構

常見之資料庫結構有三種形態：一、階層式，二、網路式，以及三、關聯式。

一、階層式結構 (Hierarchical Model)

會計資料常以階層式的方式組成。例如，銷售部門有數個業務員，每個業務員都有其負責的數個客戶，每個客戶又會下好幾張訂單，而每個客戶的發票又含有好幾個項目。銷售部門用這樣的方式產生的資料，自然而然是個階層式的結構；資料層級間彼此的傳承就像個樹狀形式。因此，階層式資料庫結構又稱為樹狀結構。

標準的階層式資料庫結構有個特點，就是會很自然的以「一對多」的關係將資料組織起來。對於任何兩個鄰接層次的記錄，「較年長的」或是較高層的記錄叫做父記錄，而「較年輕的」或是較低層的記錄叫做子記錄。在相同層次上的兩個記錄（比如：在同一張購貨發票上的兩個項目）就叫做手足記錄。

二、網路式結構 (Network Model)

有些儲存在會計資訊系統中的記錄，與好幾個資料相互關聯，無法只用單一的階層式結構說明所連接資料間的關係，也就是說資料間有「多對多」的關係，這時便可用「網路式資料結構」，將相關資料互相連結，描述這些資料間的關係。連結的方式是以每個記錄中所含的「指標欄位」相連結；這個指標欄位通常含有相關資料的儲存位址；經由「指標欄位」，就可搜尋到相關的資料。因而，「指標欄位」可表現資料間的關係，系統若將「指標欄位」內含有同值內容的資料列示出來，就可顯示出一份依這個準則所篩選出的資料清單。

三、關聯式結構 (Relational Model)

若某個會計資料（如顧客資訊）必須和其他的會計資料（如存貨資訊）一起使用的時候，在資料庫上就必須規劃並建立這種連結。然而資料項目間的關係相當複雜，要在開始建立資料庫時，就能預測所有的關係是非常困難的。階層式或網路式資料庫在建立完成後，若要進一步的連結原先未規劃在內的資料關係時，階層式與網路式資料結構只能提供有限的彈性處理方式。但是關聯式資料庫卻克服了這個難題，關聯式資料庫可讓使用者在開始建立資料庫時，或以後有新需求時，才確認資料間的關係，因而較有彈性。

關聯式資料庫的所有資料都以二維表格表示，此表格 (table) 表示資料間的關係，又稱為關聯 (relations)。只要檔案間有相同的資料欄位值，就可運用資料庫管理語言將兩個檔案相連結。

四、物件導向式資料庫 (Object-Oriented Data-Base, OODB)

上述的三種資料庫絕大部分處理傳統上的「結構化資料」──也就是說，處理文字類的資料。文字類的資料可依據儲存在資料欄位中的數值而被精確的分類。但是現在許多資料庫儲存新種類的資料，而這些資料不符合傳統的分類標準──例如：圖形影像、相片、動畫、音樂以及聲音。這些「非結構化的物件」需要重新被定義、被組織。

物件導向式資料庫是個新型態的資料庫組織，主要為儲存非文字類的資料而設計的。物件導向式資料庫，與上述三種傳統的資料庫不同的是：資料模式可以不同、資料長度可以不同外，資料的內涵也可以不同。但是物件導向式資料庫仍然可以依據物件的特性、長度、名稱等作為搜尋標的。物件導向式資料庫現在仍然在持續發展中。

五、資料字典

在實務的應用上，資料字典的意義與用途很廣泛。資料字典是個電腦檔，記錄資料庫中所有資料項目的名稱，資料的說明，資料的來源，使用某資料的相關程式、報告或可使用該資料項的使用層級，也包括關鍵字以便資料搜尋；可以說資料字典是資料的資料檔。每次資料庫中增加一個新資料項目，資料字典中會增加一筆記錄；如果資訊系統中增加一個新的應用程式，資料字典也會隨著更新，記錄此新加的程式。

資料字典的用途很多，可提供給程式設計師或系統分析師在研讀、更正、或改進資料庫、程式時的重要參考文件；資料庫管理人員也需要使用資料字典作安全控制，比如在資料字典指明哪些使用者可用哪些程式或資料，哪些資料欄位是隱密性的或敏感性的。

會計人員也可善加利用資料字典。比如說，可以利用資料字典建立審計軌跡。由於資料字典會辨識輸入來源的資料項目，可辨認使用或更新某個特定資料項目的電腦程式，以及使用某個特定資料項目作成輸出的管理報表，會計人員在協助設計新電腦系統時，可將資料字典當作重要的文件工具，便於在新系統中充當資料的追蹤途徑。在偵查事件時或將內部控制程序寫成文件時，資料字典是很有用的工具，因為基本的編輯測試，保全資料的方法等等檔案資訊也都儲存在資料字典內。

六、多媒體資料庫

另一項發展中的技術是所謂的多媒體資料庫。多媒體資料庫包括圖形、聲音、傳統的文字資料欄位，也可能包含動畫等。多媒體輸出的吸引力遠遠超過純文字的輸出；一個像電視播報，一個卻是靜止的畫面；這樣的比較，可以說明多媒體輸出是多麼的引人入勝。現在應用多媒體資料庫的情況有：旅遊觀光中心的旅遊導覽電腦，會提供該遊覽區有關景點、餐飲、住宿、交通等資訊的互動式導覽；公司的互動式員工教育多媒體資料庫系統，或不動產業運用多媒體資料庫導覽欲銷售的房屋；警察部門用多媒體資料庫儲存囚犯的大頭照與聲紋；出版公司運用多媒體資料庫出版各類出版品。會計資訊系統將來也可運用多媒體資料庫，比如：儲存稽核約談的聲音記錄，重要資產的圖片，重要財務合約的影像，或各個存貨的影像與說明等。

第七節　資料庫管理系統

資料庫管理系統 (database management systems, DBMS) 是讓使用者有效率的建立、更新、儲存與擷取資料庫中資料的電腦程式。因而，一個典型的資料庫管理系統至少會有下列功能：可幫助使用者建立資料庫記錄、存取記錄、刪除記錄、存取特定資訊、為檢視或分析用而選擇記錄的子目錄、改變所記錄的資訊，以及確認需要的資訊等。

一般常見之資料庫管理系統多是相當複雜的套裝電腦軟體，可在多種電腦上執行。在微電腦系統上的資料庫管理系統有 Access，dBASE V，Paradox，FoxPro，Q and A 以及 rBASE 等。在大型電腦上執行的資料庫管理系統有 ADABAS，Oracle，與 Supra 等。有些微電腦資料庫管理系統是單一使用者系統，其餘的（尤其是那些給大型電腦使用的）則是為多位使用者作業系統或網路使用而設計的。

資料庫管理系統通常提供資料定義語言和資料操作語言來幫助使用者組織和管理資料庫。有些進階的資料庫管理系統可讓使用者更容易的運用資料庫功能，分別說明如下：

一、資料定義語言 (Data Definition Languages, DDL)

建立資料庫的第一步，就是使用資料定義語言，定義資料庫的結構。假設要建立一個含員工資訊的薪資資料庫。第一步要先定義薪資資料庫的記錄結構——也就是鑑別每個記錄將包含的個別欄位。每個記錄的欄位必須使用資料定義語言加以定義。以薪資資料庫為例，各記錄欄位的內涵和名稱（有的資料庫管理系統可使用中文欄位名稱）如下：

(1)姓 (Lname)。

(2)名 (Fname)。

(3)身分證字號 (Id)。

(4)部門 (Dept)。

(5)薪資等級 (Payrat)。

(6)雇用日期 (Doh)。

每個資料欄位應定義欄位的名稱，資料種類（例如，文字或是數字），欄位大小（例如，10 個位元），數值欄位的小數點位置（比如兩位數），以哪個欄位當做索引（邏輯次序），哪個欄位是主索引。大部分資料定義語言允許使用者以後可以修訂這種記錄結構，比如，增加一個欄位。圖 5–5 例示 Access 資料表（員工）的設計模式。圖 5–6 例示 Access 的員工表單，可看到每個資料欄位的大小。

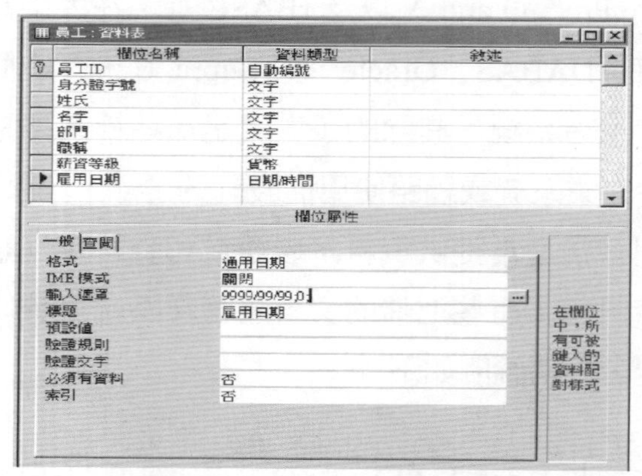

圖 5–5 Access 資料表設計

員工

員工ID	1
身分證字號	A111222333
姓氏	林
名字	興新
部門	行銷
職稱	經理
薪資等級	NT$80,000.00
雇用日期	1990/2/1

記錄: 1 之 1

圖 5–6 Access 表單

定義完成後，就可建立記錄，通常資料庫管理系統會依據資料庫定義，提供資料登錄的規格。這規格很像填空的表格，比如 Access 可以在資料表型態下輸入記錄，也可使用如圖 5–6 表單的形式輸入。很容易運用 Access 內建的功能（如資料表精靈等）定義欄位，建立資料表。Access 還提供驗證功能，幫助查驗輸入的資料是否合乎預設的定義。

二、資料操作語言 (Data Manipulation Languages, DML)

建立好資料庫後，就可以為不同的目的運用資料庫。例如，⑴察看某位員工的某件事（例如，雇用日期）；⑵改變特定記錄的資訊（比如說，更新某人的薪級）；⑶刪除一筆記錄（譬如說，因為某人辭職了），或者⑷選擇性的列出檔案資訊（比如，只列出在A部門中工作的員工的姓名與薪資比率）。

為達到上段例示的目標，必須使用資料操作語言操弄或查詢資料庫的資料。資料操作語言通常包含有查詢、合併、顯示、製作報表、列印、篩選、排序等等不同的指令或功能。當 Access 的資料表開展時，有些功能建在工具列上，只要點選就能執行，也可用「查詢」的功能作不同的查詢，而且每個查詢的結果都可儲存成個別的檔案，再提供給其他目的使用。Access 也可用 SQL 查詢。SQL（structured query language 結構化查詢語言）是美國國家標準協會 (ANSI) 所採用的一種相當受歡迎的查詢語言，是個相當重要的資料操作語言，因為許多關聯式資料庫支援 SQL，亦即很多關聯式資料庫都可運用 SQL 查詢。

三、超文件

除了建立結構化的查詢之外，也可使用超文件在資料庫中找尋資訊。在使用超文件的資料庫管理系統中，關鍵字被特別標示、或加底線、或以不同顏色的字體顯示。若使用滑鼠或游標選擇這個特定的標示，只要點選該處，就可直接移動到該項標示的登錄上或敘述中。比如 Apple 公司給 Macintosh 微電腦用的 HyperCard 是個使用超文件的例子。微軟的 Word 也提供超文件功能，可在檔案上建立超文件連結。其他的例子有超文件標記語言 (hypertext markup language, HTML)；Word 也提供

HTML 的功能，只要在 Word 檔案上打上網址，滑鼠點選就連結了。比如在 Word 檔案上打入 www.yam.com，Word 就會自動當成超文件標記，若電腦已經與網路連線，則游標或滑鼠在 www.yam.com 上一按，就直接連上蕃薯藤網站了。超文件語言常被用在網際網路的全球資訊網 (world wide web) 上。超文件系統對於搜尋技術性資訊特別有用，因為可以在主題與主題間互相切換，相當方便。

四、排序與索引

資料庫管理系統除了能夠讓使用者選擇性的存取或列出記錄外，也能夠讓使用者重新整理或組織整個檔案。比如：將記錄重新排序，資料庫管理系統就會依據指定的次序，將記錄重新按序登錄在磁碟上。事實上，這種排序重整記錄的方式很耗費時間，而且根本不必要。只要建立一份索引表格，載明記錄的鍵值和在磁碟上的位址，就可以很方便、快速的搜尋記錄；也可以指定不同的索引，做不同的記錄排序，而檔案卻不必每一次都要重寫一遍。

五、程式設計

即使是最好的資料庫管理系統軟體也無法完整的預測到每個使用者所需要的處理需求；因而，軟體有時會缺乏能執行某個特定任務的指令。為了彌補此點，有些先進的資料庫管理系統包含了有關畫面設計與程式設計的工具，可讓使用者自行發展自己所需的處理應用程式。通常使用者會應用這種內建的畫面設計與程式設計工具發展螢幕輸入界面；選擇畫面，提供有關資料項目和輸入方式的說明，提供輸入格式或線上幫手等。使用者也會應用這種內建工具設計自己所需的處理路徑；比如 Excel 的巨集功能及 Access 的模組可記錄使用者自己特定的執行步驟，而成為可應用的程式。

這種方便終端用戶的程式設計功能，可讓使用者進行自己的資料處理，無須依賴電腦程式設計師製作特用程式，也不需要其技術協助；可讓資料庫的運用更方便，也是將來資料庫系統的發展趨勢。

六、資料庫管理系統的優點與缺點

資料庫管理系統可讓使用者（管理階層、員工或會計人員等）創造自己的資料庫，並能以自己的方法運用其中的資料。資料庫管理系統不但能讓使用者不受限於呆板的資料查詢、記錄維護、更新與報告等例行的機械化功能，還可讓使用者集中精力在資料的邏輯運用上。因為資料庫管理系統提供容易使用且快速處理的例行功能，使用者因而可集中精力在如何運用資料於相關的管理和決策問題上。

在商用的會計應用軟體上，資料庫管理系統也扮演著電腦化會計程式與會計資料間的界面。圖 5–7 是一個簡化的圖示，說明薪資應用程式與資料庫管理系統的關係。在圖中，右邊列出各種不同類型的薪資程式，而左邊顯示含有薪資資料的資料庫。連貫兩者的是資料庫管理系統(DBMS)，有了 DBMS，相關的軟體才能存取資料或執行所需完成的工作。

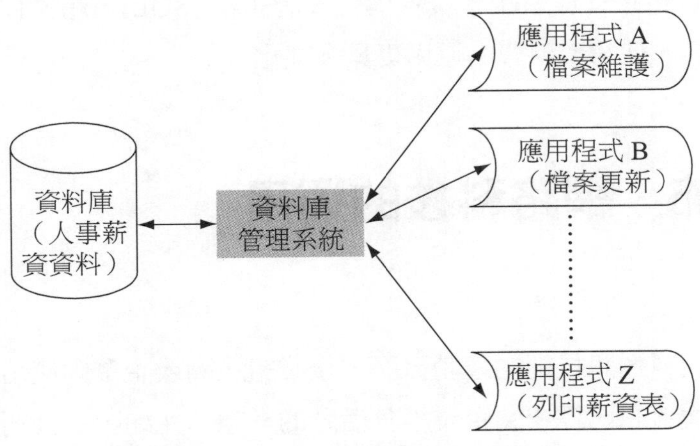

圖 5–7　資料庫管理系統的角色

資料庫管理系統最重要的優點是「彈性」——例如，不同的應用軟體都可運用同一個資料庫。比如，許多會計應用軟體和各種會計系統都可以使用資料庫提供資訊給使用者。因而，現代的會計資訊系統不但在儲存與修正資料上有更強的能力，並且增加了改變、處理、及報告會計資料的彈性。這些優點使得管理者得以集中精力在會計資料運用上，而不必耗費在資料操作與儲存上。

資料庫管理系統也有幾個缺點。第一個缺點是使用 DBMS 成本昂貴。一般大型主機所使用的軟體，花費超過一、兩百萬元是很普遍的情況；而這費用只是取得軟體而已，並不包括建立資料庫。另一個缺點是資料庫管理系統可能缺乏邏輯效率。從邏輯上來說：在電腦系統中另加資料庫管理系統，等於必須加裝儲存資料庫的儲存裝置，增加必須執行的相關軟體，以及（或許）須使用額外的網路資源以支援該系統。還有一個缺點是許多資料庫管理系統只在特定的作業環境下執行；比如有的 DBMS 只能在 UNIX 的作業環境下執行，有的 DBMS 只能在 Windows98 的作業環境下執行。這個缺點，使得有些 DBMS 在硬體或作業系統有組態變動的情況下無法作業，也無法轉換到不同的組態下作業。

總而言之，資料庫管理系統 (DBMS) 使得使用者可以運用資料定義語言 (DDL) 創造自己的資料庫，並且使用資料操作語言 (DML) 擷取資料。有些資料庫管理系統支援結構化查詢語言 (SQL)，超文件，或特有的程式語言，使得資料庫的運用更具多樣化。

第八節　網路科技的運用

由於資料通訊技術的蓬勃發展，企業組織間或企業內使用網路傳輸資料，交換資訊已經成為企業經營活動的常態。比如，子公司將會計資訊傳輸到母公司的中央電腦裡去；各地的提款機不但連接所屬金融機構的主機，也藉網路接連其他銀行的主機；各金融銀行間也有資金轉換、票據交換的系統；臺鐵或航空公司的訂位系統；甚至衛星定位系統(global positioning system)都是運用網路科技的例子。使用網路的通訊資料必須依據通訊協定，將資料按照一定格式封包後，才能在網路上傳送。這些技術，會計資訊的使用者可以不必詳加瞭解，但網路運用的情形，卻不可不知，因而選擇一些主題討論如下：

一、區域網路 (Local Area Network, LAN)

若為了連絡以及通訊的目的，將一些小型電腦、個人電腦、印表機、終端機以及相關設備連結在一起，就能形成一個區域網路。許多的區域網路會使用檔案伺服器，將軟體或資料庫集中儲存，伺服器也負責協調資料的傳輸，並與其他區域網路中的設備或使用者傳送檔案。大部分區域網路都在同一個建築物內，但若企業規模大，佔地廣，區域網路也可能涵蓋數個建築物。

區域網路可提供數個人同時使用共享軟體及電腦檔案；也讓使用者藉區域網路互相連絡、互相通信；比如，使用 e-mail 電子通信。1990 年代，區域網路剛開始發展時，就提供網路線上的使用者可以純文字型態互相交談、傳遞電子信件。運用區域網路的好處有：

1.共享電腦設備：

通過區域網路，每個使用者都可使用較昂貴的設備，比如高效率的大型印表機或專業的彩色印表機。

2.分享電腦檔案：

區域網路可以准許數個使用者輸入或輸出檔案，因而都可以在同一個檔案中輸出或輸入資料。

3.節省軟體成本：

因為有區域網路，只要買一套網路版的軟體就好，比為每一個工作站買單機版要便宜得多。

4. 可以使不同的電腦透過區域網路互相連絡：

比如，個人電腦可能使用微軟公司所提供的 Windows 作業系統，而 IBM 電腦可能使用 OS2 作業系統，這兩種不同的電腦可透過區域網路互相聯繫；同理，透過區域網路也可以聯繫上大型電腦，或麥金塔電腦。

5. 使得連絡更加方便：

區域網路之所以被企業廣泛使用，就是因為區域網路提供的電子通訊服務，可以節省許多文件、紙張、郵件。

二、廣域網路 (Wide Area Network, WAN)

廣域網路則是將跨越於數個區域、數個城市或地區，甚至數國的電腦藉由網路連接在一起。與區域網路不同的是：區域網路可能只在一個公司、一個學校、或一個小區域內，如同一建築物內；而廣域網路則連接好幾個散佈於各地的區域網路而形成廣域網路；比如一家大型公司、或大型企業，可能藉由 WAN 將散在世界各地的製造中心、工廠、各分支機構、或各部門，透過 WAN 與總公司聯繫。WAN 通常使用多種不同的通訊頻道；比如以電話線、微波或以衛星傳送。組織或企業一般都使用公共網路、或租用商業網路，而不必自己發展或維護廣域網路。公共網路在臺灣有教育部的學術網路 TANet。商業網路在臺灣比較常用的是 Hinet 與 Seednet。

運用廣域網路的一個最典型的例子就是：散佈在全臺灣各地的提款機。提款機藉由 WAN 連絡中央電腦，以處理各地的提款、轉帳工作。總公司的會計資訊系統可使用 WAN 蒐集遠方子公司的資訊。蒐集的資訊可以集中化處理，也可透過 WAN 分配或傳送資訊到各地子公司的電腦裡去。

很多的 WAN 採用層級式架構；也就是說許多個人電腦以檔案伺服器相連接，再由數個檔案伺服器連接成一個區域網路，數個區域網路再連接到一個地區性的電腦上，而數個地區性的電腦再與總部的主電腦或大型電腦聯繫。這樣的階級性組織結構，可使大企業運用廣域網路在不同地區內適當的蒐集、儲存、或散佈有關財務或非財務資訊。

三、網際網路 (Internet)

根據 Nua Internet Survey 在 2000 年 11 月所做的估計，網際網路的全球使用者已超過四億零七百萬人口，而 Global Reach 估計至 2003 年，上網的人數將達七億七千萬人，其中的一億六千萬人將使用中文上網。網際網路的影響將相當深遠，根據已有的研究，網際網路改變了許多人的作息、生活習慣和個性，也有人稱網際網路使得其生活彩色化。所以，對網際網路應有個大概認識。

網際網路連結了世界各地的區域網路及廣域網路；又被稱為資訊的高速公路。各網路間所採行的通信協定，以 TCP/IP 為主。因為網際網路最重要的任務，就是必須將各種不同的網路連接起來，並提供一致性的網路服務。在這種架構下，使用者可以跨越網路到不同的主機系統下作業，由於網路所提供的服務是一致性的，所以使用者雖然在不同網路上，卻覺得只有一個網路。

很多機構、學校與商業組織都是網際網路的一員。網際網路可以讓世界各地的使用者互相傳送電子郵件、檔案、資料、交換報告或傳送電子資訊；也允許使用者經過授權，分享他人的檔案或資料庫。在我國，運用網際網路從事電子商務，購票、付款、轉帳、訂貨、傳送發票、結帳等經濟活動的行業也越來越多。我國現在也可使用網際網路向國稅局報稅、繳款等。由此可預測，將來在生活中運用網際網路的情況，將更普遍。

四、企業網路 (Intranet)

所謂企業網路是個屬於企業內部的電腦網路，運用網路科技，如

TCP/IP、超文件、HTTP 等，可讓員工在組織內存取、使用組織內的各種資訊、軟體或在組織內傳輸資料、檔案等。為了資訊安全理由，通常會使用防火牆 (firewall) 系統，根據員工的授權範圍，規範員工能夠使用企業網路資訊的程度。有的企業網路以防火牆系統篩選員工的電子信件、篩選員工漫遊的網站等。防火牆系統也阻止企業外部的使用者進入企業網路。

組織運用企業網路發佈公文、寄送通知、會議記錄、備忘錄等，可達到無紙化的公文系統，較符環境保護理念。員工可以運用企業網路查詢或更新自己的人事資料，上傳工作結果等。可以讓在不同地方工作的工作群體藉企業網路互相交換訊息、知識或技術支援等。若組織有散佈各處的資料庫，則可藉著企業網路互相分享、使用資料庫。比如 Xerox（全錄公司）在全球 35 個國家，共有 120 個據點，分在 18 個不同的時區上；這些不同地區分公司的資料庫都藉著企業網路連結起來。每個子公司都可運用選單、滑鼠點選方式作查詢，並製作出統一格式的報表。企業網路也加強企業的服務績效，因為管理階層可即時的透過企業網路查看或修正員工的工作進度，也可將績效報告張貼於網站，產生激勵的效果。當然企業網路也可分享知識、意見、常見問題與解決法、專家建議、技術支援等，提供更多的員工學習與進修機會。

五、電子資料交換 (Electronic Data Interchange, EDI)

電子資料交換 (EDI) 是不同企業組織間運用專線或通訊頻道，傳送標準化的電子商業文件或圖像。這類標準化的商業文件有銷貨單、送貨通知單、訂購單等。這些商業文件經由特定通訊頻道以電子型態傳送，換句話說，也就是在瞬間就由寄送文件出去的地方到達接受文件的地方。

由於 EDI 可免除人工登錄時可能發生的失誤，資料正確；不必事先準備書面文件，又免除了郵寄文件的延宕，節省了許多交易處理的成本。而且，瞬間訂貨的功能，使得企業不必為了在文件來往期間，為保持足夠的存貨量，而囤積太多存貨。這些優點使得許多公司喜歡用 EDI 交易。在美國的有些公司（如寶鹼公司）一定要其經銷商使用 EDI 設備。有的公司（如 Walmart）更將自己的存貨系統與 EDI 設備連結，結帳臺的 POS 機將銷售資料傳回電腦後，電腦即更新相關檔案，包括存貨檔，若電腦比較出存貨量低於安全存量時，就準備好訂貨資料，經由 EDI 傳到上游廠商，請其供貨。這個例子，可想像在未來有些與時間因素相關的會計科目（比如說應收帳款）可能會消失不見；因為電子資料交換後，出售的商品可以馬上經由電子現金交換系統，得到電子現金，這與現金銷貨的結果完全一樣，應收帳款這個科目就不會被使用了。

但是 EDI 也造成審計軌跡的困擾，會計人員很難辨認交易的時間和內涵。EDI 的另一個缺點是需要建立貿易夥伴關係，又要特備的網路服務、專用線路或頻道、設備以及維護費用等，成本昂貴。然而，目前的兩種資訊科技，可解決這個成本昂貴的難題。一個是網際網路，EDI 若藉著網際網路傳輸，就不需要特別的設備或頻道，也不需要特備的網路服務。另一個是 XML 的開發，XML 是種標準的網頁語言，可定義網頁。運用 XML 定義資料格式後，EDI 就不必使用複雜的程式，將不同公司的資料轉換、翻譯成自己的電腦可讀的格式；網際網路都用 XML 定義網頁的話，那不同公司間的 EDI 資料就可很容易的讓電腦讀取了。可見將來使用網際網路交換電子資料會很盛行，也是電子商務發展的重要型態。

六、電子商務

由於網際網路盛行，又由於 EDI 過於昂貴，因而就產生運用網際網路從事商業交易的電子商務，因而，電子商務是現代新興的商業活動。電子商務的定義是：凡有兩個或兩個以上的不同個體使用電子通訊為傳輸媒介，從事商品或勞務的買賣或交換活動，就稱為電子商務。電子商務免除製作書面的文件往來，交易常不必透過銷售人員，可免除人為缺失，直接讓電腦交換資料，執行系統，因而可加快交易的完成。比如，賣方的電腦報價系統要比銷售人員搜尋的速度快且正確，買方就能快速的決定接不接受報價，要不要後續的交易活動，而不必浪費時間與銷售人員討價還價了。

電子商務的潛在利益很多：使用網際網路的電子商務比 EDI 便宜；可比傳統 EDI 多更多的貿易夥伴；能連結廣大的消費族群；交易過程短，節省交易成本；設備的投資金額較少；可用網頁展示型錄，節省印製型錄的成本；可較快更新網頁的型錄；提高服務品質；減少行銷成本和相關費用等（比如，不需展示商品的空間，節省房租費用）；有關資料儲存、處理、驗證、及監督的成本也降低；縮短營業循環所需的期間等。

然而，電子商務交易資料的安全問題，一直是影響電子商務發展的重大因素。由於網路駭客或網路犯罪層出不窮，電子商務的風險評估一直是探討的重點。電子商務可能遭產業間諜入侵系統，使得資料和公司機密外洩，甚至無法保護客戶的隱私。因而若電子商務受侵，可能產生資訊流失、資料遭竊、電腦病毒感染、網站伺服器被破壞或資料超載而無法運作、系統或程式遭竄改等等損失。因而，有些電子商務也應用防火牆軟硬體監控、保護系統。總之，有關電子商務的議題很多，資管和會計人員在設計電子商務系統時，也應一併考慮應有的安全考量。

第九節　結　語

本章簡介重要的資訊科技。對資管系的學生來說本章只是常識，可以跳過。對會計系學生來說則讀完本章，可對資訊科技有個基本的認識。

本章從基本的電腦系統開始，介紹其組成分子及功能。次介紹檔案的基本概念，檔案的結構方式，特點，以及運用的情形，以便將來設計系統時，可以選擇適當的檔案結構。

本章也說明了資料庫的定義、功能和常用的資料庫種類，各自的優、缺點等。亦介紹了資料字典，並說明設計資料庫時，不可或缺的正規化法則、個體關聯模式，討論資料庫的實質和邏輯資料結構。資料庫管理系統、資料定義語言與資料操作語言也舉例說明；並介紹資料庫的其他應用功能，如超文件、排序與索引、程式運用等。也討論資料庫管理系統的優點與缺點。

最後，則討論網路科技，舉凡區域網路、廣域網路、網際網路、企業網路、電子資料交換等亦加說明，也討論了一些電子商務的概念。

研討習題

1.電腦的特性有哪些？

2.電腦系統是由哪些單元組成的？

3.試述電腦檔案與資料庫的重要性。

4.試說明循序檔、索引循序檔及直接存取檔案的各自特性。

5.試比較資料在電腦中的各種檔案結構之優缺點。

6.試說明批次、即時處理和線上處理的意義及不同性。

7.試說明常見的資料庫模式。

8.何謂資料庫管理系統？並說明其重要性。

9.試說明資料庫管理系統的優缺點。

10.試說明現在常見的網路科技及其特性。

11.試說明電子資料交換的優、缺點及未來展望。

12.何謂電子商務？有何潛在利益？

Black, R. L., Pforsich, H., Sechler, C. S., "The Intranet—A Firm's Private Road on the Information Superhighway." *The Tax Adviser*, September 1996, p561–569.

Date, C. J., *An Introduction to Database Systems*, Volume 1, 4th ed., Addison-Wesley, 1986.

Date, C. J., *An Introduction to Database Systems*, Volume 2, Addison-Wesley, 1983.

Moscove, S. A., Simkin, M. G. & Bagranoff, N. A., *Core Concepts of Accounting Information Systems*, John Wiley & Sons, Inc., New York, 1997.

Parker, C. S., *Understanding Computers and Information Processing: Today and Tomorrow*, The Dryden press, 1990.

Pratt, P. J. & Adamski, J. J., *Database Systems: Management and Design*, 2nd ed., south-Western, 1991.

第六章

資訊系統之規劃與可行性研究

概　要

會計資訊系統若未經適當地分析設計而草率地上線作業，不僅無法發揮其預期成效，更會浪費各項系統開發的資源；甚至可能造成組織運作上的困擾。所以，會計資訊系統的建置必須按部就班地遵循著適當的原則，並選用合宜的工具來進行需求確認、可行性研究、系統分析、系統設計、系統上線運作及後續作業維護等系統建置工作。其中，在會計資訊系統的最初規劃階段時，對於資訊系統目標的界定及所需資源的分配，更影響著資訊系統的成敗。這些重要的系統建置議題將在此後的三章中陸續介紹：本章首先說明系統發展的結構化步驟及資訊系統規劃與可行性研究的相關議題；第七章介紹資訊系統的分析與設計概念；資訊系統的上線及後續運作則在第八章中探討。

第一節　緒　論

會計資訊系統在運作時若發生不當的當機或故障，將造成組織的運作困擾。例如，某特定管理決策者因等不到其要求的正確財務資訊，而無法把握商機、及時作決策。由於大部分的公司決策以會計資訊作為決策的依據，所以當會計資訊系統無法發揮其預期成效時，將造成公司的困擾。但是會計資訊系統若未經嚴謹地規劃、分析、設計就草率地上線運作時，不僅無法提供應有的功能，甚至會造成不當運作、故障或提供錯誤資訊。若耗費了大量的時間、金錢等資源，所開發出的資訊系統無法提供預期功能，無法發揮其預期成效時，則先前投入的資源便等於完全浪費了。甚若系統會不當運作，不能及時提供相關的正確資訊給管理決策者，或提供失去時效性的錯誤資訊給決策者時，其後果更是不堪設想。所以，建置或開發任何資訊系統前，都應進行適當的規劃與分析。

由於企業實務上大多數的問題亟需會計資訊系統提供資訊作為決策依據，因而，會計人員，特別是管理會計人員，應該積極地參與協助組織建置合宜的會計資訊系統。因而資訊分析人員和會計人員，都應通盤性的明瞭如何規劃和建置一個合宜的會計資訊系統，以便提出建設性的建議以提昇系統成效。

基本上，在準備電腦化資訊系統的詳細分析和設計之前，應該先進行系統的可行性研究。這個步驟相當重要，因為評估的結果可作為系統分析和設計的依據。例如，假若評估研究報告書中建議的電腦化系統，可能因為系統的預期成本明顯的超過預期效益時，就必須進行分析和設計一個符合成本需求的系統。

第二節　系統發展的生命週期

任何的資訊系統，包括會計資訊系統，其發展的過程主要有以下四個步驟：

⑴進行資訊系統的規劃工作。

⑵分析現行的作業流程以便決定所需要的資訊需求，並同時鑑別新資訊系統的優缺點。

⑶設計新資訊系統。

⑷新設計的系統上線運作。

這四個階段即為一個資訊系統的系統發展生命週期 (system development life cycle, SDLC)。如同圖 6–1 所描述的，這個生命週期需考量公司每天的營運活動基礎並分析修正某些問題。新修正的系統若能夠適宜地

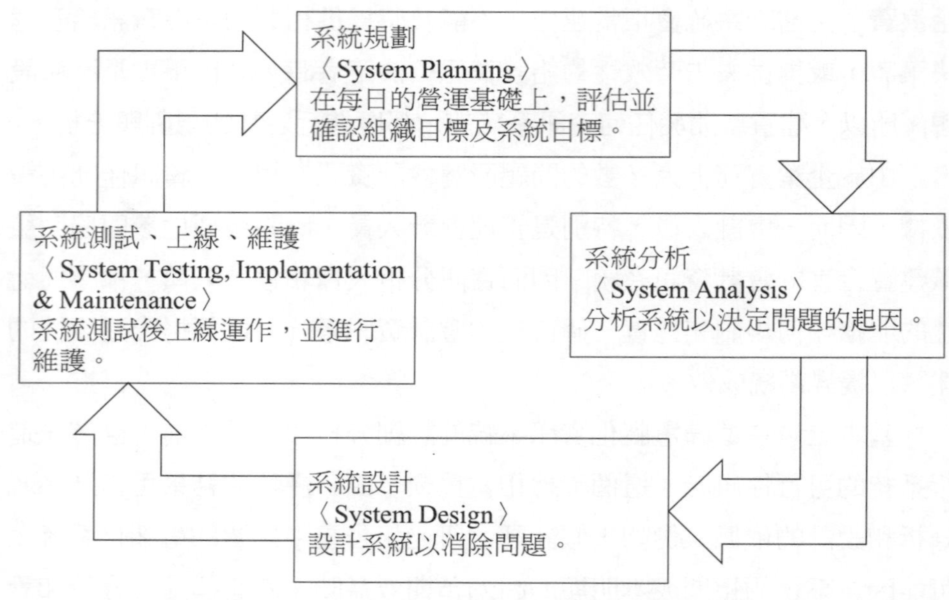

圖 6–1　企業資訊系統的系統發展生命週期

幫助公司每天的營運活動時，一個新系統就誕生了。

圖 6–1 中的箭頭強調一個事實，那就是運行中的系統其發展生命週期應該是連續不斷的。系統應該定期（例如每三個月，六個月或一年等，由管理者決定）評估，評量系統是否仍然能夠有效率且實際地運作。如果評估結果指出先前系統的問題再次發生，或是產生了新問題，甚或兩者都有，那麼箭頭便再度指向系統規劃（確認系統的問題癥結），此時全部的步驟會再重複進行。

第三節　系統規劃

企業組織在導入資訊科技後，因新的工具、新的作業方式和新的管理概念需要與組織行之有年的運作相整合，因而引發組織變革；所以，資訊系統的建置與應用，對組織的影響很大。若資訊系統未有適當的規劃便貿然開發，常會發生系統目標不當，資源無法配合或系統功能不彰的問題，而造成資訊系統無法使用或被棄置不用的情形，徒然浪費組織資源。具體而言，資訊系統開發時，若缺乏完善的規劃，可能引發的問題包括：所發展的資訊系統無法配合公司的營運目標與策略；資訊系統提供的功能無法滿足使用者需求；資訊系統常因組織經營環境變化或組織結構變遷及新的資訊系統開發而必須做大幅修改；很難整合資訊系統的功能；資訊系統所需之公用性資料無法分享；維護資訊系統的正常運作極為困難；資訊系統所需投入的各項資源超出預算；資訊系統所需開發的時間無法配合公司需求。

因此，建置資訊系統宜先進行規劃工作，先確認組織所欲達成的目標及資訊系統的目標，並預期組織可能引起的變化及可能發生的問題癥結，繼而評估所需的各種人力及財力資源，進而訂定各項配合工作的計畫表。這些工作都是資訊系統規劃所進行的工作。資訊系統規劃可以使得發展出來的資訊系統切合組織需求，並能配合組織的整體計畫，進而增加系統成功的機率。

擔任會計資訊系統規劃的人選可以是資訊部門中專職規劃的人員，或是資訊部門、會計部門和其他相關部門所派出的代表組成的規劃小組。若只是由資訊部門的專職規劃人員負責會計資訊系統的規劃工作，雖然規劃人員擁有專業知識，規劃工作進行較有效率；但是可能因為缺乏會計專業知識，而有導致閉門造車的情形。若由資訊部門、會計部門和其他相關部門所派出的代表組成的規劃小組負責會計資訊系統的規劃工作，則規劃的計畫內容最能反應組織的實際需求，並能達到協商的目的；但是規劃小組卻有參與人數多，協議難成的隱憂。故選擇規劃小組成員時，可依公司規模及各部門的專業知識差異，抉擇最適方案。

資訊系統規劃階段的成果為資訊系統計畫書。此資訊系統計畫書需經過審核後，方可付諸實施。審核後的計畫書可作為資源分配及控制之基礎。一般可依期間長短將規劃內容分為三到五年的長期規劃，一年到三年的中期規劃，以及一年期的短期規劃。基本上，中長期規劃釐定發展方向，短期規劃則需包含工作項目及績效評估方法。大體上，資訊系統計畫書應包含五個主題：(1)資訊系統的總目標及子目標；(2)資訊系統架構；(3)現有資源分析；(4)資訊科技預測；及(5)各項細部計畫。

第四節　系統之可行性研究

進行系統規劃之後，系統建置人員須對前一階段所提之資訊系統計畫書作一可行性評估。可行性評估是對所有的計畫方案，就技術上、操作上、時程與政策上的可行性，以及經濟上的可行性作分析，才能進行下一步的系統分析。以下逐項說明之：

一、技術可行性

評估技術可行性時，須同時考量現階段資訊科技的發展近況及組織的技術能力。因為必須對電腦硬體和軟體有全盤性的理解，所以這階段的可行性評估典型上是由具有資訊科技專業知識的電腦專家來進行或輔助進行。作技術可行性分析時，須為計畫中的電腦化系統，初步發展一個符合使用者資訊處理需求的大致硬體架構；評估人員也必須考量目前組織內部的技術以及專門知識和素養，以備將來進一步的細部設計也能符合組織的技術能力。

很明顯的，如果設計計畫中指定的硬體和軟體需求，目前無法由任何電腦製造商或軟體供應商供應的話，則建議的電腦系統將是不切實際的。此外，若是組織成員沒有計畫中系統所需的技術層次，而電腦化系統對公司的員工來說若太過複雜以致無法學習時，系統的施行與其後的例行作業都非常可能失敗。

二、操作可行性

操作的可行性評估旨在確定新計畫的系統將會如何影響組織的作業環境。這作業環境包含現在的組織成員，以及由這些員工所執行的許多其他功能。評估人員必須分析這些組織成員操作新系統的某特定功能的能力。如果新系統需要額外的專業訓練來教育員工以有效操作該系統時，評估人員應明列出需要的額外專業訓練，並同時考慮為增進現有職員的技術層次所需要的訓練計畫。

實際上，操作可行性分析也是人際關係的研究之一，因為它重視新系統中極可能發生的人群問題。由於人們經常對變革抱持負面態度，若能先考慮到人際關係的問題，則可經由適當的溝通或其他方式，預防且避免紛爭。例如，若組織成員能充分瞭解有關新系統的變革需求、新系統將如何影響組織的功能等的資訊，員工對新系統的抗拒便可以減少。在這階段也應該鼓勵員工提出他們的意見，提出他們認為目前系統所需要的變革。若不考慮系統變革時相關的人性因素，即使新系統是紙上設計時最好的，該系統仍然會在施行時失敗。

三、時程與政策可行性

評估人員評估系統開發的時程，以決定系統開發所需的時程是否滿足組織要求。在實務上，不少評估人員採用要徑法 (critical path methods, CPM) 及計畫評核術 (project evaluation and review technique, PERT) 進行時程可行性分析，CPM 採用單一估計時間，再以網路圖選出關鍵要徑。PERT 除了選出關鍵要徑外，還估計三種時間：最可能時間、悲觀時間和樂觀時間，並用以計算出各作業的預期時間和變異數，再依據這些數值運用統計測試預估時程可完工的機率。由於 CPM 也是專案規劃時常用的工具，因而我們將在第八章舉例說明 CPM 的用法及內容。

政策可行性評估則注重新計畫的系統和組織的法律責任是否有任何的衝突。舉例來說，修訂的系統應該遵從所有目前適用的政府法規或產業條例。除此之外，新計畫的系統也應該遵從組織所簽訂的契約責任。

四、經濟可行性

經濟可行性評估主要比較系統的成本及利益。具經濟可行性的系統就是預估的系統效益超過其預估成本。新計畫系統的成本考量方面，必須同時注重只發生一次的投資成本以及定期都須支付的業務成本。系統上線實施後可能節省的年度成本或產生的年度額外收入也都是預估的系統效益。

實務應用上，各項成本效益分析都轉化成現金成本或現金利益，再將各期的現金成本或現金利益換算成可評估比較的現值加以比較，例如淨現值法 (net present value method, NPV) 或是內部投資報酬率評估法 (internal rate of return method, IRR) 都是常用的方法。評估電腦化處理系統的成本效益分析時，最常面臨的難題是：有些利益無法量化成金額計算，例如組織形象的提昇便是一個難以量化的利益。在這種情況下，若要嘗試估計這種利益時，常會大幅度的採用主觀意識。新資訊系統常見的利益一般有：人事成本的節省、存貨成本的節省、帳務處理成本的節省、呆帳比例的下降、服務品質的提昇、市場行銷規劃成效的提昇、組織管理效率的提昇以及組織形象的提昇等。

㈠資訊系統的效益分析

在人事成本節省方面主要是指節省自辦事人員的花費。先前由人工操作的大量的資料處理功能，例如，會計循環的資料處理過程，銷貨分析的調整，和生產報表的調整等工作，若可交給電腦化的系統處理，這些人員的時間和花費便可節省。因而，許多存在於人工系統中的辦事職員（如簿記員、應收帳款簿記員等）的薪資成本將會被縮減。

至於存貨成本的節省、帳務處理成本的節省、呆帳比例的下降、服務品質的提昇等利益，則因為新系統可以更具效率性及效益性地使用組織的各項資本資源。舉例來說，電腦化的存貨系統將使經營決策者可即時地掌握存貨及銷貨的脈動，因而可更有效率地控制其商品存貨水準。若在人工存貨作業中，管理者只有在特定的時期，才能透過一些定期報表，瞭解存貨過去頻繁變動的狀況；造成管理者無法即時知悉目前現有存貨數量的變動情形。這些無法提供即時存貨資訊的結果，可能使得某些商品有太多存貨，而造成無謂的存貨成本浪費；也可能在其他的商品或原料項目上發生投資太少的情況，而產生存貨不足，無法供貨，以致喪失銷貨的損失；也可能在生產過程中，短缺某特定原物料，致使整條生產線停滯。若新系統可以適時的列印出哪些存貨項目應該重新補充，也就減少了存貨短缺的意外；新系統或許能將過去的實際銷貨業績彙整分析，提供給決策者參考，以釐訂理想的存貨水準，不但可避免存貨的問題，也能進而減少企業在存貨上的年度平均總投資額。

帳務處理成本的節省、呆帳比例的下降利益，可舉應收帳款為例說明。若以人工處理應收帳款，寄發帳單給顧客通常較電腦化系統緩慢，而許多賒帳的顧客通常都等到帳單收到後才會償還其欠款，因而產生了賒銷到付現的週期被拉長的情況。若由電腦處理賒銷資料並準備顧客帳單，由於電腦系統處理速度快，使得客戶收到帳單的時間縮短了，因而公司收到顧客的現金給付也就相對的提早了，發生呆帳的比例也會下降。若能縮短從賒銷到收帳、收現的期限，一方面帳款轉成現金的周轉率高，一方面公司也可以將所收到的現金更快速的運用或投入到其他投資或收益上，以創造更大的利潤。

在財務規劃方面，使用電腦化系統，企業組織可以在預測其未來的現金需求上有更好的預測品質。在電腦化以前，公司無法預測其真正的未來現金需求，常常使得財務經理為了維持一個較具效益的現金負債比（減少持有現金），而引起現金短缺的風險。因為若持有太多閒置現金，雖然流動比例加高，但是現金只能存在流動性高的帳戶內，並不能賺取較多的利潤。但是電腦化的系統若能預測企業未來的現金收入與支出，並提供較精確的現金規劃時，企業便可將閒置的現金靈活運用，投資在能夠產生更大利潤的計畫上。

在呆帳處理方面，電腦化的資料處理系統使得管理人員能夠收到即時的客戶賒帳報告或過期未付帳款的報表。應收帳款的帳齡分析表將提供經理人員這些必要的資訊，使他們能夠觀察到特定客戶的現金支付的狀況，而能事先採取預防措施。例如，如果經理人員覺得過期 90 天的帳戶的金額變得太大時，可以採取措施、緊縮某特定客戶的信用額度，使得公司發生呆帳的機會減少。同時，經由電腦提供的即時客戶過期帳表，經理人員可以掌握時機，採取立即行動以試圖收回這些欠款。

有些組織投資在電腦科技的理由是為了提昇其對客戶的服務品質。例如，線上會計資訊系統可以快速且高效率地處理客戶訂單，並即時回應顧客有關他們的帳戶情況的問題，或者可以運用系統提供顧客更精確的送貨資料，讓客戶查詢送貨情形等，以顯示貨品運送的情況。比如美國的聯合包裹服務公司 (UPS) 在接受客戶委託送貨時，即給予客戶該貨品的提貨單號碼，在送交的貨品上也貼有該提貨單號碼的二維條碼，客戶可以隨時以電話查詢，或使用電腦查詢該貨品運送的狀況，直到什麼時候被收貨人收下貨品都能在系統上查詢得到，甚至第一次送貨時，收貨人不在，第二次將何時送都記載的一清二楚。因而在高度激烈競爭的產業中，像這類能夠提昇對客戶服務品質的資訊系統，絕對可以幫助企業創造銷售或競爭優勢。

當然，電腦化系統也可以協助公司作行銷規劃。經由使用數學模式的銷售預測模型，如多變量分析或系統模擬等模式，企業組織能夠發展更準確的長、短期銷售需求計畫，藉此作成有效率的預算規劃。也可以使用類似的技術，使公司的經理人員整合考量關鍵因素，在不同的假設情況下，做各種可能的銷售預測。例如，假設明年的通貨膨脹率將顯著上升，在該公司的電腦化的銷貨分析計畫中，就可以使用不同水準的通貨膨脹變數作計算和預測。這些實務上需要運用數學模式的預測模型與求解技術通常有極大數量的計算過程，人工運算極為困難，若使用電腦計算，可以很快的求解出來，也只有使用電腦化的預測模式才能快速的得到這種效益。

至於公司可更有效率的提昇管理機制以及有較高的公司形象方面，則是因為電腦資訊系統將公司所有的營業活動整合起來的最終結果。例如，公司若有可將實際運作情況與其預算作比較的即時績效報告的話，則經理人員可適時做出更正預算誤差的決策，使組織績效提昇。這些即時的績效報告不但可以促進公司各系統中各個階段的作業效率，應用高科技管理的效果，也提昇了組織在產業中的形象。

㈡資訊系統的成本分析

在成本估算方面，硬體方面的電腦設備可選取購置或租賃的方式。若選擇向電腦廠商租賃電腦設備，通常的租賃契約是每月給付租金，並要求電腦廠商提供電腦系統所有的必要維護工作。租用電腦設備比購買電腦設備的好處是增加了選擇的彈性。在租用期間終了時，如果公司的資料處理需求改變的話，可以取消租用特定電腦系統的合約，而轉租其他較有效率的電腦系統，也可轉至另一供應商租用更有效率的電腦系統。何況，許多租賃合約常提供優惠條款讓使用者在租約期滿後，可以優惠的價格購買硬體系統。

評估資訊系統成本時，也應估算系統的環境成本；包含開始安裝電腦前的所有準備作業和前置作業的支出。具體言之，環境成本包含：在辦公室與會議室裝設適合操作電腦的線路、網路光纖、電壓或穩壓設備，以及電腦中心必須的裝潢設備和空調設備等支出。電腦系統所在的地方應避免電磁干擾、防灰塵、防火、防水、以及任何其他為了避免會妨礙系統有效運用的環境因素，比如，保持電腦中心有較低溫的環境及備用電源的設備。為能有效控制電腦環境安全的成本也應估算，比如應有足夠的警衛系統以防止未經許可的員工進入電腦中心，使用、損壞或偷竊設備。

實際的安裝成本也應該包括將電腦硬體運送到系統建置處所的相關費用（包括：運送費、運送保險、安裝費、以及電腦測試的花費等）。訓練成本也應估算在成本項目內；通常訓練成本在電腦施行的第一年比較高，但是在隨後的年度會顯著減少。訓練成本的估算項目包含：教育公司現有員工以及新雇用的員工能夠學會有效操作電腦系統的預估訓練費用。有時，可以由電腦供應商免費提供員工必要的訓練課程。如果供應商無法免費提供訓練課程，公司就需要花費訓練成本派遣員工到外部接受訓練了。

轉換目前系統到新系統的成本估計，需要考慮系統變動或變革牽涉的範圍和幅度的大小而定。假設只對公司的批次處理系統進行一些小規模的修正，則轉換成本可能很小，但是若將人工系統轉換到電腦化資訊系統，就可能有大額的成本花費，才能使新系統有效運轉。轉換期間常見的支出項目有：⑴將公司的資料從人工系統下的儲存媒體轉移到電腦化儲存媒體的費用；⑵建立對新電腦化系統有效控制的費用；以及⑶在新系統取代舊系統前的測試運作費用。以上討論的新系統轉換成本多是在新系統施行的第一年所發生的基本成本。

此外，電腦化系統的作業成本通常也包含下列項目：

⑴負責電腦化資訊處理系統工作的員工薪資。

⑵電腦化資訊處理系統所需要的消耗品或補給品，比如磁碟，微電腦的磁片和報表紙等。

⑶作業保險費用。

第五節　結　語

本章主要討論系統發展生命週期的第一個階段：系統規劃。系統規劃主要是為了確認組織目標以及資訊系統所欲達到的目標。系統規劃也應預估組織可能發生的變化及可能的問題癥結，評估所需的人力、財力等資源，並訂定計畫表。要發展一個合宜且成功的系統，在系統規劃和設計階段時就應有相關人員參與，比如在規劃和設計會計資訊系統時，就應該有會計人員參與。系統的管理人員和使用人員也應瞭解資訊系統都有周而復始的系統發展生命週期，維護和評估系統的適宜性，才能保持系統和使用的有效性。

在系統規劃時，應作可行性分析，針對技術面、操作面、時程與政策面、以及經濟面作可行性分析。在經濟可行性分析上，本章也詳細討論應考慮的成本項目和相關效益的預估。在進行系統規劃時，應該考慮所有的重要層面。如果有一個或更多層面對特定的系統計畫不可行，則所規劃的計畫就不是全面可行的。所規劃的計畫若非全面可行，便需發展一個或更多的適合該公司目標及特性的替代計畫。

研討習題

1.未經完善規劃的資訊系統建置常發生哪些問題？

2.系統發展生命週期有哪些階段與步驟？

3.系統規劃工作應由誰來作最為恰當？

4.系統可行性分析應考量哪些項目？

5.資訊系統的預期效益有哪些？

參考文獻

Edwards, P., *Systems Analysis, Design, and Development with Structured Concepts*, 1985.

Embley, D. W., Kurtz, B. D. & Woodfield, S. N., *Object-Oriented Systems Analysis: A Model-Driven Approach*, Prentice-Hall, Inc., 1992.

Fertuck, L., *Systems Analysis and Design with CASE Tools*, WCB, 1992.

Kendall, P. A., *Introduction to System Analysis and Design: A Structured Approach*, Allyn and Bacon, Inc., 1987.

Moscove, S. A., Simkin, M. G. & Bagranoff, N. A., *Core Concepts of Accounting Information Systems*, John-Wiley, Inc., New York, 1997.

Ramalingam, P., *Systems Analysis for Managerial Decisions: A Computer Approach*, 1976.

第七章

資訊系統分析與設計

概　要

資訊系統建置前段的分析與設計工作對組織而言是極為重要的工作，因為資訊系統常需投入大量的時間、精力與金錢等資源來建置。若系統的規劃分析不完善或者設計拙劣，不僅無法成為有效的營運工具，難以幫助組織取得競爭優勢，甚或因為維護費用高昂，成為組織的包袱。故本章探討資訊系統的分析與設計，以熟習此一重要的系統發展過程及需要工具。

第一節　緒　論

當會計資訊系統經過可行性分析階段評估為可行的方案之後，就進入系統分析與設計的階段。所謂系統分析，就是指辨認使用者的真正資訊需求並選擇最適解決方案的整個過程。系統分析的主要目的在於定義整個系統的邏輯架構，並將之彙整成「系統定義書」(system definition)。而系統設計將延續系統分析的工作，將系統定義書中說明的系統邏輯架構轉換成軟體開發時所需依據的「系統架構」(system architecture)。系統設計工作可以分為概念性系統設計與細節性系統設計兩個階段，這兩個階段的工作內容及目標將在第三節說明。

第二節　系統分析

基本上，在資訊系統分析階段，一開始先分析現行作業程序，並確認現行作業程序可能存在的瓶頸或問題。系統分析的基本目的在於讓分析人員徹底瞭解現行作業系統的目標、作業情況及待解決的問題，進而辨認使用者的真正資訊需求，最後據此做出建議以解決問題。圖 7–1 說明系統分析之邏輯程序。

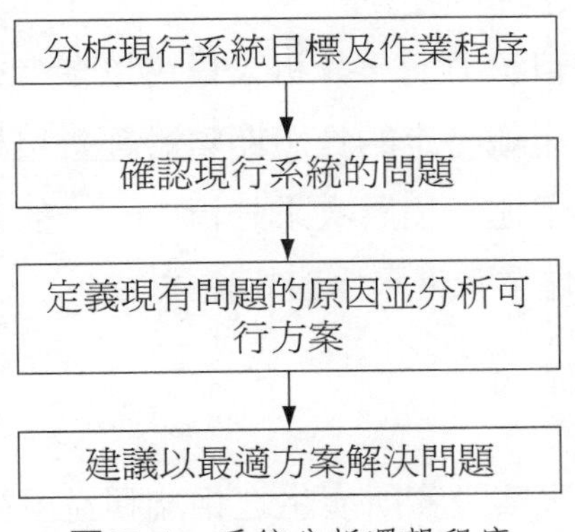

圖 7–1　系統分析邏輯程序

在可以作任何有效的建議之前，分析人員必須確定並辨識出現存系統的真正問題所在，使得所提的建議方案能對症下藥解決問題。然而，實際進行系統分析工作時的主要困難，在於無法辨識企業組織的真正問題以及無從探知這些問題的徵兆。例如，某公司的管理者可能為了工廠的生產效率低落而責備生產線的領班；但是，管理者卻忽略了真正的問題在於該公司現行的資訊系統無法即時提供領班所需要的生產控制報表；因而，領班無法依據即時的生產控制資訊，在事態嚴重之前就採取立即的行動來更正生產效率低落的問題。在上述範例中，因領班的管理而造成的生產效率低落只是問題的症狀，並非真正的問題本身；現行的資訊系統無法提供適當、適時、適量的資訊給這些領班才是真正問題的癥結所在。

一、分析現行系統目標及作業程序

為了找出問題，分析人員首先必須瞭解企業組織的目標以及現行作業方式。通常，問題多半是因為現行作業方式無法達成其預計的目標所造成。因此，分析人員必須適切地理解企業組織整體的目標與資訊系統目標，然後進行分析評估，確定哪些目標已在現行系統中達成，而哪些目標尚未達成，且成為有待解決的問題。其中很重要的一項任務是找出「為什麼」沒有達到某些特定目標。

在企業組織整體目標方面，分析人員可以參考企業組織的成立宗旨及說明，以瞭解企業組織特定的長短期整體經營目標。在資訊系統目標方面，一般可以分為下述三種層次來分析：㈠一般系統目標；㈡高階管理階層資訊需求與㈢作業管理階層資訊需求。

㈠一般系統目標

⑴任何資訊系統專案投資所產生之相關利益至少要能超過其所投入之成本。

⑵資訊系統提供的資訊應該精確且即時，並且對管理者的決策制定有所助益。

⑶資訊系統的結構必須儘可能的簡單，以利組織成員學習及後續維護。

⑷資訊系統應該有彈性以適應管理者需求的改變。

⑸資訊系統應該有隨時備份及損壞復原的程序，以因應意外當機時，不能繼續處理資訊所需之緊急復原作業。

雖然，上述說明的一般資訊系統目標聽起來似乎是老生常談，但在實務運作上常聽說的慘痛經驗中，就有企業組織的資訊系統因為沒有適當的備份程序，以致面臨意外當機時，造成業務停擺多時、甚至多日的損失。所以，大多數的企業組織資訊系統都會將這些目標納入考量，以期維護系統的效率及效益。

㈡高階管理階層資訊需求

高階主管的決策成效常常影響整個組織的經營成效，因此，影響其決策成效的資訊品質和資訊需求，是資訊系統不可忽略的部分；然而，要詳細敘述這些高階管理人員的決策依據或資訊需求，是個相當困難的工作。甚至，許多高階管理者需要的資訊常常是外部環境資料；例如，高階主管常常需要市場的長期發展潛能資訊和未來的國家經濟發展趨勢等資訊，而這些資訊通常無法從組織內部的會計資訊系統或者管理資訊系統產生。但是，有些管理資訊，高階主管可以要求組織內部的資訊系統提供；例如，生產部門經理可以要求有關生產活動效率的資訊，這份資訊可以要求組織內部的標準成本會計系統提供。

如前所言，要精確地辨識高級主管所需的特定資訊需求是個非常困難的工作，然而，資訊分析人員可以從高級主管常參閱的各種定期或不定期的報表中，分析主管們的資訊需求範圍。譬如，高級行政主管常需參考負責預算規劃的會計人員所提供的長期預算規劃資料，以有效的釐定有關未來產品銷售線的策略性決策。高級主管也可經由定期的績效報表，獲得關於長期計畫執行效率的控制資訊。當然，高級主管也必須獲知企業組織內各相關子系統的短期營運績效。

為了有效經營，高階主管常常需要各式各樣，非結構化的決策資訊。若企業組織的資訊系統無法即時提供高級主管所需的資訊，便會發生現行系統有失誤的情況並且產生問題。因此，對於系統分析人員而言，瞭解高階主管的資訊需求，再確定企業組織現有的資訊系統是否能滿足這些需求，是非常重要的分析過程。

㈢作業管理階層資訊需求

比起高階主管的決策工作來說，作業管理階層的決策工作通常在較為特定的作業範圍中執行，影響也較小；因此，其資訊需求較容易定義。一般來說，作業管理階層的資訊需求大都可由組織內部的資訊系統產出。作業管理階層需要的資料期限多屬短期資訊；例如，廠長為了分析本期製造部門的營運效率，可運用該部門的生產報表，查出本期生產活動中，原料和物料的真實使用量；並和先前規劃的標準數量作比較。若作業管理者無法直接說明其所需之資訊需求時，分析人員可以運用詢問的方式，詢問管理者平常需做哪些管理決定，再依據每個管理決定所需要的資訊內涵，分析及辨識這些管理人員的資訊需求。

二、確認現行系統的問題

系統分析人員在分析現行系統的目標後，對現行系統的作業程序也需要有完整的瞭解，以便探究現行作業系統無法滿足目標需求的問題癥結。因此在系統分析工作中，系統調查是一項相當重要的工作，其主要目標是幫助分析人員完整的瞭解現行系統的作業方式。分析人員不但必須瞭解現行系統的作業方式，也必須分析現行系統的優點與缺點。如此，現行系統的優點可以保留在新系統中，而現行系統的缺點，則可幫助分析人員辨識現行系統的問題癥結並探討其成因。

此外，在資訊系統分析的議題中，人性因素考量也是一項重要的議題。作業程序的變動或資訊系統的變革必須獲得組織中相關人員的合作，才能提昇其成功的可能性。但是大多數的人都害怕變革引起的不安，許多人更不喜歡任何會改變到他們現在工作職責的方案。即使在書面設計時是最好的系統方案，但若沒有組織內使用者廣泛的支持，則大部分都難逃失敗的命運。同樣地，如果高階主管不支持組織變革的話，新系統能夠成功運行的可能性也微乎其微。

三、定義現有問題的原因並分析可行方案

系統分析人員常需以溝通的方式來爭取組織內員工的支持。分析人員可向員工及相關管理階層說明新系統的效益分析；例如說明電腦化資料處理系統取代人工系統後，新系統能減輕員工們大部分的例行與無聊的工作，而能提供員工更多機會，開發較具挑戰性的工作。分析人員也應鼓勵所有員工：⑴表達員工可發現的所有的現行系統之缺點；⑵提供建議以解決這些缺點之所在。

以下將討論分析人員為了瞭解現況、辨識問題、找出真正問題癥結的四種資料收集方法：㈠參閱組織現有文件；㈡直接觀察；㈢問卷調查；以及㈣晤談法。

㈠參閱組織現有文件

組織現有的各種文件是描繪現況的最佳資料來源。因此，參閱及研讀現行系統的說明文件，是瞭解現行作業方式相當重要的第一步。一般而言，現有的文件應該包含兩種資料性質：一種是描述組織的資料，例如，公司的組織架構圖、公司政策說明、作業程序手冊、會計流程圖與工作手冊等。另一種是關於現存資訊系統的系統說明文件。通常人工作業系統的說明文件相當貧乏，但若系統已經在某些形式上電腦化的話，應該有類似的文件流程圖與系統流程圖等的說明文件，可供分析人員參閱。

㈡直接觀察

直接觀察就是分析人員直接就近察看作業中的系統。在人工系統中，分析人員可以直接觀察或監督員工執行各種職務與責任的情況。在電腦化系統中，分析人員則必須同時觀察人員的作業方式以及電腦系統的運作情況。當分析人員觀察運作中的系統時，分析人員可能觀察到下

列問題：

⑴系統實際運作情形是否如系統文件所規定的？

⑵系統是否即時傳遞資訊給使用者做決策用？

⑶電腦系統常當機嗎？

⑷員工的工作負荷是週期性的上上下下、多多少少，還是工作負荷相當平均？

這些問題有些可以藉由直接觀察而解答；有些則需要將觀察所得的資料再作進一步的分析。

㈢問卷調查

問卷調查法是可以幫助分析人員從大量的工作人群中收集資料的一個有效方法。問卷可以寄發給組織中任何的工作團體，範圍可從辦事員擴及到高級主管。調查問題類型可以設計成開放性或封閉性形態。開放性問題允許作答者在非結構化的環境下回答問題。開放性問題能很有效益的收集不同見解者的看法；因為答案不必限制在預先設定的反應項目中。然而，開放性問題之缺點是很難將答案做適當分類，分析不同答案的工作既困難也很費事。封閉性的問題則是在題目中提供建議性的回答類型，以供作答者選擇。表 7–1 描述這兩種類型問題的範例。

表 7–1 系統調查問卷問題範例

1. 開放性問題的範例
   請提供你對現在的日記帳系統運作的意見，並說明你的滿意程度
2. 封閉性問題的範例
   請從下列選出合適的答案來表示你對現在的日記帳系統的滿意度
   __ 非常滿意
   __ 還算滿意
   __ 普通
   __ 不太滿意
   __ 非常不滿意

分析人員若使用問卷調查內部控制程序作業的情況，通常會使用封

閉性問卷，因為可在問卷內詳細列示組織內每個子系統中的控制程序。若對內控問題回答「是」，表示在系統內確有該項控制存在；若對內控問題回答「不是」，則可很明確的判定系統內缺乏這些控制。有時為了考量個別組織的系統特性，在問卷上會包括「不適用」或「其他」以供回答特別的情況。在內部控制問卷中若採用封閉性問題，最好在每個內控問題後面預留備註說明欄，提供給答題者說明一些必須的資訊。若分析人員在設計封閉性的內部控制問卷時，認為在某些特定的內部控制領域中，有詳細調查的必要，以供將來可深入調查其潛在的控制缺點時，則分析人員可充分運用「備註」欄位，請答題者多加說明。

分析人員若收集了組織內部控制程序作業的問卷資料後，應針對問題中得到較多數「否定」答案的問題，作詳細分析，探討未實行或不採用這些內部控制程序作業，對組織可能有的影響及不利狀況。分析人員甚至應該更進一步的詳細調查後，歸納並建議出如何實施一個或多個現階段不存在而應增添的控制程序，以求具體的改進企業組織現行的資訊系統。

由於組織和資訊系統的內部控制相當重要，因此特別以此為例，說明在系統分析階段的調查問卷中，有關的各個子系統中常見的內控問題如下：

□子系統：會計

□處理流動資產的員工們是否有執行業務安全的保險？

□是否出納工作與現金帳記錄的負責人員的職務分開？

□現金支出交易是否使用預先編號的支票？

□子系統：製造

□存貨處理的工作與記錄存貨的工作是否分開？

□是否存貨儲藏室只有授權的員工可以進出？

□是否定期實際清點存貨的數量並與帳面記錄一致？

□子系統：行銷

□是否定期分析每個銷售員的產品銷售數量與金額？

□是否定期製作帳齡分析表來評量客戶信用等級？

□是否定期分析客戶帳款明細來辨識客戶異常狀態？

□子系統：資訊處理

□是否系統分析師，程式設計師，和操作員的工作機能適當的分開？

□把原始文件資料轉換成電腦儲存媒體時，有足夠的輸入控制可偵測到任何錯誤嗎？

□是否每部電腦都有良好的定期檢測維護？

□子系統：人事

□是否提供訓練計畫以增加員工的作業效率？

□是否全公司的員工升遷與薪資政策一致？

□是否薪資出納與薪資計算程序分屬不同人員的工作職責？

(四)晤談法

問卷有保護作答者隱密性的特性；因此，當所需要蒐集的資料涉及敏感性問題時，比如要答題者回答是否滿意現行系統時，以問卷方式較能蒐集隱密性資料。然而，若需要更深入的收集詳細資料時，面談法較能深入問題，較能幫助分析人員發覺更多的細節，較能收集到詳細資訊。比如，在面談過程中，分析人員可觀察到作答者對特定問題是否有不安的態度，若以問卷調查，無從觀察到答題者的行為。面談也能有效的探索管理者所需的資訊；如前所述，單純以列示的問句，只能詢問管理者是否需要某類的資訊，卻無法得知資訊需求的內涵。面談時，分析人員卻能進一步探索細節，協助管理者釐清其決策過程，並辨識在決策過程中所需要的資訊。

分析人員在瞭解了企業組織的整體營運目標與資訊系統目標，並且收集得管理者與使用者之資訊需求後，便可繪製現行系統的資料流程圖 (data flow diagram, DFD)，與資料字典 (data dictionary, DD)，用以表達在現行系統中的資料流向，並檢驗是否符合資訊需求。也有分析人員應用所謂電腦輔助軟體工程 (computer aided software engineering, CASE) 工具來製作系統分析報告及系統的結構化說明書。

四、建議以最適方案解決問題

系統分析最後的步驟是準備一份系統分析報告或是所謂的系統定義書。系統定義書的內容，基本上是系統分析階段所有工作的彙整報告。一般的系統定義書報告應該包含五大部分的報告及訪談記錄或其他設備說明書等文件附錄。第一部分說明企業組織的背景，包括企業的營運範圍、組織結構、產品業務、面臨的問題等議題。第二部分報告根據訪談或其他資料收集方法而得的資料分析整理出來的資訊需求。第三部分描述各種可行的替代方案，並分析各方案的優缺點後，提出最佳建議方案。第四部分則是以邏輯敘述的方式來說明系統的邏輯架構、主要功能、系統元素及其關係。第五部分說明其他與系統分析工作發現相關的議題，如預算、人員需求、時程規定與系統品質要求等議題。系統分析完成後，便可進入系統設計階段。

第三節　系統設計

系統設計階段是系統分析階段的延續，其主要任務是將系統定義書中說明的系統邏輯架構轉換成軟體開發時所需依據的「系統架構」(system architecture)。一般實務上常採用的系統設計方式，多採用由上而下的設計過程 (top-down design process)；也就是說，系統設計人員先將整個系統分割成數個既獨立又彼此相關的小模組，然後就每個小模組進行細部設計，逐一完成細部設計後，再將所有模組整合成完整的系統。因而，可以將系統設計工作分為概念性系統設計與細節性系統設計兩個階段。概念性系統設計主要是發展系統的邏輯敘述，提供管理決策者在需要投入更多資源以進行細部設計之前，決定所提的設計系統是否能符合其目標。細節性系統設計則詳細敘述新系統的輸出、輸入和處理程序各部分的細節設計。簡言之，概念性系統設計著重於模組間的連結以及整個系統的邏輯架構；細節性系統設計則重視每個模組內部的資料結構、演算法則及其輸入和輸出的邏輯設計。

就設計內涵而言，概念性設計主要在於說明系統的主要實施架構，基本的設計理念、主要的子系統範圍及其資訊輸入、輸出、檔案及處理程序的描述、選用之技術工具及系統將來的運作方式等都是概念性設計的內容。因為決策者需要依據概念性系統設計，以評估系統可能成功的機率，並決定是否要進行細部設計，因而也稱為初步系統計畫。

初步系統計畫經過管理者審核並通過後，便可進行細節性設計。細節性設計主要是將概念性設計轉換成更為細部的設計，對軟體、硬體、實際的資料庫、輸出和輸入媒體、介面、管理程序、特別控制等，提出實際的規格書。通常細節性設計是從系統的輸出設計開始，再往回推溯系統的應有輸入設計、資料檔案結構設計及處理程序設計。

一、系統輸出設計

會計資訊系統所產生的系統輸出範圍非常廣泛，包括各種報表、輸出憑單、檔案及螢幕顯示等。而且，每個輸出項目都有其特定的格式，將其所包含的資訊傳達給其特定的使用者。因而，設計人員可將輸出需求根據子系統的範疇加以區分後，再進一步詳列其輸出項目、型式、產生方法及其使用者。此外，尚可備註其他資訊，比如輸出之時間及頻率等。

確定了系統的輸出項目、頻率與類型後，便可進行報表格式的設計工作；包括哪類資訊應該出現在哪些特定報表上，以及該類資訊的適當表達格式。雖然大部分報表以表格形式傳達資訊給使用者，但是，仍然有些報表以圖形與圖解方式表達，以增加其可讀性及價值性。舉例來說，若以圖形表現過去五年來每月的實際銷售量與預計銷售量的比較資料，對讀者來說，會更一目了然。

二、處理程序設計

細節性系統設計的下個行動是決定產生報表或輸出的處理程序。這部分的設計，牽涉到決定應用哪些電腦應用程式，以及每個程式應進行哪些處理過程。通常在準備電腦處理應用軟體的結構化設計時有一些工具可供使用，例如階層式輸入、處理及輸出圖 (hierarchical input, processing and output chart, HIPO)。

HIPO 圖是由 IBM 所發展出的結構化設計技術，以階層式結構方式，描述輸入、處理和輸出的處理程序。HIPO 圖將系統應用程式以階層式的結構方式呈現；也呈現出結構中每個較低層級的節點如何承接其上層節點。圖 7–2 說明應付帳款的 HIPO 圖範例。圖中每個節點都應加以編號。編號可方便每一節點的輸入、處理及輸出的設計細節。例如，節點 2.11 核准付款的輸入、處理及輸出所需的細節設計：包括核准付款的應用程式，所需要的購貨發票，驗貨報告單，購貨訂單等的輸入資料，經過程式核對原始文件並確定付款日期等的處理程序後，產生付款憑單或付款傳票、印製支票，支票記錄，更新的付款記錄以及差異報告

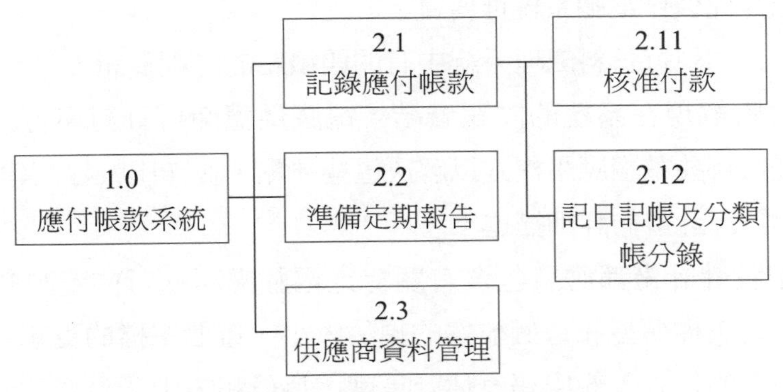

圖 7–2 應付帳款的 HIPO 圖

等的輸出報表等。

三、系統輸入設計

一旦能明確的訂出系統輸出與處理程序後，便可以開始思索需要收集什麼樣的資料輸入到系統中以便產生所需的輸出。換言之，輸入設計的內容包括所有已確認的輸出而必須要有的輸入資料、項目、輸入媒體的設計及各項待處理或處理中的資料管理方式。通常可用輸入輸出矩陣顯示輸出資料與輸入資料的關係。

四、系統規格說明書

在鑑定、確認和明確敘述各項輸入資料後，便可開始設計用以收集輸入資料的各種表格及文件格式。所有的輸入，處理和輸出的規格都需明定在系統規格說明書中。一般而言，包含在系統規格明細報告書中的資訊有：

1.關於公司營運活動的歷史性背景資訊：

包括有關公司製造與販賣的產品類型資料，公司的財務狀況，公司現用的資料處理方法，資料處理活動的尖峰容量，以及公司現用的資料處理系統的設備種類。電腦供應商可以藉著這些資訊，熟悉公司的營運環境，並據此製作電腦系統推薦書。

2.關於公司現行資料處理系統中有問題癥結的詳細資訊：

藉著瞭解現在系統的問題癥結，電腦供應商可針對現行系統的弱點，可提供哪些電腦應用程式以解決這些缺點，並作出較好的建議。

3.系統設計計畫的詳細描述：

每個設計計畫都應該包含有關特定電腦處理執行的資料輸入和輸出，需要的主檔類型和每個檔案的預估大小，每個主檔的更新頻率，每種輸出報表的格式，輸出報表估計長度，每份報表中所包含的資訊種類以及報表準備的頻率，需要發給報表的組織經理人，電腦設施所需要的空間以及公司可供放置空間等資訊。

4. 電腦供應商應提供詳細的電腦硬體規格：

電腦供應商可依據系統規格書的資料，判斷其提案可製作的詳細程度。詳細的資訊如中央處理單位所需的速度與規模，公司的區域網路所需的微電腦類型，輸入、輸出設備的種類與品質等內涵是基本的內容，應該在電腦供應商所提出的硬體規格中。其他如可在硬體上採用的程式語言種類，可支援的編譯程式，可支援的特定軟體，教育員工新系統作業細節的訓練課程，供應商可提供的支援與協助情況的說明，供應商可提供的硬體維護服務範圍，以及備份資料的處理設施及方式等也都可包含在此規格書說明內。管理者也可進一步要求電腦供應商提供電腦系統推薦方案的說明書，以及提供電腦購買成本或電腦租賃的相關成本。

5. 實行新系統的時間行程：

系統分析與設計時也應預測並建議試用及施行新電腦系統的時程。

系統設計人員可參考 Pressman (1987) 建議的系統設計規格書的大綱，循序並逐項編製系統設計工作的成果報告：

(1)系統範疇。

(2)系統功能設計描述。

(3)資料庫設計描述。

(4)使用者介面設計描述。

(5)模組結構圖。

(6)需求設計對照表。

(7)系統測試計畫。

(8)其他議題及附錄。

管理者可依據系統設計規格書，徵召組織內、外的人員及資源以獲取硬體設備、軟體系統、並進行資料轉換，建置資訊系統。

第四節 結 語

本章說明系統分析與系統設計研究的概念。系統分析工作主要在於找出滿足使用者真正的資訊需求，並提出能夠解決問題的建議方案，最後再彙整成系統定義書。系統設計則是根據系統分析結果，進行概念性設計與細節性設計工作，並彙編成系統規格書。也就是說，系統設計工作是根據系統分析工作與可行性評估的結果，設計出系統輸出報表的內容與種類、電腦化系統處理過程及輸入設計等細節。

系統設計時，也同時準備一份系統規格書，提供給電腦供應商做參考評估用。系統規格書包含關於每個符合可行性計畫所需的詳細資訊，比如公司的背景資訊，公司現有的資料處理系統和其問題癥結，詳細的系統設計計畫，包括輸出，處理和輸入的完整規格明細。供應商應該對其提案計畫提供詳細的說明，並為系統實行的時程提出預估與建議。此後，系統開發人員才可據此購置軟硬體，及轉換資料以建置系統，以便進行下一階段的系統上線運行作業。

研討習題

1.試說明系統分析的程序。

2.系統分析的目標有哪些層次？

3.系統分析人員如何收集資料？試分別說明。

4.試說明系統設計的階段與程序。

5.系統規格明細報告書中應有哪些資訊？試說明之。

參考文獻

Edwards, P., *Systems Analysis, Design, and Development with Structured Concepts*, 1985.

Embley, D. W., Kurtz, B. D. & Woodfield, S. N., *Object-Oriented Systems Analysis: A Model-Driven Approach*, Prentice-Hall, Inc., 1992.

Fertuck, L., *Systems Analysis and Design with CASE Tools*, WCB, 1992.

Kendall, P. A., *Introduction to System Analysis and Design: A Structured Approach*, Allyn and Bacon, Inc., 1987.

Moscove, S. A., Simkin, M. G. & Bagranoff, N. A., *Core Concepts of Accounting Information Systems*, John-Wiley, Inc., New York, 1997.

Pressman, R. S., *Software Engineering—A Practitioner's Approach*, 2nd ed., McGraw-Hill, 1987.

Ramalingam, P., *Systems Analysis for Managerial Decisions: A Computer Approach*, 1976.

第八章

系統施行

概　要

資訊系統經過系統設計的階段後，經由程式設計及程式編寫，即可開發完成。然而，唯有將開發完成之資訊系統實際上線運作施行之後，才能發揮系統的預期效益。系統上線運作通常須耗費一段時日才能正常運作，取代舊系統，系統的預期效益才能充分發揮。因而，系統上線運作階段的重點在於：如何能夠有效的將企業組織的日常業務和作業處理，從原有的舊處理方式，轉換成新資訊系統的處理方式。如何在轉換期間維持企業組織的正常運作，是系統上線運作階段最重要的一項考量。本章說明系統上線運作的過程，以及可用的協助決策工具，以便系統建置者及使用者能夠瞭解系統轉換階段期間，各活動應有之規劃及管理，達成實現資訊系統的預期效益目標。

第一節　緒　論

資訊系統的發展及規劃，經過前面兩章所說明的規劃分析及設計等階段的詳盡規劃和設計後，即可委由組織內部的資訊部門人員，或是委託組織外部的合格軟體廠商編寫適用程式，開發電腦化的資料處理系統。開發完成的資訊系統必須經過上線測試並實際運作後，方能貢獻其預期效益。在這階段中，組織要放棄原有的作業方式，並學習使用新資訊系統的作業方式；這整個的轉換過程會耗費一段時間，並且在整個轉換過程中，組織的業務不能停擺。因而，在系統上線運作階段中最重要的必備條件是：維持在系統轉換的這段期間，組織仍有正常處理資料的能力；也就是說在整個轉換期間，對組織的干擾要盡量減到最小程度。所以，管理人員必須瞭解整個轉換過程的活動，以便妥善規劃這段期間的轉換和銜接作業。完成系統轉換及系統上線作業後，維持資訊系統運作的效率及效益，也是必要的後續工作。因而，本章先說明電腦化資訊系統上線運作與最初操作階段所需進行的工作活動，再說明完成系統轉換及系統上線作業後，所需的後續系統維護工作。

第二節　系統上線運作

當資訊系統的開發進入系統上線運作的階段時，先前的系統分析和系統設計階段所建議的各種方案就要實際付諸行動了。為了要讓新資訊系統能夠發揮其預期效益，系統建置人員必須對系統上線的運作過程做適當的規劃和控制。

一般而言，系統上線運作階段主要是進行數個特定的工作活動，以便轉換現有的工作方式到新設計資訊系統的工作方式。這些活動有的必須在其前置活動確定完成後才可以開始進行，而有些活動則是互相獨立，且可以並行作業。此時，唯有符合邏輯地規劃並監控系統上線運作階段的各項活動，否則，常常無法有效率地完成系統上線運作專案的工作。

進行系統上線運作的各項活動時，管理者應該規劃上線運作的時間，並隨時掌握各項活動真正的上線運作時間，以便隨時察覺到上線運作某特定活動時，有無任何延誤的情況。所謂「延誤」，指某項活動的真正的執行時間比預先規劃的時間落後。如果有延誤的情形產生時，管理者需分析這些延誤情況對整個上線運作過程中有什麼影響，管理者甚至可以分派額外的各種資源來趕工，以加速完成被延誤的工作活動。

一般而言，管理者常用要徑法 (critical path method, CPM) 及甘特圖

(gantt chart) 協助規劃並控制系統上線運作專案的工作。

許多管理者使用 CPM 整理並編排新系統上線運作時必須進行的活動順序。使用 CPM 可明確顯示出整個上線運作活動的各個前置和後續活動的邏輯順序，也能同時對每個活動進行時所需要的時間作預估。

一、要徑法的例示與運用

以下舉一個例子說明使用 CPM 規劃並控制系統施行的各項運作過程。CPM 的第一個步驟是列出系統施行過程的各主要活動、前置活動、並預估各活動所需的時間。現以表 8–1 描述系統上線運作時的各個主要活動項目，管理者對每個活動預估的耗費時間，以及每項活動的前置活動項目。本例中的「前置活動」項目是指在某特定活動項目開始之前必須確實完成的工作。

表 8–1 系統施行運作過程的主要活動項目

活動項目	前置活動項目	耗費週數
A：準備實體環境	無	19
B：抉擇系統功能	無	16
C：決定人事	B	2
D：教育訓練	C	4
E：購置硬體	A, B	1
F：決定控制機制	B	7
G：資料轉檔	E, F	6
H：建置軟體	E, F	6
I：系統測試	H	5
J：系統轉換	D, G, I	27

依據表 8–1 的資料，可用圖 8–1 的網路圖來說明系統上線運作活動

的程序。在圖 8–1 中，箭頭符號代表系統上線運作所需進行的活動，在箭頭符號旁標示的數字，表示該活動預估所需耗費的時間。CPM 圖中箭頭符號的長度與活動估計完成的時間不必以比例表示。編號的節點從左邊開始向右邊排列，並以各節點為主排列箭頭符號。各編號節點以內有數字的圓圈來表示。各節點代表一事件；這事件可能是一個要開始執行活動的事件，或是完成某一活動的事件；比如①表示活動開始，③表示完成活動 A 和活動 B，並將進行活動 E，⑧表示活動結束。在圖 8–1 中，值得注意的是圖中有一條虛線箭頭符號。虛線箭頭符號表示這是個虛擬活動 (dummy)，有個邏輯順序要遵行。這個虛擬活動雖然不會耗費任何時間，但是卻明白的顯示在執行活動 E 之前一定要先完成活動 B 的邏輯順序。

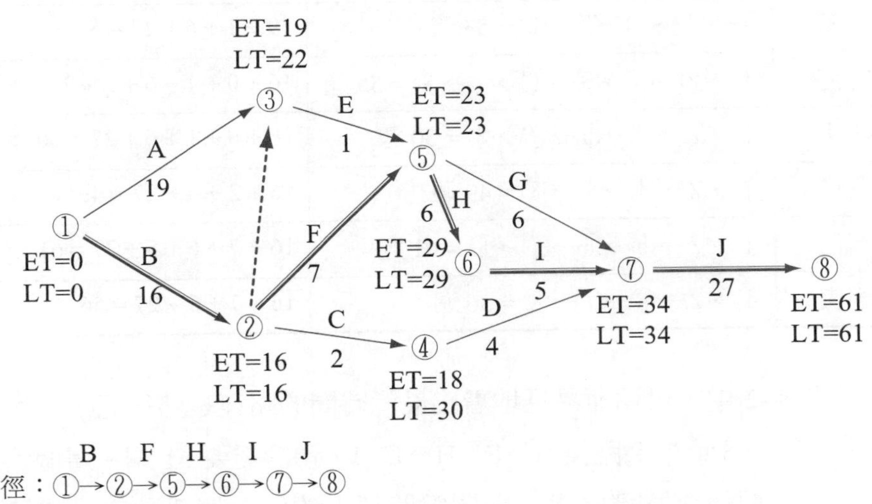

圖 8–1 CPM 網路圖

圖 8–1 中「事件①」是整個上線運作過程的開始。既然 A 活動及 B 活動都沒有任何的前置活動項目，這兩個活動就可以同時在節點①開始。活動 A 完成後，反映在圖 8–1 中的「事件③」。活動 B 完成後，反映在圖 8–1 中的「事件②」。一旦達到節點②，就可以開始進行活動 C 與活動 F。節點④指出：最快完成活動 B 和 C 需要的時間大約是 18 週。

以此方式類推，可在圖上估算所有節點的最早可能到達的時間 (ET)，以及最晚必須到達的時間 (LT)，如圖 8–1 所示。

系統上線運作專案必須要求所有的活動都能被確實的按照邏輯順序執行，因此，圖 8–1 中的每個事件，從事件 1 開始到事件 8 結束的路徑都必須被檢視，以確保有足夠的時間完成每事件。因而，管理者必須密切監督那些預期需要最長時間期限的活動。為了決定 CPM 中最耗時的路徑，每個從事件 1 到事件 8 的路徑所需之估計時間可彙整如表 8–2 之所示：

表 8–2　所有路徑的耗時表

路徑編號	事件及所需時間	計算過程
路徑甲	①→③→⑤→⑥→⑦→⑧ = 58 週	19 + 1 + 6 + 5 + 27 = 58
路徑乙	①→③→⑤→⑦→⑧ = 53 週	19 + 1 + 6 + 27 = 53
路徑丙	①→②→③→⑤→⑥→⑦→⑧ = 55 週	16 + 0 + 1 + 6 + 5 + 27 = 55
路徑丁	①→②→③→⑤→⑦→⑧ = 50 週	16 + 0 + 1 + 6 + 27 = 50
路徑戊	①→②→④→⑦→⑧ = 49 週	16 + 2 + 4 + 27 = 49
路徑己	①→②→⑤→⑥→⑦→⑧ = 61 週	16 + 7 + 6 + 5 + 27 = 61
路徑庚	①→②→⑤→⑦→⑧ = 56 週	16 + 7 + 6 + 27 = 56

從表 8–2 中，可顯而易見地看出最耗時間的路徑是路徑己①→②→⑤→⑥→⑦→⑧或稱為路徑 B→F→H→I→J，預計需要 61 週。這個路徑就是所謂的要徑或關鍵路徑。在關鍵路徑上的每一個活動都是關鍵活動，因為在關鍵路徑上的任何一個活動若有延誤，則整個上線運作專案的完工時程都會耽誤。所以，管理者應該密切監督在關鍵路徑上每一個活動的進行，以免延誤上線運作專案的完工時間。

二、甘特圖 (Gantt Chart)

甘特圖也是管理者常用的工具。甘特圖亦能協助管理者規劃與控制系統上線運作的專案。甘特圖是 1971 年由 Henry L. Gantt 所設計的一種專案管理工具。甘特圖上可以同時顯示出理想的活動進度與真正的活動進度，並可以進一步將實際狀況與規劃的進度相比對，因此甘特圖是規劃及追蹤系統上線運作專案時常用的一項工具。以下用表 8–3 說明系統上線運作活動的甘特圖，以及完成這些活動所需的時間。

表 8–3　系統施行的甘特圖

	1/1/99	2/1/99	3/1/99	4/1/99	5/1/99	6/1/99	7/1/99	8/1/99
A：準備實體環境	XXXX	XXXX	XXXX	XXXX	XXX			
B：抉擇系統功能	XXXX	XXXX	XXXX	XXXX				
C：決定人事					XX			
D：教育訓練					XX	XX		
E：購置硬體								
F：決定控制機制								
G：資料轉檔								
H：建置軟體								
I：系統測試								
J：系統轉換								

在現在的資訊時代中，管理者除了使用上述的 CPM 及甘特圖之外，也常常使用專案管理軟體，協助管理者有效率的管理系統和發展專案。這些專案管理軟體通常將複雜的系統施行專案分解成許多較小和較簡單的工作任務（活動）。管理者估計這些活動所需耗費的時間、成本以及所需的其他資源後，將這些資源需求輸入專案管理軟體中，且說明各任務間的相互關係，比如前置活動等，則專案管理軟體便可計算並作出

建議。專案管理軟體完成計算後，會建議出適當的排程，並且指出哪些是關鍵活動；藉以提醒管理者一旦延誤了這些關鍵活動，就會耽誤整個上線運作專案的完工時間。此外，專案管理軟體也允許管理者執行所謂的若則 (if-then) 分析，或是沙盤演練，以便管理者評估一旦有情況改變，或者某特定系統上線運作的任務發生遲延時，將如何的影響其他任務的完成。

由於表 8–1 所列示的系統施行運作活動是一般常見的系統上線運作主要活動項目。因而以下將說明這些活動的內容和注意事項，以使同學們能夠充分瞭解組織在進行系統上線運作時必須採行的主要活動。

三、系統施行運作的重要活動

以下介紹表 8–1 中所列示的十個主要活動以及注意事項。這十個活動項目的名稱及其前置活動的關係也列示在表 8–1 中。希望幫助讀者在讀完這十個活動的說明後，能有一完整的系統上線運作活動概念。

活動 A：準備實體環境

此活動主要是為組織的電腦系統準備實地的置放及操作環境，也稱為準備實體電腦中心位置的活動。在準備實際電腦實體設備和置放位置時，同時需要考量相關成本。一般說來，在準備實體環境活動時，所增加的額外成本，如空調成本、電線插座設計安裝成本、儲藏資料與電腦程式的儲存媒體、以及家具裝潢等購置成本，都應該列入考量。此外，對於電腦中心的進出控制，應有適當的設計及管制水準，以防止未經授權的人員進入電腦中心或不當使用電腦硬體而造成損失。

活動 B：抉擇系統功能

此活動決定新資訊系統所需要之必備功能。在決定系統需要哪些功能時，管理者需要針對電腦化新系統所造成的工作職能變革，新系統將處理的資料以及輸出的資料種類加以分析。有時，利用電腦輔助運作的自動化資訊系統會取代某些人工的工作，有時也會創造新工作；比如會增加電腦程式設計的工作。新系統也常常變更各種工作的職能，或改變執行工作任務的方式；例如，原本手寫的各項表單，改用新電腦系統後，要先從新系統中的輸入設備輸入資料，經系統處理後，再經輸出設備，列印成表單輸出。

在本活動中，也必須確定各項資訊處理的功能以及相關的輸入及輸出報表格式。分析哪些輸出報表中應包含哪些特定資訊，以及分析那些員工應在何時收到這些報表；這些資訊，有賴於管理者通盤瞭解組織的功能，且能分析釐定員工所需的資訊後，才能確定新系統的處理功能以及預計提供的資訊。

活動 C：決定人事

管理者針對新電腦系統的運作和功能，為因應新系統環境，應設計並訂定各種活動之工作職掌。根據這些工作職掌的描述，管理者應選擇適任的員工或人選負責這些職務，並且設定這些職務的範圍及執行效率。由於企業的運作，基本上是由人員主導，而且實際負責企業資訊系統的日常運作效率的也是人員，解讀資訊系統產生的資訊，並釐定決策或採取行動的也是人員。因此，選用與管理「適任人員」的活動，實在深深的影響著資訊系統的成功或失敗的成效。總之，公司在資訊系統上線運作時，若會有重大變革，則管理者必須審慎考慮這個變革可能改變公司的人事組織，而引發的人事結構改變以及相關的效應。否則新資訊系統很可能被組織成員抵制，而無法成功的上線運作。

活動 D：教育訓練

此活動是為了訓練公司的所有成員練習在新電腦化的系統環境下工作。通常以舉行研討會或教育訓練課程的方式，幫助組織成員體認新電腦化系統所能提供的各種優點，以提昇系統上線運作時的士氣。對於那些職務功能被新系統影響的員工，也可以提供在職進修或參與特定的訓練課程，以提昇其工作效率。訓練活動開始時，在教導公司各員工個別特定的職務功能前，應先說明各個職務對整體組織結構的貢獻。這樣的說明有助於每個員工瞭解他或她對公司營運目標的貢獻，並更加瞭解本身所扮演的角色及其重要性；可讓員工對特定職務功能的意義與重要性有更好的領悟，以便激勵員工能夠更盡心地執行這些工作任務。

活動 E：購置硬體

為新電腦系統準備了實際環境位置並決定新系統的功能後，此活動必須從電腦供應商處取得相關的電腦及通訊設備規格說明書，以便購置適宜的硬體。在安裝方面，可以委請電腦供應商負責安裝新系統的電腦設備，也可由組織內部的資訊部門人員參與各項設備的安裝，以便日後上線時可由組織內部的資訊人員進行簡易的檢查及維修。

活動 F：決定控制機制

此活動是指若依據新系統，有必要的功能變革情形時，必須設計並建立必要的控制程序，以確保資訊系統上線運作的品質。公司的內部控制結構目標是：確保公司所有的資源和資產；藉著檢查各種會計資料的正確性與可靠度，以保護公司的所有資源及資產，並進一步增進公司的作業效率，及加強管理策略的效益。因而，在實務運作時，常將企業組織的稽核活動與相關之例行作業活動分開成兩個獨立的工作職掌以杜絕弊端。在資訊系統上線運作方面設計的控制機制應包括：為新電腦化系統設計而發展出的當機檢查和復原計畫，電腦化系統資料的輸入和輸出控制、處理程序的控制，輸入資料的校訂測試，處理資料的控制總數，輸出資料的形式控制，區域網路 (LAN) 的授權使用者的密碼使用控制、資料加密、檢查點程序、常態的確定程序以及訊息認知程序等的控制程序，也包括處理資料時的「成本一效益」檢查項目。

活動 G：資料轉檔

此活動係將組織現有的資訊或資料檔案轉換在新資訊系統的儲存媒體上。在轉檔過程中，必須仔細的確定在轉換過程中沒有任何錯誤發生。例如，當會計應收帳款明細帳簿要轉變成磁帶上的檔案時，必須確定每個顧客的帳戶號碼以及餘額都正確的轉移到檔案中。而且新建立的客戶主檔，可增添信用額度欄位，以作為將來處理賒銷活動時的基礎。若公司期望各會計資訊主檔間可以高度整合的話，則可以發展出整合會計資料的資料庫系統，將組織內各個使用者所需要的資料合併整合在公司的資料庫中，以供組織內所有的成員都能夠各自從資料庫中取得其所需之資訊。

活動 H：建置軟體

此活動指將系統設計時的資訊系統功能開發成電腦程式軟體。管理者在此活動中，最常面對的問題便是「自製或購買」的爭議 (make or buy decision)。通常，軟體的取得有下列的幾種方式：

1. 完全在企業內自行開發：

由企業內部負責資訊服務的人員與業務單位的人員合作分析、設計並開發企業組織自己需用的軟體系統。

2. 由接受委外資訊服務的軟體公司開發：

企業選擇以專長分工的作法，將自行分析設計的規格委請資訊系統服務的軟體公司為其開發所需的資訊系統軟體。

3. 專案委託軟體公司開發軟體：

企業專案委請專業軟體公司分析、設計並開發企業訂製的應用軟體系統。

4. 專案委託軟體公司開發系統整合方案：

此一方式和第 3 項方式非常類似，不過，此方式強調的整合解決方案包含軟、硬體以及通訊設備。軟體部分可能已經有現成的模組，須要加以搭配組合。重點在於軟、硬、通訊三方面構成的「解決方案」而不只限於軟體。

5.購買現成的套裝軟體：

直接從市面上購買現成的套裝軟體系統，在輸入企業的內部資料後，即可上線運作。

6.修改現成的套裝軟體：

若市面上所有的現成套裝軟體都無法完全符合企業的資訊需求時，組織成員也可購買最接近其資訊需求的套裝軟體後，再自行或委外增修部分系統功能後上線運作。

7.購買啟鑰式系統 (turn-key system)：

此方式是將整套的軟、硬體系統組合一起購買使用。在此解決方案下，只要使用者買了系統，即可開動使用了。

這些方案中的前三項是「自製」的一般可能方案；其餘是「購買」的一般可能方案。在比較「自製」或稱「自行發展軟體」與「購買」或「從獨立供應商獲得軟體」的優、缺點時，可以很容易的指出「自製」的最重要優點是：從軟體一開始發展時，就符合公司自己的資料處理需求；而獨立供應商所提供的軟體，如存貨管理軟體，通常是為大眾市場所編寫的，常常需要一些修正以符合公司特有的資料處理需求。在「自製」或「購買」的爭議考量上，除了功能性需求外，資訊系統的時效性、資源的限制性等，也都必須納入決策之考量因素。若需要的軟體系統有相當程度的機密性或策略性，就必須考慮自行開發的可能性。

由於大部分的會計資訊系統作業，都必須遵循一般公認且接受的會計假設及會計原則來處理會計資訊，因此不少企業都採取從獨立供應商購買會計軟體的方案。選購會計軟體要相當細心規劃並仔細分辨適合程度，因若選中的會計應用軟體無法符合公司需求，或者公司的會計人員沒有恰當的訓練，無法操作該軟體的話，公司可能因此損失許多的金錢和時間。因而，若企業組織選擇了從獨立供應商取得軟體的方案時，則在軟體系統的選擇上，必須考量下述的條件：產品的功能是否配合公司本身的資訊處理需求，所需的軟硬體資源，使用者彈性，產品的易用性，產品的易維護性，廠商的持續競爭能力，廠商的技術能力、信譽和對特定應用系統市場之投入，廠商的售後服務能力及政策，價格與維護費用，系統文件之完整性，教育訓練方案，以及系統的總轉換成本等。實務上，在選擇欲購買的會計軟體系統時，會面臨到市場上大量的獨立供應商所提供的許多不同特徵之會計軟體系統，尤其是使用在微電腦上的會計應用軟體；此時，評估各個軟體是否適用於組織的作業環境，是一件非常重要的工作。通常在考量不同的軟體系統時，可以分成下列項目加以評分並排序：

⑴軟體是否提供所有必要功能？提供的功能愈多者，評分愈高。

⑵軟體所需之修改幅度大小？需修改幅度愈小者，評分愈高。

⑶軟體所內建之安全控制機制？內建安全機制愈多者，評分愈高。

⑷軟體執行時之速度、正確性及可靠性？執行速度、正確性及可靠性愈高者，評分愈高。

⑸軟體所附之系統文件是否完善？系統文件愈完善者，評分愈高。

⑹軟體系統是否友善易用？愈友善易用者，評分愈高。

⑺軟體系統與公司現有資訊系統之相容性？相容性愈高者，評分愈高。

⑻軟體系統是否有足夠的品質保證及售後服務？品質保證及售後服務愈多者，評分愈高。

⑼軟體系統是否提供試用期？有提供試用期或試用期較長者，評分愈高。

⑽軟體系統可否以合理成本維護及更新？維護及更新成本愈低者，評分愈高。

活動Ⅰ：系統測試

此活動是指開發的程式在被正式的使用在組織的日常業務之前，必須先充分的測試，以確保所有資訊處理過程的正確性與邏輯性。在電腦程式上找出錯誤並加以改正的活動叫做除錯。測試新電腦化系統之電腦程式是否正確無誤的技巧有「交易處理測試」和「容忍度測試」，這兩個測試都是常用的電腦系統處理測試。交易處理測試的目的是為了評估電腦程式是否依照應有的方式運作。通常測試交易處理所使用的技巧是：使用假設的交易資料和假設的檔案記錄。在容忍度測試中，由系統使用者訂定一個容忍度標準，再以電腦程式執行一些真實的交易測試與檔案記錄的測試，由使用者審查測試的結果並且決定這個程式是否可以接受。

活動 J：系統轉換

此活動是指：所有前述的系統上線運作活動都已完成後，將新電腦化系統正式上線運作，正式承接組織的資訊處理功能。在系統轉換階段，大部分公司都會採取較漸進的方式將新系統上線運作；通常採用平行轉換方式將日常的處理活動導入新系統的作業系統中。使用平行轉換方法時，在某段時間內，新舊系統兩者都平行地在組織中作業。因而，企業組織全部的交易處理活動都有兩個系統在獨立操作，再比較兩個系統所產生的結果，並且調節其中的差異。當新系統持續被更正到無誤的情況時，舊系統即可廢除了。換句話說，當管理者對新系統的作業功能感到滿意時，這個系統在執行公司資料處理的活動上就可以完全取代舊系統。平行轉換的主要優點是可保護公司的資料，不會因新系統中可能有失誤而流失。因為在平行轉換期間，舊系統仍然保持運作，即使新系統發生了處理失誤，舊系統仍可繼續正確地處理公司的資料。大部分的會計系統的上線運作都會採用平行轉換的方法。平行轉換法最明顯以及最大的缺點就是成本花費大，因為在整個平行轉換期間，每項會計交易都由新舊兩個系統處理，公司設備、資源、人員與工作量都必須雙重的投入。

與平行轉換法相對的是直接轉換。在直接轉換法下，當新系統上線運作時，舊系統就立刻被中止。相對而言，直接轉換法是一種較便宜的系統上線運作途徑。通常在下列兩種情況下會採用直接轉換法：(1)舊系統有太多的缺點，無參考價值，以致於採用平行轉換法毫無意義；(2)新系統的設計與舊系統完全不同，因此兩系統間的比較是無意義的。

第三節　系統運作後續維護

資訊系統一旦上線運作之後，管理者應該評估耗費不少資源建置的資訊系統是否能達成其預定的目標。一般說來，資訊系統至少應對組織的三種層次目標有所貢獻：(1)一般系統目標；(2)高階管理目標，以及(3)作業管理目標。所謂一般系統目標，係指資訊系統必須在合理的成本範圍內，將組織的各項資訊需求以最有效率的方式滿足之。所謂高階管理目標，是指資訊系統須滿足組織中高階主管的資訊需求。所謂作業管理目標，是指資訊系統須有效率的滿足組織的各個作業階層或中階主管之資訊需求。當資訊系統無法達成這三種層次中的任何一個或多個目標時，就必須針對資訊系統的問題加以檢修維護，以確保資訊系統的品質。

即使新資訊系統在剛開始上線運作時滿足了上述的目標，然而，經過了一段時間後，很可能因為公司的環境有所變遷，而遭遇到新的問題；比如：因為日漸激烈的競爭壓力，或政府頒佈了新法令，或者是高階管理人員的資訊需求改變等因素，使得新系統有修正的必要。所以，在資訊系統運作了一段時期後，管理者就應該定期的對資訊系統在組織的三層次目標的貢獻上再加以評估。

一般來說，管理者在資訊系統上線運作後，可進行後續的檢視活動，以評估資訊系統的效益。所謂的後續檢視活動可包含下述的活動：

(1)調查高階管理人員以及作業管理人員對資訊系統所提供的輸出報表是否滿意，是否報表的內容與報表的適時性都能滿足他們的要求。

⑵與網路的使用者討論，以確定他們對於資訊系統所提供的存取服務是否滿意。

⑶評估系統的控制機制，並鑑定所設計的控制機制是否能夠恰當的運作。

⑷觀察員工的工作績效，以便判定員工是否能在資訊系統的輔助下可以有效率且有效能的執行被指派的工作。

⑸評估電腦處理功能是否能夠有效率和有效能的執行組織中的各項資訊需求。

管理者在資訊系統上線運作後，進行後續檢視活動並評估資訊系統的效益所產生的報告就是所謂的後續檢視報告，也稱為上線運作檢視報告。本質上，後續檢視報告整體的評估了系統建置人員在系統上線運作階段所進行的工作成果。如有必要，後續檢視報告也可指出針對資訊系統的改進或後續發展方向的建議。

如果管理者的後續檢視報告，顯示在新上線運作的系統中確有問題存在，管理者即應提出資訊系統的修訂需求，將系統發展生命週期再次導入系統規劃分析設計等階段，以期資訊系統的發展能夠真正滿足組織的資訊需求。

總而言之，系統的後續維護工作就是對資訊處理系統的活動作定期檢視，以便審查這些資訊處理系統的活動是否符合組織資訊需求的效率與效能。系統維護與修訂其實是後續檢視的延伸，因為後續檢視發現的問題必須靠修訂系統或修正程式失誤的方式，才能將系統的目標達成。因為組織通常都有變化多端的資訊需求，持續的系統的後續檢視及修訂才能充分發揮系統功能，所以系統的後續維護工作是相當重要的工作。有研究顯示，在典型的資訊系統發展生命週期中，花費在系統發展與轉換期間的工作時間大約只有百分之二十到三十，花費在維護資訊系統的工作時間大約要百分之七十到八十，而大部分維護的成本是花在軟體修改與更新方面。

當系統經過合宜的後續檢視後，發現系統有修訂的必要或需要另開發新系統時，若這些後續維護工作超過組織內部人員的工作負擔時，則可考慮委外服務。所謂委外服務，是指公司將需要的資料處理服務委託組織的外部人員，以專長分工的方式，提供所有或部分的服務。組織的資料處理工作可以委外服務的範圍相當廣泛，可以只委託單一的應用程式，比如薪資系統的開發或執行，也可以擴展到組織的整體資訊系統。對於組織而言，委外服務可以有下列優點：1.採用委外服務可使企業組織得到專長分工的效益；2.委外服務可以有效率的應用資產；3.委外服務可以產生出符合經濟規模的低成本效益和4.委外服務可以幫助組織規模精簡化。各項說明如下：

1.採用委外服務可使企業組織得到專長分工的效益：

委外服務可以讓組織將資源妥善的分配到擅長的領域，以取得其他企業組織無法取代的競爭優勢。因此，委外服務不僅僅是一種建置資訊系統的解決方案，更是一項吸引人的資源重新分配的解決方案。舉例來說，在1989年間，柯達公司的管理者認為公司應該集中全力發展其最擅長的業務，比如銷售軟片和相機等的相關業務，因而，自1989年起，柯達公司的資料處理工作便交給三家委外服務的公司處理。這項委外服務的決策結果相當驚人，柯達公司有關電腦的資本支出下降了百分之九十，作業費用減少了百分之十到二十；更有甚者，在與三家組織協定委外服務的十年期間，柯達計畫每年在資訊系統上的花費大約可節省一億三千萬美元，創造了所謂的「柯達效應」。

2.委外服務可以有效率的應用資產：

由於資訊技術不斷的發展與更新，企業組織在資訊系統上投資了數百萬資金後，為了保有最新的資訊技術，仍需不斷的投入巨額資金，以保持其資訊技術能追隨著最新的潮流。若公司想保持資訊科技的優勢競爭力，但不想持續的對資訊系統投入巨額資金時，公司可以嘗試資訊系統委外服務，將節省自資訊技術更新的資金用於其他方面，使得各項資產的使用更有效率。

3.委外服務可以產生出符合經濟規模的低成本效益：

若多數組織的資訊系統都交由委外服務，則承受委外服務的企業組織可以達到經濟規模。這種經濟規模包括以批發價格購買硬體，將使用者的應用程式統一標準化，並分享專家級服務的開發經驗。

4.委外服務可以幫助組織規模精簡化：

委外服務可使公司不需設置資訊部門，而仍可享受到各項資訊服務，因此對公司組織規模的精簡化相當有利。

然而，使用委外服務也有一些潛在的缺點，如：1.彈性不足；2.喪失主控制權和3.降低競爭優勢的危機。說明如下：

1.彈性不足：

典型的委外服務合約需要公司投入一定的期間和資源，有的委外合約甚至長達十年。如果公司在合約期間面臨到環境變遷時，無法片面中止委外合約，必須合約雙方協商同意後，才能進行合約的中止或修訂合約。

2.喪失主控制權：

若資料處理工作大部分都由委外服務組織執行時，公司本身便喪失了對資訊系統的主控制權。為了避免資料處理工作委外後，可能發生公司資料被濫用的風險或處理資料時，發生錯誤或有違規可能性的風險，組織應該謹慎選擇委外服務的供應商，更要在簽訂契約時，明定雙方的權利和義務範圍。

3.降低競爭優勢的危機：

如果使用委外服務的組織對本身資訊系統的需求，以及如何運用系統提供競爭優勢的能力，都要依賴外部專家的話，必影響組織創造競爭優勢的能力。企業組織的資訊系統應該隨著組織的發展，不斷的進化並持續的改進，以藉此增進公司的競爭優勢。若委外服務組織承接公司的資訊系統作業，這種創造優勢的機會比較不易發生。

總之，委外服務有利有弊，不一定每個組織或每個資訊系統都適合。在實際的應用上，已經有許多使用資訊系統委外服務的公司對結果相當滿意。這些滿意公司的管理者大多數在採用委外服務之前，已經通盤分析了委外服務的優點與缺點，並在控制成本的情況下將委外的優點盡量發揮。在這些委外服務成功的經驗中，大多數是委託一些有關外部資料的蒐集，或者幫助組織處理一些非機密性的資訊處理工作，這些經驗值得我們參考和重視。

第四節 結 語

基本上，系統上線運作是一個包含許多活動的專案計畫。規劃與控制這個專案計畫的工具有 CPM 網路圖或甘特圖及一些專案管理軟體。經由這些工具的輔助，管理者對於新系統的上線運作可以更具效率。為避免上線運作新系統時發生遲延，管理者更要緊密的監督主要關鍵活動之成效。

一般組織在資訊系統上線運作時，往往必須進行許多不同的活動。其間主要的活動可簡述如下：首先，必須為新電腦系統準備實際置放及操作的環境，管理者同時必須決定哪種功能是新資訊系統所必需有的。之後，便可以開始選擇、指派和訓練人員。人員因素特別重要，因為人員對新系統的成功或失敗，常具有決定性的影響。再來的系統上線運作活動則有：取得並安裝電腦設備，建立控制機制，轉換資料檔案到新電腦儲存媒體上，取得並測試電腦程式，以及測試新系統的作業能力。

新系統能夠上線運作後，應該進行後續工作以評估是否新上線運作的系統可以解決先前系統的問題，並且對公司的目標可有實際的正面貢獻。在新系統運作一段時期後，管理者需要定期評估系統是否能繼續達成其預定目標的效率。假設在後續檢視報告中指出資訊系統無法解決先前的系統問題，甚或可能製造新問題時，就需要進行進一步的系統修訂與維護程序以改善問題。

研討習題

1.資訊系統上線運作常發生哪些問題？

2.系統上線運作階段有哪些活動？

3.試說明系統上線運作階段時常用的規劃工具有哪些。

4.試比較系統取得的各種方式之利弊。

5.試說明系統轉換的方法有哪些。哪一種方法最為普遍？為什麼？

Edwards, P., *Systems Analysis, Design, and Development with Structured Concepts*, 1985.

Kendall, P. A., *Introduction to System Analysis and Design: A Structured Approach*, Allyn and Bacon, Inc., 1987.

Moscove, S. A., Simkin, M. G. & Bagranoff, N. A., *Core Concepts of Accounting Information Systems*, John-Wiley, Inc., New York, 1997.

Ramalingam, P., *Systems Analysis for Managerial Decisions: A Computer Approach*, 1976.

宋鎧等人，《管理資訊系統》，華泰書局，1997。

第九章

資訊與知識處理系統

概　要

組織內成員的工作可以概分為例行業務處理工作與組織策略規劃管理工作兩大類。資訊系統最早被應用於提昇例行業務處理工作的效率；隨著電腦硬體技術和軟體設計等科技的日進千里，資訊系統已經從支援例行業務為主的資訊處理任務，進展到支援策略規劃管理工作的決策資訊支援了。本章將說明以支援組織策略規劃的管理工作為主的專家系統與決策支援系統概念。

第一節　緒　論

前幾章大部分說明作業管理層級的例行交易處理系統的概念及範例。然而，隨著電腦硬體技術和軟體設計等資訊科技與通訊科技的進展，資訊系統已經能夠從處理交易資料為主的資訊處理系統，擴展到支援組織策略規劃的管理工作系統。這些支援組織策略規劃的管理系統往往需要處理各類組織內外的資訊，並將之萃取成知識分享給組織中相關的管理人員作為決策依據。在本章中，將介紹在實務中常用的專家系統和決策支援系統。

所謂專家系統係指使用推理技術、學習、協助訓練及協助決策制定者的資訊系統，有的專家系統還被發展出可取代人員做決策。決策支援系統主要是運用一些管理科學所發展出的數量方法模式，以幫助管理者作一些沙盤演練或是若則 (if-then) 分析，以輔助管理者提昇決策績效。這些系統有些已經在組織中使用多年，未來可發展的專家系統和決策支援系統也可能隨著資訊技術的進步，而有更大幅度的增加。

第二節　資訊與知識處理

隨著行政院之「知識經濟方案」的提出，各企業組織無不重視知識資源對其營運發展的影響。各組織主管更是積極推動組織內部有關知識資源的研發、取得、組織與應用等工作；期能在知識經濟時代，確切掌握加值的資訊或知識，以幫助組織取得競爭利基。然而，真正能夠幫助組織取得競爭利基的資訊，必須是能夠幫助主管在作決策分析時「見人之所未見」的資訊。換句話說，真正有價值的資訊是已經適當處理過且對管理者有益的知識。不論是組織的外部資訊，或是組織中已經耗費了大量資源投入而建置的資訊系統或資料庫中的資訊，都是萃取成能夠輔助主管作決策分析資訊的最佳資料來源。

雖然從學術的觀點來看，從 1950 年代起，組織開始利用電腦，幫助組織內部各功能單位如會計、生產、行銷、研發等部門處理資料，發展進步到企業資源系統。組織電腦化的資訊管理歷程，已經從重視內部過去的歷史交易資料處理和應用的電子資料處理階段，進步跨越到管理階層資訊支援的管理資訊系統與決策分析支援的階段。然而，在實務應用上，隨著組織一天天的經營成長及規模的擴大，每天要處理的內部交易資料量也與日俱增；舉凡產品資料的建檔、客戶資料檔案、內部人事資料檔案、各項財務報表及各項研發成果報告等交易事件資料，皆日積月累在組織中成為大量的資料庫。若不能針對管理者的特定需求開發主管資訊系統供其使用，而只是要求管理者分享這些交易處理系統的功能時，則管理者在作決策分析時，常常面臨「交易資料豐富、決策資訊卻不足」的窘境。甚至管理者有時為了充分掌握決策依據，可能為了產生一張決策相關的報表花了許多的時間蒐集、分析及彙整相關資料，再辛辛苦苦地將所蒐集到的資料轉化成有用的決策資訊後，其最佳的決策時機早已時過境遷了。

因此，不少企業組織應用專家系統與決策支援系統，幫助管理者善用資訊科技與通訊科技的輔助功能，有效率地發揮其決策支援效益，以避免管理者在決策分析資訊需求時面臨上述的窘境。管理者只要應用資訊系統提供的分析結果或建議等各項資訊，據此做出決定即可，可以節省很多資料搜尋或計算的時間，可以執行許多更重要的組織營運規劃等管理工作，提昇組織經營效率，創造更多的組織價值。這些都是應用資訊科技幫助管理者將資料萃取成資訊及知識的預期效益。

組織可以 Anthony 的模式來區分為三個管理層級，可以圖 9–1 來說明這三個階層的內涵與關係：策略性決策、戰術性決策，以及作業決策。通常，每一個階層承襲上一個階層的決策來制定決策，而且每一階層都制定不同的決策類型。

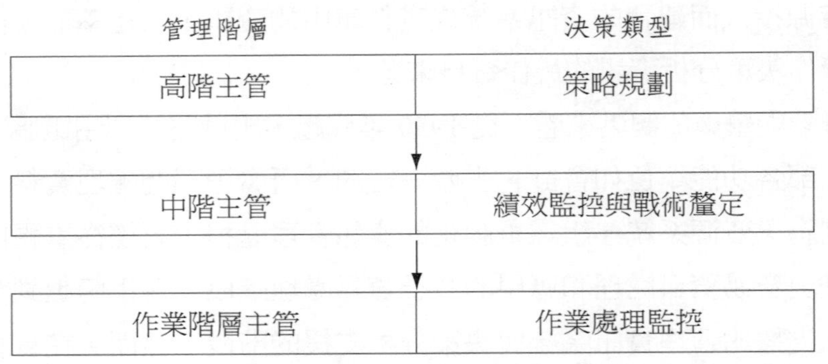

圖 9–1 組織管理階層與決策類型

通常，高階管理者制定策略性決策。所謂策略性決策是指有關企業長期發展方向的決策。這類型的決策計畫大都範圍廣且時間長，且常需要大量資源的投入與支持。比如建立一座新工廠，組織將與其他企業合併，或者組織將採用多角化經營方向等的決策都是策略性決策。也就是說：策略性決策常決定企業組織的未來發展方向，也常常是組織生存或成敗的關鍵。

中階管理者必須將高階主管所釐定的策略性決策轉換成戰術性行動

並管理監控行動的成效。亦即戰術性決策就是將公司的長期性策略計畫轉換成年度型的特定計畫與行動方案。一般而言，常見的戰術性行動或戰略性決策的例子如下：

⑴組織應該把新工廠蓋在哪裡？如何籌措資金以進行建造工程？

⑵下一年度應該實行什麼步驟，以便增進生產效率？

⑶特定產品應該在組織內部自行生產或是從組織外部供應商處購買？

企業組織的戰術性規劃決策通常比長期策略性規劃更重視各階段、較短期性的問題。戰術性決策必須具體可行，因為戰術需要化為行動才能有所成效。而且這些行動的作業績效也賴中階主管的評估與修正，方能達成預期效益。

作業階層主管則是負責行動方案的執行與監控，屬於例行性與結構化程度高的組織決策。一般作業控制決策的例子有：

⑴應該在生產系統中實行什麼變革以降低特定缺貨原料的使用率？

⑵如何改進生產作業中低落的勞動生產力？

⑶哪些員工應該接受再訓練？以使其確實負擔起新設計的電腦化系統中不同的工作職務？

由於這三個管理層級的決策類別不同，也需要不同種類的資訊系統來支援並滿足不同的決策類別。以下將說明組織中資訊系統的層級，圖 9-2 說明資訊系統的三個層級。第一層是交易處理系統，主要職責是處理資料。第二層是管理資訊系統，主要職責是資訊處理。第三層是知識處理系統，主要職責是將交易資料轉換成有用的資訊後，再匯集成組織的知識資源。

大部分早期的會計資訊系統都是屬於交易處理系統。事實上，早期應用在企業組織內的電腦系統多偏重在交易資料的處理方面。正如前面幾章節所言，交易處理系統所需處理的交易資料，容量多且繁複，而處理程序則多為固定且重複的程序。這些交易事件若仰賴電腦執行，常有立竿見影的成效。比如，薪資資訊系統可為組織內所有的員工計算工

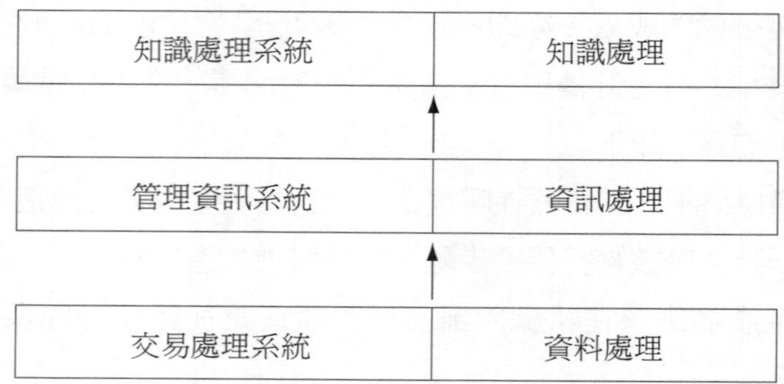

圖 9–2　組織的資訊系統層級

時、扣繳稅額、淨薪資及印發薪資報告等，這些繁複的工作，可以在電腦系統中用極短的時間，又正確又詳細的計算並列印結果，免去了大量人工計算的負擔。這類資料處理工作在會計日常業務上的應用成績卓越。然而，這些可以事先釐定處理程序的交易處理系統無法彈性的支援管理者臨時需要的彙總報表資訊，或者提供高階主管有關管理決策分析需求的資料。

第二層是管理資訊系統，主要負責資訊的處理。這個層級提供管理規劃與控制使用的各種常態性或非常態性資訊。以規劃與控制為目標的資訊系統常常需要提供給組織整合性的資訊。因此，資料庫的建立與應用是這個層級常見的可行方案。

第三層是知識處理系統。由於目前軟硬體資訊技術的進步發展，使得運用資訊科技來輔助知識處理的工作能夠實現。比如，專家系統的知識庫可以幫助組織在低廉的成本水準下，大量的複製與應用珍貴的組織知識。

第三節　人工智慧

人工智慧 (artificial intelligence, AI) 是電腦科學的一門分支，專注於研究電腦「思考」的研發方向。其實 AI 觀念並不新穎，早在 1956 年時，在美國達特毛斯大學舉行的會議中就已經將此觀念列入討論議題中了。當時的科學家們發起這項會議探討並研發電腦機器究竟能不能夠思考？一直到今天，這仍是個爭議性的問題。

歷經多年的努力，人工智慧的研究已經逐漸發展成型，許多大學、政府機構與私人企業都已經成立 AI 研究中心。其中，美國國防部對 AI 研究特別有興趣，早在 1958 年就已經成立國防先進研究計畫局 (Defense Advanced Research Projects Agency, DARPA)，負責高科技領域的財務研究。這個機構對人工智慧的進步有顯著的貢獻。

AI 的種類包括：機器人學，視覺與語音辨識，自然語言處理，神經網路，以及專家系統。

機器人學是機器人技術的研究及應用。不同於簡單而機械式的機器人，電腦式的機器人可用程式控制。這使得機器人可以取代人工進行一些較固定類型的處理程序的工作，或者負責較具危險性的工作。由於機器人不會感到疲勞，也非常適合在變動的環境狀況下工作，比如，以機器人執行焊接不同車種的零件，或者在核能電廠中搬運放射性的燃料棒等工作。

視覺與語音辨識系統主要在於使電腦能夠像人類一樣，具備「看」與「聽」的能力。自然語言處理主要是讓電腦能夠瞭解或是直接輸出類似日常英語等人類使用的自然語言。

神經網路是一種特定的電腦程式，這個名稱是由於電腦程式，參考人腦思考的複雜結構模式，集合相互連結的通路，計算出可能結果。神經網路從人類過去的經驗中學習如何解決問題，並且將這種學習應用在預測上。就某方面而言，神經網路與複雜的統計技術有類似的功能，允許使用者以歷史性的記錄分析為基礎來預測事件。神經網路運作的方式雖然很像統計技術，但是神經網路會「學習」，並依照每個新事件的集合為基礎再加以調整。

神經網路是由樣本資料來進行訓練，而不是程式設計。一組資料被交付給予神經網路系統以便研究出結果。神經網路非常適合使用過去記錄的集合來預測結果的應用。神經網路也可以應用在許多牽涉到風險評估和財務預測的應用軟體；比如，金融機構可以使用神經網路系統評估各項貸款申請案件的風險。詐欺偵測也是神經網路系統可被大量應用的另一個領域，因為詐欺行為或者資料操弄都有一般性的行為模式，可被神經網路系統偵測出來。

第四節　專家系統

人工智慧軟體運用在企業與管理上最多的是專家系統。為了能夠更進一步的解釋專家系統以及其運作原理，以下依序說明其定義、特點、以及組成要素，並描述可應用在會計資訊系統上的專家系統，其相關的利益與風險。

一、專家系統的定義

簡單的說，專家系統可以被定義為：是一套運用事實、知識與推理技術的軟體程式系統，以解決需要運用到人類專家的能力才能解決的問題。以下說明專家系統的特性與組成成分，以增加讀者對專家系統內涵的明瞭。

二、專家系統的特性

專家系統有幾項特性使得它們與其他類型的資訊處理系統不同。這些特性是專家系統能夠：1.做出專業的決策；2.理性推論；3.解釋程序的合理性；4.學習；以及 5.容忍不確定性。

1.做出專業的決策：

雖然，專家系統的主要目標是制定專家級的決策，但是，這並不表示若有一套專家系統就不再需要人工專家了。專家系統確實可以建議出一個符合專家級的特定行動方向。當然，如果系統扮演顧問的角色，則專家系統的建議可能被認為是主要的參考依據。當無法獲得人類專家的意見時，則專家系統可以作為制定決策的替代方案。

2.理性推論：

專家系統使用理性推論（或稱推論技術），而非直接的數學計算。專家系統模擬一位專家在解決問題上的邏輯思考步驟與方式。可以棋賽來說明理性推論如何運作。在棋賽中，各棋子可能移動的位置幾乎是無限的。人類棋手並不會每次都考慮所有可能移動的位置，只是使用理性或使用經驗法則，去除不可能的步驟並減少無意義的選擇。專家系統以「若一則」(if-then) 規則或是結構網路寫成相似的程式，以便用這種方式思考。在會計作業方面使用「若一則」(if-then) 規則的例子如下：

⑴如果一項特定的會計項目代表一種為公司擁有的經濟資源，那麼它便是一項資產。

⑵如果一項資產項目在一年或更短的期限內可以變現的話，那麼這便是一項流動資產。

⑶如果會計應收帳款是一項公司擁有的經濟資源，而且可以在一年或更短的期限內變現的話，那麼它就是一項流動資產。

這些「若一則」規則叫做生產規則 (production rules)，被廣泛的使用在專家系統中表示人類專家的經驗法則的產生過程，或者是其他推理程序的依據。

3.解釋程序的合理性：

一般的交易處理系統通常依照事先設計好的邏輯途徑處理，若有人請求解釋其處理邏輯時，這些交易處理系統絕大部分無法重新回溯其邏輯途徑而進行解釋的說明。相反地，專家系統可以重新回溯其對每個結論的邏輯推演途徑來說明它們應用 (triggered) 的規則。專家系統能夠利用螢幕顯示的方式或是列印的方式，向使用者說明整個推演邏輯。因此，在專家系統運作期間的任何時刻，使用者都能夠詢問系統問題，在系統建議結論時，使用者也可以詢問系統如何做成結論的。

在實務運作時，專家系統的這種解釋能力使得專家系統在教育訓練的用途上特別有價值，因為使用者可以藉著使用專家系統的方式培育出專家級的知識水準。此外，由於使用者可以在想要挑戰系統的建議時，隨時挑戰專家系統的推論邏輯，並且要求系統解釋它的推理依據，因而可提昇使用者對於專家系統的信任程度。

4.學習：

專家系統不只具有彈性，專家系統也是可被教導 (taught) 的；也就是說，專家系統也可以自我學習。專家的判斷建置於系統中之後，系統能夠從新的資訊中學習，而不需要使用者每次再直接增添輸入專家知識。這意謂著專家系統的開發必須要易於補充和修正，專家系統也要具有從新資訊中學習的能力。例如，一套提供汽車技師建議的專家系統，應該要能夠判斷出一部故障車子的症狀及其病因。如果這個專家系統的判斷錯誤，專家系統的使用者應該讓系統知道它所犯的錯誤，如此，這個專家系統才能夠依據它自己誤判的資訊，修正系統的推論規則，以避免再犯相同的錯誤。透過這種修正的方式，專家系統可以「學習」。

5.容忍不確定性：

專家系統的最後一個特性是它們具有處理不確定性問題的能力。與專家系統一起工作的使用者或許無法知道系統所詢問的各個問題的確切答案，但是使用者可隨機猜個答案；許多專家系統也因此建構了一些指定機率或是以確定因子 (certainty factor) 的方式來處理不確定性的資料。比如，專家系統會要求使用者輸入一估計的機率值，或許是確定某特定被查核的客戶有適當的現金內控的機率。使用者可以從 0%～100% 中選出確定因子程度，交由專家系統去考慮。

三、專家系統的組成要素

通常專家系統中有五個主要的組成要素。分別是 1.與專家系統互動的人員；2.專業領域資料庫；3.知識資料庫；4.推論引擎；以及 5.使用者界面。

1.與專家系統互動的人員：

即是專家系統的使用者、專家和知識工程師。使用者和系統溝通是為瞭解決問題。使用者提供事實給專業領域資料庫，並且經由使用者界面得知推論引擎獲得的結論。通常系統會讓使用者詢問問題並推理事實，使用者可以問「為什麼」系統需要特定的資料或者系統「如何」做出推論的。

專家的知識與經驗是專家系統的基礎來源，專家可能是一個人也可能是一群人。專家系統必須獲取專家們制定決策的知識或規則，才會是個有效率的系統。通常，專家們無法確切的說明其知識法則是什麼，他們常說只是憑經驗或直覺反應，而使用某個方法解決問題；因而需要知識工程師擷取專家們的經驗法則。

知識工程師的主要職責是擷取專家們的知識及經驗法則，並建立在系統內。知識工程師「找出」或擷取了專家的知識後，使用電腦程式語法與語意將這些法則建構在專家系統內。知識工程師除了要詢問專家們許多問題，以便擷取知識法則外，有時候需要用錄影機拍攝專家實際在解決問題的整個過程，有時還需要有豐富的創意，才能擷取到適用的知識法則。因而，知識和經驗的擷取是發展專家系統中最困難的一項工作。知識工程師所擷取的知識，可分別建置於兩個資料庫中。這兩個資料庫是專業領域資料庫和知識資料庫。

2.專業領域資料庫：

有關某特定專業領域或事件的所有相關的事實都包含在此資料庫內。比如執行審計職務的專家系統內，其專業領域資料庫應有公司所有有關財務狀況的資訊，如會計科目表、日記簿、試算表、以及各種財務報表等。

3.知識資料庫：

包含所有的知識規則，會指出下一步驟該如何做。比如執行審計職務的專家系統內的知識資料庫內，應建置依據審計準則制定出的查帳規則。專家系統還應建置規則的次序，以指示系統適用規則的順序。有些專家系統所設計的知識資料庫包含了上述之專業領域資料庫和一般知識資料庫。

4.推論引擎：

專家系統的資料庫要經過推論引擎才能決定應用哪個規則，以及運用規則的次序。因而，專家系統要靠推論引擎才能運作。推論引擎使用知識和規則，推論出新知識，並提供結論。推論引擎常用的推論方法有兩種：往前推論和向後推論。

往前推論係從問題開始，搜尋適當知識和規則，並逐步推論，直到得出結論為止。棋賽是一種很好的往前推論的例子。如果汽車修護的專家系統，一開始先詢問在哪個系統發生問題了？在使用者選出了電機部分後，專家系統又詢問在電機部分中有問題的是發動引擎？燈？電池？風扇？音響？等使用者回答後，系統再進一步詢問更細部的問題，一直到找出實際問題所在，並提出建議如何進行修護這個過程也是往前推論的應用。往前推論無法一開始就預測最後的結果，但是可以在適當的情況下，應用適當的規則以解決問題。

向後推論係從最後的結論開始，往前回溯一些規則和知識，以推論是否可得到該結論。如何從迷宮中找到出口的過程與向後推論很像。從結論往前回溯到問題的開始常比往前推論要容易一些。比如汽車修護的問題，若一開始就指出是音響不響了，專家系統可能建議先檢查保險絲，若保險絲沒問題，專家系統可能再建議檢查電路系統等。

5.使用者界面：

提供友善的界面（如使用觸摸式的螢幕），可讓使用者輸入資料、詢問問題或回答問題。方便使用者輸入並提供解釋功能，可讓使用者查詢專家系統的推理過程，或顯示其推論邏輯。

四、評估專家系統

任何的科技系統，都應評估其預期效益與成本。組織要採用專家系統時，也應該經過成本效益的評估。只有瞭解其預期效益與成本後，才能在抉擇是否使用專家系統，或應該選用哪個專家系統時，有適宜的評估依據。

人類專家的特定領域之專業知識被數位化後，儲存在專家系統的知識庫中，供各種決策人員使用。所以發展專家系統技術及應用的最大效益，應該是使得專業知識在組織中的傳承及運用較為容易。以前的專業知識常面臨人員調職、離職、退休、或升遷等人事因素而失傳，現在則可藉專家系統的技術應用，將專業知識保存在組織之內。此外，由於數位化的知識庫容易擴充、複製，因此更可以使專家知識的應用範圍很快地延伸。比如，幾位在同一領域的專家在一起研討知識庫的內容、討論及修正後，可集思廣益地擴充專業看法。此外，也可讓很多半調子的專家具有專家級的績效及水準，提昇了組織整體的生產力。而且人類專家在身心疲憊時，會影響其專業知識的水準和應用經驗法則的一致性，但是專家系統不會疲憊，因而可提高其應用時的一致性。

雖然應用專家系統有上述的預期效益，但是也有不少成本與風險的問題要考慮。最大的風險應該是運用了專家系統後，因知識庫的專業知識所引發的職責歸屬問題。在未使用專家系統前，人類專家依其本身的職責及經驗法則做決定，並為自己的決定負完全的責任。現在許多在職訓練中的準專家們因為有速食管道的知識庫可供應用，常常因此喪失了許多「反芻深思」，進而開創新局面，提出新解決方法的機會。由於專家系統只限於特定領域的應用，無法跨越領域應用，因而有些組織的問題常常無法找到適當的專業知識解決法或很難為其建立專家系統。有的特定領域的專業知識也無法以適當的資訊表達方法或知識工程方法加以表達，所以專家系統的建立與應用也是一項不確定性相當高的任務。

五、會計上可適用的專家系統

許多企業組織都委託自己的專家作會計相關的分析，因為這類的專家系統不多，尚待開發。其實在會計上可適用專家系統的時機很多，以下舉例說明一些適用的情形，以為有心人做參考，或參考本書第十五章有關專家系統的例示，這些系統大部分都尚未開發；而且這些有關會計資訊應用的專家系統都需要兼備會計資深經驗且富涵決策管理經驗的專家知識才能協助開發。

在財務會計上可發展的專家系統包括：退休金的會計處理、租賃會計、衍生性金融的會計處理、壞帳的分析和評估、股權投資的會計處理等。

在管理會計上可發展的專家系統包括：計價報價分析、成本內涵和分析、資本預算、評估信用評等、監控機制的建立、選擇會計政策或處理方式、設計會計系統、績效評估等。

在審計方面可發展的專家系統包括：工作底稿編製、風險評估、查核計畫書、審計技術的支援或諮詢、偵查或防止舞弊等。

在稅務會計方面可發展的專家系統包括：租稅規劃、節稅諮詢、報稅、預估暫繳所得稅、所得稅的會計處理等。

第五節　決策支援系統

一、什麼是決策支援系統？

關於決策支援系統的定義，學者及專家之間可以說是眾說紛云，至今尚未有定論。有的作者認為「任何支援決策制訂的系統都是決策支援系統」，這是決策支援系統最廣義的定義。這個定義強調系統的主要用途是以支援決策制訂為目標，除此之外，這個廣義的定義不能提供研究及開發決策支援系統的重要準則及建議，所以有許多學者分別另外提出其他不同觀點的定義。如：

「一個以電腦為基礎的交談式系統，這個系統可以協助決策者使用資料及模式，以解決非結構化問題。」

「決策支援系統是具有特殊目的的電腦系統，用來協助組織中的中高階管理者處理具有明顯重要性的決策問題。」

「決策支援系統是結合人類智慧與電腦功能，幫助管理決策者面對半結構問題時，可改善其決策品質的電腦化系統。」

「決策支援系統必須協助決策者，透過各種模式間的合作，產生實際有用的資訊，並經由適當的使用者界面傳遞給決策者。決策支援系統的目的並非可提昇決策者解決結構化問題的效率 (efficiency)，而是可增進決策者在整個決策過程中的效益。」

「決策支援系統是為了支援非結構性管理問題的決策制訂，提供友善親和的界面，幫助決策者擷取資料及洞察情勢，以改善其決策品質而開發的交談式彈性電腦系統。」

雖然學者專家提出的決策支援系統各有其觀點，但是各學者都強調決策支援系統有下列五個要點：

⑴使用電腦或資訊科技的研發成果。

⑵支援組織各管理階層決策者之決策釐定，而非取代決策者制定決策。

⑶針對半結構或非結構的決策問題而開發。

⑷將決策問題適當的結合相關的分析模式，並有推論及資料擷取、儲存的功能。

⑸強調容易使用，特別重視研究如何使非電腦專業人員也可以很容易使用的界面設計。所以一般決策支援系統界面多是以交談式型態出現。

二、決策支援系統的類別

決策支援系統可依不同的分類標準，而有不同的類別重點。各類別的決策支援系統可能因其所屬類別的特性而在設計程序、實施策略或使用過程中各有差異。以下分別介紹六種分類標準：㈠依企業機能分類的決策支援系統；㈡依技術層次分類的決策支援系統；㈢依系統輸出支援決策的直接性分類的決策支援系統；㈣依使用的頻率與規模分類的決策支援系統；㈤依決策者人數及參與決策方式分類的決策支援系統；㈥依系統來源分類的決策支援系統。

㈠依企業機能分類

企業組織中的各主要功能部門都可有其專屬的決策支援系統。例如，財務管理部門可以利用各種財務分析支援系統來分析投資方案的預期損益及影響；行銷部門的銷售預測決策支援系統也可以讓企業在降低存貨成本的情況下，提高服務水準。其他還有各種策略規劃支援系統、生產管理決策支援系統等依企業機能分類的決策支援系統可在組織中運作。

㈡依技術層次分類

Sprague 和 Carlson (1982) 將決策支援系統依其技術層次分為三個層級。各層級所適用的工作本質與範圍都不同，對其使用者的技術能力要求也不一樣。第一個層級是針對某特定決策問題而設計開發的決策支援系統，稱為特用決策支援系統 (specific decision support systems, SDSS)。特用決策支援系統是為特定的工作或用途而開發的軟體系統。不同的決策問題可能有部分作業相同，但是針對其特殊用途差異，而使用不同的特用決策支援模式。第二個層級是彙整所開發出來的各個特用決策支援系統，將每個特用系統都需用的基本作業程序或功能彙集成一個決策支援系統母體 (DSS generator)。所謂的決策支援系統母體是一組相關軟硬體的系統組合，具有快速且容易開發特用決策支援系統的能力。第三個層級便是幫助開發特用決策支援系統工具 (DSS tools)。決策支援系統工具是最基礎的技術層級，可以直接用來發展特用決策支援系統，也可先用決策支援系統工具發展出決策支援系統母體後，再由決策支援系統母體發展出可應用的特用決策支援系統。

㈢依系統輸出支援決策特性分類

Alter (1980) 將決策支援系統依系統輸出支援決策特性分為七類：檔案櫃系統 (file drawer systems)、資料分析系統 (data analysis systems)、分析資訊系統 (analysis information systems)、會計模式(accounting models)、表達模式 (representational models)、最佳化模式 (optimization models) 及建議模式 (suggestion models)。前三項系統的主要功能偏重在資料的取用及表達分析上，是所謂的資料導向系統 (data-oriented systems)；後四項系統利用各種模擬或最佳化模式分析來建議決策方案，是所謂的模式導向系統 (model-oriented systems)。

㈣依使用的頻率與規模分類

決策支援系統可依其定期使用或長期持續使用的特性而發展成機構性決策支援系統 (institutionalized DSS)。也有為了應付臨時發生的緊急決策問題而開發的臨時用決策支援系統 (ad hoc DSS)。通常機構性決策支援系統較具規模，且多由專業人員負責從事設計開發及維護事項；而臨時用決策支援系統範圍較小，若有持續使用的需求時，也可擴充其規模而成為組織的機構性決策支援系統。

㈤依決策者人數及參與決策方式分類

組織中的決策方式可能是個人決策或群體決策。支援個別決策者的決策支援系統可提供個人的支援 (personal support)；若同時支援兩個或兩個以上的決策者相互溝通協商，並共同制定決策的決策支援系統是團體支援 (group or team support)；也有一種序列性相依的決策支援系統，各決策者只作部分決定，便把問題交給另一位決策者，這決策者也只作部分決定，再交給他人循序作決策，此類決策需要組織支援 (organizational support)。

㈥依系統來源分類

大部分的特用決策支援系統是為組織中特定的決策者量身而訂作 (custom-made) 的系統。近年來由於系統應用的經驗累積成熟，加上各種開放系統技術的進步，已有一些特用決策支援系統在一個組織中應用成功後，進而轉進其他組織中支援類似的決策問題。因而有廠商將這些可在多個組織中使用的特用決策支援系統或一般決策支援系統母體開發成套裝軟體，出售給決策者，這即是成品型系統 (ready-made systems)。

三、會計資訊的決策支援效益

組織的會計資訊系統旨在記錄、彙存組織各項財務資源的動態使用成效或靜態資源狀況的報導。所以，最初的會計資訊系統的設計與建置只限於交易處理系統 (transaction processing systems, TPS) 的類別。然而經由迅速、精確、刻苦耐勞的電腦收集了各項財務資訊後，可在其原有累積資料的備查功能之外，提供快捷而彈性的資料查詢功能，支援組織管理者的決策任務，以期提昇其決策成效。尤其很多的組織決策常需細密地計算、評估各項可行方案對組織財務資源的影響。此時，電腦快速的計算能力及許多內建的演算法則便可幫決策者減輕許多計算負擔及成本。所以會計資訊系統的決策支援效益是無可限量的。

舉例而言，投資組合的分析決策若以人運用計算機的方式來計算的話，不但費時、費力，又有很多按錯計算機按鈕或抄錯的機會，更無法輕易彙整、分析各項投資方案對組織中財務資源運作的影響。實務中運作的交易事實不但資料量多、又複雜，而且常常超過人類處理資訊的負荷容量，若沒有電腦輔助的決策支援系統來輔助的話，決策者常不免有掛一漏百的情況發生。若有電腦以其高精確度，彙整比對大量資訊，將異常狀況警示給決策者，並將例行業務摘要彙總報告給決策者，自然能夠提昇其決策成效。

有時，決策者面臨具未來導向及不確定性高的決策問題時，更需用不同的角度分析、預測各項可行方案的可能結果；此時，決策支援系統所能提供的友善且富彈性的人機界面，自然可以幫助決策者自行抉擇其所需的資料和分析模式，以進行模擬分析或沙盤演練，不但可幫助決策者瞭解更多層面的議題，擴展了心智範圍，而且又可記錄各階段的分析結果，供後續的敏感度分析使用。

總而言之，會計資訊的決策支援效益主要來自會計資訊系統資料庫中有關組織內各項財務資源和資料的累積，以及電腦強大的計算能力及決策運算模式。系統能善用資料庫中的資料，透過友善的人機界面，讓決策者可以主控自己所需的支援資訊，會計資訊系統可以讓決策者看得更多更廣，卻不至於資訊過量。系統又能運用電腦強大的計算功能，讓決策者節省許多計算及驗算的時間，而能有更多的時間去思考更多的解決方案，因而可幫助決策者提昇決策績效。近年來，更有許多組織嘗試將專家系統的研發成效應用在財務資訊的分析上，以幫助決策者瞭解組織執行政策的成效，更大大擴展了會計資訊的決策支援版圖。本書第十五章亦舉例說明可運用會計資訊的各類決策支援系統，讀者可參考之。

四、決策支援與專家系統的比較

綜合以上幾節的說明，可知專家系統和決策支援系統都使得組織的會計資訊系統在範疇延伸上扮演重要的角色。最近的發展趨勢，甚至有將二者整合起來應用而稱之為智慧型決策支援系統。但是，專家系統和決策支援系統之間仍是有些許差異的，以下分別就系統目標、系統來源、和系統主控權討論其間差異。

1.就系統目標而言：

專家系統旨在提供解決方案，而決策支援系統僅提供決策者有關的分析模式及資料，讓決策者自己決定抉擇方案。

2.就系統來源而言：

決策支援系統是從管理科學領域中發展出來的，故其量化模式及分析能力是其特點；而專家系統是由人工智慧領域中演進而成的應用系統，故其專業知識特定領域及使用定性法則推演是其特點。

3.就系統的主控權而言：

決策支援系統的主控權在使用者；使用系統時所欲進行的程序步驟，或資料的取捨內容都由使用者決定；而專家系統則多半由系統主控使用之程序與步驟，依序詢問使用者輸入系統所需之事實資料或參數，系統再自行依其知識庫內容推演出一個具專家水準的建議答案。因此，自然由決策者解釋決策支援系統的推理過程，而專家系統的解釋機制就可以交給專家系統了！

第六節　結　語

組織中的三種資訊系統層級是交易處理系統，管理資訊系統與知識處理系統。在這一章中介紹了這三種不同層次的處理系統內容，並且說明它們與會計資訊系統的關係。最低層的交易處理系統主要是以電子化作業方式處理交易資料，許多早期的會計資訊系統都是這類系統的代表，比如常見的薪資處理應用軟體系統和總帳交易處理系統等。

在會計資訊系統中最高層的處理層級是知識處理。在本章中也說明人工智慧科學已經與電腦化系統建立許多密切關係，特別是神經網路和專家系統。神經網路研擬一套利用樣本資料學習並能預測結果之內在模式。專家系統則是以電腦化的語意與語法格式來處理專家的專業知識。除了要瞭解專家系統的特性，以及它們的組成要素外，也需瞭解其優缺點，作為選用專家系統的參考依據。專家系統有許多優點，包括：應用規則的一致性、容易修改、涵蓋許多專家知識、具有良好的訓練能力與效率。專家系統也有缺點，比如發展專家系統的成本昂貴、現階段法律上的責任認定問題、以及不易開發成功等的缺點。

決策支援系統主要有別於專家系統之處在於它們只是支援決策者而已，並不取代人員做決定。這一章也說明了決策支援系統的定義、特性與類別。此外，有關會計資訊的決策支援效益也在第五節中說明。在第十五章中也舉例說明如何運用專家系統和決策支援系統作會計資訊的進階運用，讀者可一併參考。

研討習題

1.試說明組織的管理階層有哪些及其決策類別。

2.何謂專家系統？並分析專家系統的優缺點。

3.何謂決策支援系統？決策支援系統有哪些類別？

4.試說明會計的決策支援效益。

5.會計資訊如何提昇組織營運效益及效能？

6.試比較專家系統與決策支援系統的異同。

Embley, D. W., Kurtz, B. D. & Woodfield, S. N., *Object-Oriented Systems Analysis: A Model-Driven Approach*, Prentice-Hall, Inc., 1992.

Fertuck, L., *Systems Analysis and Design with CASE Tools*, WCB, 1992.

Kendall, P. A., *Introduction to System Analysis and Design: A Structured Approach*, Allyn and Bacon, Inc., 1987.

Moscove, S. A., Simkin, M. G. & Bagranoff, N. A., *Core Concepts of Accounting Information Systems*, John-Wiley, Inc., New York, 1997.

第十章

電腦化會計資訊系統的控制

10

概要

由於電腦越來越便宜，處理資訊的速度也越來越快，使用電腦化資訊系統的企業也越來越多。電腦資訊系統的功能也越來越強，隨著企業發展，資訊系統之結構也就越來越複雜。這些因素，都不同於人工處理環境，為避免電腦化系統若有錯誤會有一致性、持久性及不正當的處理過程不易被發現的特性，應特別注意電腦化資訊環境之內部控制結構，及其必要性。這也是為什麼證期會會在民國八十七年發佈新的「公開發行公司建立內部控制制度實施要點」明訂「資訊與溝通」為內部控制五大要素之一，需要上市、上櫃公司針對資訊與溝通部分亦有內部控制之公開聲明報告。此外，由於電腦化會計資訊系統常以電腦設備自動蒐集資料、過帳、並自動儲存資訊，而這些資訊無法被人直接讀出來（比如資料存在磁碟上），一定要借重機器設備讀取；因而審計軌跡不明顯，也增加了無法偵測錯誤及不正常處理的風險，故電腦化的會計資訊系統比傳統人工的會計系統更需要注意內部控制的重要性，且應因應資訊化特性，加強內部控制結構及程序。

第一節 緒論

由於電腦化及個人電腦的普及，電腦化的資訊系統的內部控制常被忽略，最常見的就是：每個職員桌上都有一臺電腦，縱使每人負責不同業務，有不同職責，但若其他職員要使用該電腦，或進行些不當行動，很少會引起其他職員警覺。因而加強一般人及會計人員瞭解電腦化系統的控制措施的確是當務之急。

本章首先敘述電腦化資訊系統的風險來源，使會計人員瞭解風險的來源及其影響資訊系統的情況。在電腦化資訊時代，會計人員亦應瞭解電腦化會計資訊系統重複、一致的特性及這些特性所引發的特有的內部控制議題。有關電腦化資訊系統的人事控制、檔案安全控制、檔案重建計畫、救援措施、控制小組、電腦設備的控制及電腦檔案的限制使用等的一般控制項目詳細討論。應用控制則就輸入、處理、輸出處理也在本章詳細討論。由於現今個人電腦及網路運用盛行，故其相關的一般控制和應用控制程序也在本章詳細討論。

第二節　電腦化資訊系統的風險來源

電腦化資訊系統可能有的風險有五類來源：1.天然災害；2.政治性災害；3.使用電腦的一般風險；4.人為疏失或錯誤；5.舞弊或不正當使用系統，茲說明如下：

1.天然災害：

天災如地震、水災、火災、龍捲風、火山灰飄送、氣候過熱、颱風等所產生之破壞情形，如停電使電腦設備無法運轉，或因災害致使電腦設備受損、或被泡水、或線路受損等，以致電腦資訊系統受破壞、或資料遺失等後果。

2.政治性災害：

如戰爭、暴動或恐怖分子的蓄意破壞，以致資訊系統被破壞。如印尼的暴動，使得許多華商公司被毀，又如美國的奧克拉荷瑪市曾被恐怖分子炸掉大樓。這些災害都能產生破壞結果。

3.使用電腦的一般風險：

一般風險指使用電腦後才產生的風險，不論大型電腦或個人電腦都有相同的一般風險。比如大型電腦可能會碰到病毒感染，個人電腦一樣也會碰到病毒感染，只要是磁片在不同的電腦間轉來轉去，那麼磁片上的病毒就可傳來傳去，甚至可以借用網路來感染。一般風險分硬體一般風險與軟體一般風險。硬體一般風險包括硬體設備不良、硬體儲藏量不足、處理速度太慢、功能不符所需、電源供應不穩等。軟體一般風險包括邏輯錯誤、程式設計謬誤、或程式含病毒等。比如千禧年危機也是個一般風險的例子；由於千禧年的來臨，每個企業組織均應注意所有程式中，有關日期部分的程式，盡早修正，以免造成嚴重後果。

個人電腦的一般風險，係指個人電腦特有的一般風險，包括：

(1)個人電腦的硬體設備：因為比較小，所以容易被偷也容易被破壞。個人電腦裡的插卡、軟、硬碟、處理器、晶片等都很容易因體積小，而被他人移走。筆記型電腦，由於體型袖珍、攜帶容易，更容易被偷取或被藏起來。因而個人電腦比大型電腦容易被偷。

(2)個人電腦的資料和軟體：個人電腦的資料和軟體都比大型電腦容易被使用、被修正、被盜版或被破壞，所以也比較難以保護。一般對電腦有些基本瞭解的人，都可以很容易地進入一臺個人電腦的系統中，讀取儲存在該部機器上所有的資料和軟體。因而，使用個人電腦處理會計資訊時，很容易被無權使用的人、或無權處理的員工接觸或破壞。

4.人為疏失或錯誤：

這裡是指無心的人為疏忽，純屬過失、意外造成的疏漏或錯誤。通常是員工不小心、或未遵守應有程序導致的疏失。常發生於員工倦怠、勞累、加班時間太長、或員工未經過適當訓練、或沒有被適當指導或監督。尤其使用個人電腦的人員，通常都缺乏足夠訓練，也未參與系統之設計與開發，因而容易誤失資料或不小心改變資料、檔案、程式等。電腦操作員可能輸入錯誤資料，可能使用舊版程式或拿錯檔案、程式等。系統之分析人員與程式設計人員可能誤解客戶需求、可能因邏輯錯誤、或根本不夠能力去設計客戶要求的系統，以致軟體無法正常使用。

5.舞弊或不正當使用系統：

所謂舞弊就是員工有心的製造錯誤。如果程式設計時，故意設計錯誤，則不論是大型電腦或個人電腦應用了錯誤程式，其結果必然是錯誤的。比如：曾有程式設計師在替銀行設計程式時，在程式內設定若客戶 70 歲以上、又連續六個月未與銀行有任何交易時，則將此老人帳戶自動關閉，並將該帳戶的餘額轉到此程式設計師另開設的帳戶中去。又如：利用電腦侵入金融網路，截取轉帳資料，並轉入虛設的人頭帳戶中去。此種利用電腦舞弊、或使用電腦從事不正當的行為，常被稱為電腦犯罪，其實應稱為利用電腦犯罪才對，因為電腦不是人，不會自己去犯罪，是被人類利用為犯罪工具的。

由上所述，可知電腦化資訊系統風險比較高。現在使用個人電腦及伺服器系統又相當盛行，而個人電腦與伺服器又不方便統一集中管理，因而常被忽視應有的實體安全防護措施，常常可見個人電腦及伺服器系統就放在職員的桌上，或辦公室內，非常容易被動手腳或被破壞。可見電腦化資訊系統的控制措施實在必須加強。

第三節　電腦化會計資訊系統的內控特性

一般控制乃企業為確保有穩當的整體控制環境，確保企業的運作、管理情形良好，且為強化「應用控制」的效率而設計、所施行的控制程序。企業做好一般控制的第一步就是先設定控制的環境。有些實例，如正式的工作說明、作業規則或施行政策都是控制環境的例子。組織的控制環境在第三章「會計資訊系統與內部控制結構」有詳細的說明，請參考該章的討論。本章只討論電腦化的會計資訊系統的控制環境。會計資訊系統的使用人員，應瞭解電腦處理資料時會有一致性（比如：某個資料使用某特定程式，其處理的方式，一定每次一樣；又如，製作的報表格式一定相同）和速度快的特性，這些特性會導致以下結果：

1. 由於電腦化會計資訊系統減少了人工，因此很可能導致組織內的分工不完整或不完善。比如人工處理發票作業時：會有專人負責發票作業，該員先將客戶訂單與本公司的銷貨單、運送通知單及發票相核對，檢查有無錯誤，或需增加運費、銷貨稅等，加總後，才寄出正式發票給客戶。負責發票作業的人員還需彙總每天的發票總額（即銷貨總額）交給總帳人員，還需將每份發票的副本送應收帳款入明細帳用。由上例，可看出有三部分的分工。而電腦化後，可設計成只要運送部門輸入運送資料、並告知系統運送作業已完成，系統就可自動完成發票並印製出來，自動更新應收帳款明細帳、存貨明細帳、銷貨總帳及存貨總帳。這些作業不再分工，全部由資料處理部門完成。可見資訊系統下的分工不同於人工系統之分工，故應注意適當的分工，如運送人員輸入運送資料後，應讓應收帳款經檢查、核對後，才進行過帳處理。
2. 錯誤的效果可能會被增強。因為電腦處理同樣資料的方式會持續一致，若最初輸入的某筆資料是錯的，則該筆資料在後續的電腦處理過程中，會一再地使用最初輸入時的錯誤值。比如存貨主檔中某項存貨的銷售單價錯誤，那麼每筆銷貨只要含此存貨項目，就會有錯誤的銷貨資訊，如銷貨單，銷貨發票通通都會開錯，關於該項貨品的任何會計記錄，像銷貨、應收帳款的記錄也都會錯誤。
3. 審計軌跡可能減少、消失、甚至只在電腦可辨認的形態下存在一小段時間而已。如電子資料處理系統 (EDP)，審計軌跡就可能完全消失。比如電腦銷貨系統處理完銷貨後，若電腦查出存貨低於安全存量，會透過 EDP 自動向上游供應商訂貨（因而失去請購、訂購的這段審計軌跡）；又如電腦化銷售系統處理發票後，會自動過帳至應收帳款明細帳及總帳，這段過帳情形，只存在電腦上一段時間，既看不到過帳欄的交互參照，也看不到應收帳款給總帳的日記傳票

（人工作業時，每日應收帳款明細帳登錄完畢後，應彙總應收帳款總額給總帳一張日記傳票，借應收帳款、貸銷貨）。

4.會計系統電腦化後，可能許多會計人員的電腦知識及技能不足，以致在會計資料或電腦程式有變動時，會缺乏足夠的瞭解或判斷力，不知對變動應如何因應，或調整控制程序，或修訂相對應的會計政策。甚至會計人員根本無法察覺有任何變動存在，也無法查出這些變動是否曾被適當測試，或無法得知這些變動其實未經管理當局同意。

5.會計資訊系統電腦化後，更容易被更多的、無權限的、或不必要的人員接觸、操作或使用。會計資料是企業的極重要資產，有些還具機密性，不適合公開。故電腦化的會計資訊系統應該注意如何適當控制。

雖然會計資訊系統電腦化後有許多優點，但不能保證電腦資訊化的結果絕對正確。為了確保電腦處理資料，能正確、適時的提供給使用者，企業一定要設計完善、並執行良好的控制程序。對於資料處理環境的控制，企業組織應能合理的確保：

(1)發展、設計或修正電腦程式都必須要經過核准、測試以及准予使用的程序。

(2)接觸、使用資料檔案的人員必須限於被授權的使用者或程式設計師。

這兩點可說是一般電腦控制的目標，是最基本的必要控制。不但有用的資料、程式、或檔案要經過控制程序，而且控制程序也需經過適當的成本效益之分析及評估。

第四節 會計資訊系統的一般控制

電腦化系統的控制，通常分為兩大類：第一類為一般控制 (general control)，第二類為應用控制 (application control)。所謂一般控制指企業應設計、並提供穩當的控制環境。所謂應用控制，指在資訊系統的各階段設立控制；亦即從資料的輸入、處理及輸出的這些階段設立控制，以防止、偵測並修正不正當的交易或錯誤。本節說明有關電腦化會計資訊系統之人事控制、檔案安全控制、檔案重建計畫或救援措施、控制小組、電腦設備的控制及限制使用電腦檔案等的一般控制項目，茲分項說明如下：

一、人事控制

適當的人事控制，可讓會計資訊系統的作業人員瞭解其職責權限、工作範圍及行為規範；並能確保會計人員瞭解如何善用電腦資源及正確的處理程序。電腦化的會計資訊系統仍有許多部分需要使用人力，比如資訊系統開始創設時，需要人員設計程式、輸入資料；而系統使用期間，應有專人監督資料的處理，在分送輸出資料給核准的使用人時，需制訂專人分送、核准及監督控制的程序，以確保控制程序可被適當的遵行。人事控制可分五點討論：㈠適當的職能分工；㈡適當的強制休假政策；㈢使用電腦帳號控制；㈣訓練及加強員工的相關知識；㈤注意員工的不尋常舉動。分別說明如下：

㈠適當的職能分工

會計資訊系統內相關的功能應適當分工，以使組織內無相容性的工作。比如出納負責現金的處理，不負責現金的會計工作；因為若出納可記現金簿，則可能竄改會計記錄，而盜用現金。所以「讓有關人員沒有相容性的職務」是適當分工的指導原則。會計資訊電腦化後，電腦可能執行原本在人工系統中不相容的職務。如果某個員工可以使用、並操作電腦，其權限又無限制，則可能設法修改或掩飾他個人的錯誤。如果依下列原則分工，則此項弱點不難被克服：

1.系統分析與程式設計應與其他職能分工：

避免程式或資料被竄改，比如，若銀行的程式人員可用真實資料測試自己設計的程式，亦可能修改自己在銀行戶頭內的資料。

2.程式設計：

程式需修改時，應有正式的核准程序，也應有書面說明程式修改的部分。修改過的程式要整個測試過，才能代替原來的舊程式。

3.電腦操作員：

應將操作員的工作輪調，且不可接觸程式文件或瞭解程式的邏輯。如果可能，最好同時有兩位操作員在資料處理中心上班。應有電腦處理日誌，且定期複查，以確定無不正常的操作情形。

4.核准交易：

使用者部門應將已輸入正待處理的交易以書面記錄交易是否已經核准，控制總數是否已核對，資料處理部門則應檢查這些書面之記錄、簽名、及控制總數，是否都正確後，才進行資料處理。比如負責薪資作業的員工必須將整個薪資交易、薪資發放表、薪資總額，連同書面文件交給主管先查驗，主管查驗並核准後，會簽名表示一切資料正確，可准予資料處理部門進行資料處理了。

5.資料庫及檔案管理員：

為區分保存者與使用者的責任，負責保管者應將檔案、程式及資料庫儲藏在各自的、特屬之儲藏所在。操作員應依照規定的時間或有核准之證明，才可取用檔案及程式。管理員應保持所有資料及檔案的使用記錄，但不應限制別人使用。使用記錄應讓主管或稽核人員檢查有無不正常之使用情形。

6.資料控制人員：

應確保輸入的資料均經核准，並監督整個電腦部門，調節輸入、輸出程序，並分送輸出資訊給授權之使用者。應保存錯誤的輸入資料記錄、及修正後再送給系統處理的記錄（以證明錯誤資料已被修正過，且經處理過）。

其實這些職能分工的控制原則即是：

⑴資料處理部門內的人員有適當的分工（職責不相容）。

⑵資料處理部門的稽查覆審人員與使用部門的稽查覆審人員要分開，各自負責。

⑶使用電腦程式及資料應有適當的控制。

從上可知，會計子系統及資料處理子系統的職責範圍應清楚地劃分。比如：核准支付憑單的人員應是會計人員，而不是資料處理部門的人員。會計資訊系統內有關的會計主檔案與交易檔案的更新、修正，也應該由會計部門提出需求，修正後的程式應經會計部門核准，而不應是資料處理部門。

使用核准程序單也是控制程序的一種方式。核准程序單可當作書面的記錄文件，記載所要求之檔案或記載資料需要改變處理的部分，或程式需要更新的理由及日期等。上司或主管應簽名，表示核准這樣的修正。若是線上系統，就使用電腦日誌，記載這些要求更正的時間、人員代號及核准的人員代號，再定期將日誌印成書面的單據，供複查用。

資訊處理系統部門的人員工作也須適當的分工。比如：電腦系統的發展及維護人員必須要與操作系統的人員分開。發展及維護系統的人員包括程式設計師及系統分析師；這些人應瞭解所有的電腦處理細節。而操作人員只要知道如何操作或輸入資料，不需要對資料處理的細節知道太多，以免資料輸入員或操作人員為了偷竊公司資產而修改程式內容。如果能將這兩類人員的工作地點實際上分開（形式上分開），而他們的職務也可邏輯上分開（工作內容實質上分開），則有最佳的內部控制。

使用大型電腦系統的組織更應重視職能分工。比如：不能讓單獨一位程式設計師或系統分析師負責整個會計系統的設計及發展。若每一位程式設計師或系統分析師都無法得知全部的會計資訊系統的結構時，他只能專注在自己所分工的那一部分，就比較沒機會舞弊，或者要加倍付出心力設法為了自己的好處，去設計一些不必要的路徑或處理程序，而使得舞弊行為較困難。

㈡適當的強制休假政策

會計資訊系統一定要設定強制休假的規則。假設有位會計人員，趁職務之便挪用現金，而使用「早收遲記」的方式掩蓋挪用的情形；因為該位舞弊人員需要常常注意到入帳時間及挪用的掩飾問題，如強迫其休假，則其舞弊事跡，會被代班的人員所發現。

㈢使用電腦帳號及核對使用者身分

每位系統的使用人員，都應有自己的電腦帳號及密碼。當每個使用人進入電腦系統，輸入帳號後，就會被要求輸入密碼；電腦一方面記錄使用人進入電腦的時間，一方面核對密碼以確認是否為使用者本人；同時也可防止無權限的人員進入系統。電腦系統還記錄使用電腦的時間，使用的作業代號及退出系統的時間。

核對使用者身分的方法不只密碼而已，有的機構使用身分識別卡。身分識別卡記載使用人的姓名、照片、代號等資料。有的身分識別卡還記載使用人的指紋、聲音、甚至瞳孔資料。電腦可讀身分識別卡上的資料，還可配合查驗其聲音或指紋，以核對是否為識別卡的本人在使用該卡。

帳號還可用來限制一些使用者的權限。比如：某些特定電腦檔案或程式，應設定只有某些帳號的使用人可以使用；如此，可以保護程式或檔案不會被無權限者所使用。也可以在電腦帳號上劃分使用的權限或使用的層級；比如：某些人可以使用電腦幾分鐘，或設定每個人可使用電腦的儲存空間有多大，或限制有些帳號使用電腦中央處理器的最長時間，或如採購人員不能使用銷貨系統等。

這些測試使用人身分的方法，稱為「同位測試」。電腦採用「授權矩陣」(authorization matrix) 進行同位測試。授權矩陣列舉核准的帳號、密碼、程式、檔案、資料庫，並指明每個使用者可使用的程式、檔案或資料庫等的權限。表 10–1 例示說明授權矩陣：

表 10–1　授權矩陣

使用者	帳號	密碼	使用電腦	客戶主檔	客戶信用檔	採購輸入	採購確認
陳三	1675	ch7516	PC225	R	R	W	R
伍源	3625	wu6512	PC128	R/W	R/W	–	–
章泗	1755	fo7542	PC122	R	R	R	W
……							

R：Read-only 只可以讀取資料
W：Write-only 只可以輸入資料
R/W：Read/Write 表示可以讀取資料，也可以輸入資料

如果使用終端機從遠端切入電腦，則應採用「回呼」方式，查驗使用者身分。亦即使用者從遠處的終端機輸入密碼後，電腦先切斷與其連線的通路，電腦再依據該終端機的電話號碼，回撥電話到該終端機去，如果無法接上線路，則判定可能是無權限的人侵入該終端機。

㈣訓練及加強員工的相關知識

會計資訊系統人員的資訊知識及能力常不足。訓練不足的可能原因是：⑴有效的訓練要花很多的時間及龐大的費用，公司通常總想節省一些；⑵瞭解系統的人忙著維護及更新系統，而無時間去培訓他人。如果會計系統的使用人員訓練不足，則無法有效使用系統。因訓練不足而產生的隱藏成本可能是：若某位會計人員為了能使用系統，會尋求比較會使用系統的同僚幫助；如此，可能失去原先設定的內部控制效果。

有效的會計資訊系統訓練，除了要熟習新系統所使用的軟、硬體外，還要瞭解新系統的相關政策、及操作方式。訓練應在轉換系統、或使用新系統前完成。可以利用供應商的訓練課程，錄影帶教學，電腦教學，自修手冊，或個案研討等方式訓練員工，也可請對會計資訊系統有相當瞭解、或很有經驗的人當指導員、或顧問，輔助會計人員熟習會計資訊系統。

㈤觀察或注意員工有無不尋常的舉動

如某位員工的生活水準是否超出其薪資所能負擔；或某位會計人員從不休假，必親自處理客戶對帳戶不符的抱怨，或從不讓別人察看其處理的帳簿；或某個員工對不屬於其職務範圍的工作、或系統特別有興趣，常設法瞭解更多等。這些人的主管應注意這些舉動，也應稍加調查。比如：那位生活奢華的員工的經濟來源？查核那位不休假員工的帳簿；查驗有無員工侵入未被授權的系統；或注意電腦日誌上有無員工不正常的出、入記錄或使用時間等。

二、檔案安全控制

電腦化會計資訊系統的資料都儲存在磁帶、磁碟、或磁碟機上。如何保護檔案，避免疏忽或有意的破壞，都相當重要。以下是電腦化檔案需注意的控制要點：

⑴因人無法直接讀取電腦檔案，故要有控制措施，以確保需要讀檔案時，檔案就可被讀出來。

⑵電腦檔案通常儲存的許多資料，很難單憑人工記憶重新組成。

⑶電腦檔案是以非常濃縮的方式，記錄在磁帶或磁碟上。只要破壞磁帶或磁碟的一小部分，就可能導致上千個資料或位元被損壞。

⑷電腦檔案乃記錄在磁軌上。因而如果有突然的電源中斷、電壓不平穩、或磁帶、磁碟不小心掉落，都可能造成檔案受損。

(5)有些電腦檔案可能具機密性。比如說參加投標的計畫書、廣告費用的支出時間表、薪資資料或新的軟體程式等，都應保密，避免被競爭對手知道。

(6)不論企業有無復原的措施，要重建電腦資料會相當花錢，平常應將資料備份。通常保護檔案不被濫用、不被破壞，比依靠復原程序，更合乎成本效益原則。

(7)資訊的本身也是企業的資產。如同企業的任何其他資產一樣，應得到同樣的保護程序。

檔案安全控制的最主要的目標是防止檔案被意外地或有意地濫用。因而需要控制程序，確保在正確的電腦檔案上使用正確的電腦程式。控制程序也應該準備備份檔，以確保萬一檔案被偷竊、或遺失、或被破壞、或遭受損毀時可以利用備份檔重建。

三、檔案重建計畫或救援措施

很多的控制程序乃為減少財務風險和商務風險。所謂財務風險就是財務報表可能有錯誤而引起的風險。比如：在報表上虛增盈餘、低估費用、或列報不存在的資產，而引起的相關問題。所謂商務風險，是指與財務報表無關的風險，可能與企業的環境或特性有關。比如：企業可能到他國投資，而該國有政治變動，影響到企業在該國投資的資產的價值，因而商務風險也是企業風險。

將會計資訊做備份檔及救援計畫，都是為減少企業風險而做的控制。所謂的救援計畫係指「若有妨礙資料處理功能時，如何應變」的計畫。若企業失去一部分的資料，卻沒有備份，可能引起交易中斷或收入減少的嚴重後果。面對這些無法測知的情形，企業應有救援計畫。茲討論如下：

1.備份：

備份就是將檔案多做一份。資訊處理中心的備份工作應是定期的程序。常用的備份方式是「祖孫三代檔 (grandfather-father-son files)」，在循序檔更新時，會自動產生此種備份檔。其備份的方式舉例如下：如果銷貨主檔是循序儲存在磁帶上，而今天因為有新銷貨交易要加上去，則今天的銷貨交易檔也需要按銷貨主檔的排序方式循序讀取，將此兩磁帶上的資料合併後，產生新的銷貨主檔，且被記錄在新的磁帶上，此新製作的最新銷貨主檔，被稱為「子檔」；舊的銷貨主檔被稱為「父檔」；明天若有新銷貨交易，則更新的程序再執行一次，明天新產生的銷貨主檔就稱為「孫檔」。循序檔更新，雖然有新主檔產生，但舊的主檔及交易檔仍然存在，可做為備份使用。萬一新主檔需要重製，只要找出舊主檔與交易檔再執行更新便可。

如果要更新磁碟上的檔案，則在更新前事先做好備份。因為更新磁碟上的檔案時是將新資料直接寫入磁碟，並覆蓋原資料，不會另外製作備份。因而更新磁碟時，應養成習慣，先將主檔及交易檔均做好備份再更新，否則很容易因一時的疏忽或意外情事，而發生無法挽回的問題。製作備份的方式，可使用磁帶記錄磁碟上檔案的備份檔，並保存在檔案儲藏室，以備萬一需要重製時使用；也可利用磁碟機做備份檔。還可設計一種備份方式：即在讀取資料而尚未更新前，先把資料讀到電腦的 RAM 裡，然後在 RAM 裡，很快地運用電子傳輸到備份檔案中，若有意外事項發生時，則電子自動備份的部分，仍然可以叫出。硬碟機及電源也應有備份措施。比如安排萬一有緊急情況發生時，可以暫時使用的其他組織的電腦或電源設備。電源設備可使用電壓穩定器、緊急備用電池，或緊急發電設備等，提供暫時的電源。

2.救援計畫：

良好的救援計畫應包括：硬體的備份、電源的備份、及檔案的備份，及災難復原計畫。救援計畫針對可能有無法預知的災難發生，如火災、水災、地震或人為的破壞，所以應將救援計畫完整的規劃好。

在救援計畫中，應適當分派且詳細描述每位職員的救援任務，挑選一位緊急事件指揮者，並另選一位備用領導者。指揮者負責領導、指揮所有救援計畫的行動。救援計畫中也應明訂救援指揮中心的地點，或可使用的救援場所。比如使用企業組織另一場所的電腦設備，或租用電腦設備以供暫時使用。救援計畫也可選擇不同地區的電腦設備，設若某地區遭受戰爭時，其他未遭受戰爭波及的電腦可以負起救援的工作。比如：地震可能震壞某地區所有的電源設備、或電腦設備、或房屋設備；但 30 公里外的電腦設備可能未受影響，因而可以將企業的磁碟片儘快拿到未受災難波及地區的電腦處理。

如果救援計畫的緊急備用電腦設備和原用的電腦設備、或資訊處理環境幾乎相同，則問題比較小。如果救援計畫的所在地所使用的電腦設備、或電腦環境，與企業原先所使用的電腦設備或資訊環境都不同，則企業應準備較詳細的救援計畫細節，以確定其救援計畫可行。在救援計畫中，也應詳細敘述如何在最短期間設定電腦設備，以配合原先之系統規劃，也要詳列系統需求，以達救援暫用的目的。

有了救援計畫後，還應定期對災難做模擬演習，以測試計畫中有無未注意到的缺點或是無法彌補的問題存在，以確保災難發生時，救援計畫確實有用。救援計畫不要單單存在電腦裡，最好每位救援小組的成員都有一份最新版的救援計畫。當需要救援的情形出現時，希望在成員手中所擁有的磁片中，能至少有一份可以擔負起實際之救援任務。曾有一家公司因電腦病毒而系統癱瘓，連緊急連絡救援的電話號碼也儲存在癱瘓的電腦系統裡，不用說這種救援計畫是如何的完全無用了。

四、控制小組

指專門負責制定、實施、及加強「應用控制」的小組。控制小組的主要功能如下：

⑴制定有關電腦資料的收集、輸入、資料處理及資料分派等有關資訊管理問題的控制政策及程序。

⑵設定輸入資料的正式程序。

(3)維護使用電腦的登記記錄。

(4)監督採買新的會計應用電腦軟體過程或加強現有軟體的功能。

(5)複檢軟體文件，特別是注意有關軟體的應用控制、程式修正的核准、或測試技術文件的有關監督程序等。

(6)協調系統的使用人員及電腦中心的人員（比如資料庫的管理人員）對於安全控制的不同要求。

(7)監督已有的控制程序，注意是否需加強控制程序或控制程序已被有效的執行了。

五、電腦設備的控制

如同企業的任何資產、設備一樣，資訊中心的電腦、週邊設備、磁帶、磁碟、檔案及電腦圖書等，都應該要保護。如果可能會被破壞或受損，則整個電腦系統的控制也就明顯地有缺點或有問題：

1.實體控制：

也就是電腦設備的控制，亦即電腦設備不應放在公共場合或很容易接觸的場所。很多企業組織都在電腦中心設置防衛措施，比如：

(1)電腦設備放在電腦中心，並限制人員不可隨意進出電腦中心。如使用警衛或使用磁卡刷卡才能進入電腦中心。

(2)電腦中心應有防災設備及應變措施：對可能會侵害到電腦設備的水災、火災或地震，雖然不可能完全防止其發生，但至少應選用一些措施及計畫，以便萬一發生這些災害時，可使災害的損失減至最低。比如為了防止火災，我們可以將電腦中心的位置遠離火源，採用防火的素材等。

2.限制可以進入電腦中心的員工：

只要系統完全開發後，程式設計人員、甚至公司的主管或其他部門的管理人員，都沒有任何理由可以隨意進出電腦中心。有的企業使用員工識別卡，以電腦辨認可進出電腦中心的員工，如果沒有授權可准進入電腦中心，則該員工無法進入。有的企業只給授權的員工鑰匙，准其開啟電腦中心的門戶；或定期改變電子鎖的組合號碼，防止無權的人員擅入電腦中心。雖然鑰匙、識別卡、組合號碼都可能會被仿冒，可是總比無控制好。

3.保　險：

電腦中心都應投保房屋險、火險、災害險、產物險等保險政策。而保險其實是最後的保障，因為得到保險賠償時，損失已經造成了。

六、電腦檔案的限制使用

不僅實際上應限制無權限的員工接近電腦中心，以免電腦設備、及檔案暴露在可能被不當使用，或被破壞的風險中，也要考慮到員工可能濫用權限、侵入或使用電腦其他系統的風險。因而：

(1)在程式中應設計有效的邏輯控制方式，限定員工可使用檔案的範圍。在電腦系統中，最常用的限制方法，是設定各員工以其代號使用系統的部分功能及範圍。在系統中設定員工權限也是另一個限制方法；電腦辨識出使用者後，依據程式設定的邏輯，分派給使用人可享之權限。比如銷貨人員只能輸入銷貨資料，不能處理帳簿類檔案。又如，限定只有原來的資料輸入者可更修資料，他人無權修改、或列印資料。

(2)密碼應定期更新，以免洩漏、被偷竊、或被盜用。有些大型組織或重要機構，如國防機構，會另用一部電腦定期產生新密碼給使用人，以防止檔案或密碼被洩漏。

第五節　會計資訊系統的應用控制

應用控制乃為防止會計資訊系統處理不當或不正確之資料；系統設法偵查、並修正不當及錯誤之交易資料，以確保會計資訊系統從一開始的資料輸入階段起、至資料處理階段、及至最後的輸出階段都有良好的控制程序。以下所討論的應用控制亦依據會計資訊系統處理的三階段來討論：

一、輸入階段的控制

在電腦資訊處理系統的三階段（輸入、處理、輸出）中，輸入階段是人工參與最多的階段，因而發生無法偵測的錯誤，或輸入不當交易資料之風險可能性也最大；故輸入控制應有較嚴格的規定。為確保能有效的、正確的及完整的將會計資料輸入系統內，應注意輸入階段的特性：

⑴資料在尚未輸入前較容易修正，可與來源文件相比對，以確定將要輸入系統的資料是正確無誤的。

⑵有時資料可能只是資料或數字正確，需進一步核對後，才能確定資料是否合乎有效性。比如客戶的名稱本為大流營運，其帳號為112135，但銷貨人員登錄為大流公司，輸入電腦系統後，系統會誤認為另一新客戶，且可能另編一新的會計帳號，必須靠細心或有經驗的會計人員進一步核對其地址及電話都與大流營運相同，判斷其實仍是大流營運的交易。如此，經驗證後，再輸入系統的資料才兼備正確性及有效性。

⑶會計資訊系統的輸入資料要合乎正確性、完備性及有效性，才會有合乎正確性、完備性及有效性的會計資訊產生。

⑷要確保會計資訊系統能辨認資料之正確性，不使用不正確的資料，以免主檔案、交易檔或所有資料處理過程的檔案都不正確。

⑸在會計資訊系統各循環階段，連續不斷的測試資料是否正確，實在不符成本效益原則。良好的內部控制制度，應可判斷在哪些階段的資料處理不太可能會出錯。比如電腦會計作業系統可自動處理過帳到印出報表，此階段不可能有機會再發生輸入的錯誤，因而在過帳前，只要確定資料已被查核且正確，則可確定以後階段產生的資料都不會有錯誤。

輸入控制可分四部分來談論，即㈠資料收集及記錄；㈡資料轉換；㈢編輯測試；及㈣其他輸入控制，茲討論如下：

㈠資料收集及記錄

資料在輸入交易檔前，就應先檢查。比如由會計人員或銷貨員之上司先查核銷貨單資料是否完備、正確；若銷貨單資料沒問題，才準備輸入交易檔，否則就應先修正。在有些情況下，可將交易檔上的資料在尚未進行下一步處理前，先行印出，以便核對其正確性。收集之交易資料，可製作成使用條碼機、或讀磁卡機可讀取的資料型態，這些設備可將資料直接讀入電腦系統，減少人為失誤。

㈡資料轉換

指將資料準備成電腦可讀的型態，以便電腦處理。如果將傳票設計成電腦可讀之型態，則可將傳票直接交給電腦讀取，免除了資料轉換的程序，也少了資料轉換時可能產生的錯誤。因而設計完整、電腦可讀的來源文件或傳票，有較好的輸入控制概念。若是線上輸入或使用線上磁碟機來轉換資料時，則螢幕上的輸入格式最好按照資料謄本的格式設計。也可只在螢幕上顯示資料的一個輸入欄位，待該欄資料輸入後，即刻進行核對及確認後，下個輸入欄位才再顯示出來，如此在線上直接輸入、核對，較能確定資料的正確性。

㈢編輯測試

指利用電腦測試輸入資料的正確性，亦即電腦只接受正確資料、拒收錯誤資料或不符型態的資料。電腦可分辨的編輯格式如下：

⑴測試是否為數字屬性，比如說成績、學號都只有數字沒有文字。

⑵測試是否為純文字的屬性，比如姓名。

⑶測試文字和數字混合的屬性，比如身分證字號有英文字母，也有數字。

⑷測試有效性，比如男性、女性不可能有中性。

⑸測試合理性，比如每週的工作小時有五天，而不會有八天、九天，以月份來說，不可能有超過三十一天這樣的不合理數字。

⑹測試符號，比如說支票的金額應都是正數。

⑺測試完備性，一張交易傳票上有些欄位通常都應該要有數字或文字的資料，而不應該有空格，比如交易日期、客戶代號等。

⑻測試順序，也就是測試輸入的資料是否依照一特定順序，比如由小到大、由大到小、或由交易時間、或由英文字母的順序來判斷。

⑼測試一致性，比如某一員工應該在某一部門工作，則該員工使用的電腦應該是某一臺電腦，如果不同，電腦可能拒收資料。

⑽測試是否重複輸入，比如資料輸入時的數值若重複、或相同，則電腦可提醒輸入者注意。

⑾測試資料之輸入欄位是否超過預定長度，比如身分證字號是十個位置，如果輸入的數值超過十個以上，那顯然有錯誤。還有客戶的姓名大部分是三個字，如果輸入四個字，電腦就會要求輸入者檢查。

⑿雙重測試，比如每項存貨既有個別代號外，又有類別代號，則輸入的兩個代號若不符，則電腦亦會提出警告。

㈣其他輸入控制

即使輸入資料完成了前面三個測試，仍可能不正確。比如輸入客戶的代號，假設正確代號是"33543"，但輸入錯誤代號"33545"，因為屬性相同，會通過數字測試、五位數測試、正數測試、完整（無空白）測試，但其實是錯誤的代號。以下是有關主檔輸入的其他測試：

1.查核主檔上有無記錄：

如果主檔上確有代號"33545"的客戶，則設計完整的程式可能會自動顯出代號"33545"這位客戶的姓名、地址等，並詢問：「客戶資料正確嗎？」如果資料庫內沒有代號"33545"的客戶，則電腦會詢問：「是新客戶嗎？」或「要增加新資料嗎？」或者是「現在沒該客戶的資料，請查明後再輸入！」

2.運用電腦做比對：

比如前例，假設輸入的代號是錯誤的，隨後電腦會要求輸入客戶的名稱，則電腦可做比對。電腦在比對客戶名稱和代號時，若發現與原先的代號不同，也可提出警告。如果主檔上尚無類似代號或客戶名稱時，也可用電腦比對，分辨到底是輸入錯誤，或的確是新客戶。如果輸入同樣的名稱時，電腦可警告說該客戶已存在，或是請重新確認、再輸入一次。

3.增加檢查碼：

如果建立資料時，輸入了錯誤的代號，而該錯誤代號事實上是另一客戶時，則資料就會混淆。若來源資料的記載不完整，只記了代號，則員工在輸入時，也不知該代號到底是哪一家公司時，很可能就會將記錄寫在錯誤代號的客戶資料檔裡。使用增加檢查碼的方法也是測試代號是否正確的另一個常用的方法。在代號後多增一欄位或在最前面多設一個檢查碼欄位，而檢查碼乃運用電腦系統按一定之公式計算出的一個數字結果。因而當代號輸入電腦時，電腦馬上利用公式計算結果，並與檢查碼相比對，如果核對正確，則表示輸入的代號完全正確，否則就由電腦發出代號錯誤的警告。

電腦計算檢查碼的方法很多；茲舉一例說明使用總數的個位數為檢查碼的方法：比如代號是 33545，因 $3 + 3 + 5 + 4 + 5 = 20$，則檢查碼為 0，加上檢查碼的完整代號是 335450。但如果輸入的代號是 33554，則電腦算出的檢查碼也是 0，因而無法辨認出代號是錯誤的。另一種使用一定公式計算出的檢查碼會較好，茲舉一例說明使用公式選檢查碼的方法：設規則為第一數字乘 1，第二數字乘 2，如此類推，再將數字加總，選個位數字為檢查碼。因而 $3 \times 1 + 3 \times 2 + 5 \times 3 + 4 \times 4 + 5 \times 5 = 65$，則檢查碼為 5，加上檢查碼後的完整代號是 335455，若誤輸入為 335545 時，電腦會指出代號有錯，因電腦算出的檢查碼是 4。

二、處理控制

已經通過了輸入控制測試的資料，可送入電腦系統處理。電腦處理後的資料，無法以人工觀察。因而在電腦處理之階段，應將資料與處理程序都計算總數。電腦處理控制可分兩階段來討論：㈠資料處理的總數控制；及㈡執行資料處理的行動控制。

㈠資料處理的總數控制

假設某家批發商一天內通常有 400 張至 500 張的銷貨傳票要處理，並假設銷貨傳票是電腦可讀的型態，經過核對後，就可直接送電腦處理。為確保這些交易資料都一定被電腦處理過，必須採用一些方法，以確定交易資料未被遺漏。以下是幾種總數控制的方法：

1. 總數控制：

銷貨部門的銷貨經理將銷貨傳票送到資訊處理中心前，應先計算傳票的張數，並填寫總數控制表。總數控制表上可記載批次號碼或部門號碼，交易的日期、銷貨傳票的總數或銷貨金額的總數。等電腦處理完這一批資料後，也要電腦按處理的經過，將這些相關數字資料（處理過的傳票數字、傳票的總數、金額、部門代號等）分別計算、並列印出來。若列印的資料與原先人工填寫的批次控制表相同，那就表示資料全數都被電腦處理過；如果不同，則應找出錯誤的所在。

2. 財務控制總數及非財務控制總數：

有的總數控制，比如銷貨金額、應付帳款總額、應收帳款總數等都可將金額加總（財務控制總數）。也有很多不是財務控制總數，比如加總員工的工作小時，而成為員工總雇用小時，則不是財務總數。

3. 記錄總數控制：

也是常用的控制。比如在送入電腦前，先計算交易的總筆數；電腦交易檔中的交易記錄總數則可與先前計算的交易總筆數核對；在更新主檔時，也讓電腦計算更新的筆數；最後，再核對這些筆數，就可知交易有無被重複登錄或被遺漏。

4. 混合總數控制 (hash total)：

混合總數有時採用毫無意義的數字加總，但因為電腦計算加總很容易，故可採用為檢查的方法。比如將員工的代號加總，該加總數字雖無意義，但電腦可將此次發薪員工代號的總數與上次的比較、核對，如此，也可核對出是否正確。

5. 其他的資料處理控制：

可用特別的軟體測試檔案的內部一致性。比如應收帳款或應付帳款的編碼應循序，或檢查現金的總數是否與資產負債表和損益表上的現金數一致。

㈡執行資料處理的行動控制

當資料通過輸入測試及總數控制時，就可交由程式處理了。但在這個階段中，仍有可能產生誤用錯誤程式、或被有心的人故意用不當方法、或不當程式破壞資料。若資料要經過通訊系統傳送入電腦時更容易發生被截取、轉換、偷搭載等問題。要確保資料正確的傳輸，其控制方法如下：

1.資料加密：

資料在傳輸前，先用一定方式轉換，可防他人截取，收到者再用同方法解密。

2.確認處理程序：

可在資料開始前，先註明接收資料的程式、或電腦代號，以確定使用的程式、或電腦正確。遠端輸入，也可用「回呼」方式確認使用者，再接受傳輸來的資料。

3.同值檢查 (parity check)：

為確保資料能正確的傳輸，可使用位元和的單數檢查或雙數檢查。假設採用單數檢查位元和，數字 3 的二進位數是 0011，數字 7 的二進位數是 0111，加上同值檢查後的數字 3 是 00111，數字 7 是 01110。因為 3 的位元和是雙數，所以加上同值檢查數 1 成為單數，而 7 的位元和已經是單數了，所以加上同值檢查數 0 就可以了。

4.訊息知會方法：

有數個訊息知會法，可查證資料是否正確的傳輸到資料收取處。

(1)回送比對：當資料開始傳輸時，系統開始累計數字，比如資料的位元和；接收資料的電腦也執行同樣的累計，並在資料傳輸完畢後，將累計數傳回發送電腦進行比對，如果相同，則可推斷資料傳送正確。

(2)尾筆標誌：發送者在資料傳輸完畢後，可加送共幾筆資料、發送者、或部門代號等，以供接收者確認。

(3)批次順序：有的企業常批次傳送資料到中央資料處理部門，則批次號必有順序，可以查核。

資料處理時要確定所選用的程式完備而且正確，其控制方法如下：

(1)要確定程式是否正確，應在正式使用程式前，測試檢查軟體文件、系統流程圖、程式流程圖、資料圖示及決策表等，以便確定程式能夠達到原定執行的目的。

(2)程式完成後，通常會用編輯器翻譯成機器語言。編輯器也可以測試程式是否有錯。

(3)利用程式測試一些經過特別設計的測試資料，以測試程式是否能有效地執行程式的目的。

資料處理階段，系統可運用的控制方法簡述如下：

(1)定期維護、作備份、並測試系統的電源、設備、程式、資料庫等運作，以確定萬一系統當機後，回復系統功能及救援方式都不成問題。

(2)系統處理日誌。記錄資料、使用的程式、處理時間、操作員姓名等資料，以便釐清責任或復原時參考用。

(3)製作最後使用日期報告。定期調查一年來都未使用過的資料，以確定其正確性。比如某存貨一直未被買、或賣，應查核其帳號是否正確，或另有存貨帳號。

(4)利用總帳的統制功能核對分類帳處理的正確性。

三、輸出控制

指資料一旦被處理完成後，可能使用指定的輸出形態、或運用媒體、或儲存、或印製、或分發給應收到資訊的人員手中。為了要確保輸出型態正確有效及完備，其控制程序如下： 1.處理交易日誌； 2.例外報告； 3.輸出報表格式； 4.報表分發清單； 5.核對分發清單及接收報表人等：

1.處理交易日誌：

有些會計資訊系統使用處理日誌（或稱活動清單），完整的記錄所有資料處理及檔案的變動，因而提供了良好的審計軌跡。員工亦可使用處理日誌追蹤檔案改變前、及改變後的差異。處理日誌也能確保輸出是否正確、是否有效且完備。

2.例外報告：

指將不正常的、或不尋常的狀況列報出來，提醒有關人員注意。比如某廠商過去的平均交易額約每筆 50 萬元，而最近都只有 10 萬元，應列出此報告。又如某員工加班時的交易量很大，也應列報。

3.輸出報表格式：

如果事先對一些輸出報表加上控制的設計，則可加強這方面的控制。比如使用電腦印製付款支票，則除了印出應付客戶的姓名、地址、支票金額外、還應有支票編號。因為有編號的支票副本，就可作為追蹤根據；可知道哪一張支票支付給哪一位。

4.報表分發清單：

應有分發清單並指示應如何適當的分發報表給那些人。有的會計資訊有敏感性、或需要保持祕密，比如員工的薪水，所以確保印出的薪資報表或支票可到達正確的員工手中，也是一種重要的輸出控制。電腦系統應有分發清單名冊，明列哪些人員可收到哪些輸出資料，電腦可按照該名冊，印出收受報表人的姓名及報表名稱。如果是一般報表，則可依清單分發報表。

5.核對分發清單及接收報表人：

如是較機密的報表，則要核對報表接收人的姓名或身分後，該人才可以取得報表。有的集中式資訊管理部門會要求報表接收人親自到中心來領取較機密的報表，還會要求該人在一記事本上或名單登記簿上簽下自己的姓名、員工代號、領取時間等，以便將來查詢。因而，具機密性的報表，應規定他人無法代領，並應設計辨認領表人的程序，確認領表人身分後，才可分送報表。分發報表後，可隨機抽樣、查核是否只有應領報表的人才有報表文件。已經分發完畢的具機密性或較敏感的文件，如果資料中心不需要留備份檔的話，則應將其銷毀，免得讓他人拼湊出機密性資訊。

第六節　個人電腦控制程序

個人電腦的控制方法其實與前述的控制差不多。由於個人電腦的機器設備較便宜，所以企業組織所需要的控制方式，也不應太複雜、或太花錢，以免不符成本效益原則。現就個人電腦的特有風險及控制說明如下：

⑴點算控制：點算企業組織內所有的個人電腦，做個記錄表登載每部個人電腦的使用者、及每部個人電腦所使用的軟體。

⑵確認每部個人電腦的風險種類、或劃分其適用範圍，或使用的軟體種類，分別設計適當的控制方式。比如專門處理薪資系統的個人電腦，要比專門做文字處理的個人電腦加較多的保護程序。因為薪資系統若被破壞，遭受的損害較多。

⑶鍵盤上鎖：鎖住鍵盤後，則只有擁有鎖匙的人才可開鎖使用鍵盤。

⑷電腦上鎖：只有有權的人才可以使用。也可規定每位員工下班前，應將其個人電腦上鎖，以免被其他人接觸該部電腦的資料。很多公司採取將個人電腦用螺絲或其他方式固定在公司的辦公桌或架子上，以防止他人偷取。

⑸筆記型電腦、或攜帶型電腦應在下班前，鎖在公司櫃子裡。

⑹使用軟體保護：比如設定開機密碼、並定期更換密碼。如果輸入的密碼不正確，則辨認密碼的程式仍關閉整個系統，無法使用。如果密碼正確，電腦才將作業系統打開，讓使用人使用。

⑺可在主機板上的晶片中燒灌一些程式設計，只讓使用者使用一些特定的目錄或檔案，而無法接觸其他特定的密碼或檔案。又如應將已離職的員工密碼從系統中即刻除去。

(8)其他控制：有些控制程序，對於微電腦或個人電腦的使用者來說，成本不大，但很有用，也應具備這些控制觀念。如使用個人電腦的人員應將所有的重要資料、程式、及檔案製作備份且儲存到上鎖的安全區域。若處理較敏感的檔案時，該檔案應先從硬碟中複製到磁碟上，再將磁碟鎖在安全地方；待資料處理完畢後，應將硬碟上的資料複製在磁片上，適當儲放磁片後，再將硬碟內的資料洗除。

第七節　電腦網路系統的控制程序

早期的電腦系統為了有效率、便於管理及控制的目的，大都採用「集中式資料處理中心」。然而隨著企業組織的發展、成長及擴散，企業組織可能擴散到世界各地，很多企業改用地方性的資料處理中心並配合通訊系統，發展全球性網路架構相連結。由於個人電腦的價格越來越便宜，處理資料的速度也越來越快，功能日益強大，許多企業將個人電腦當作網路上的一個節點，並使用個人電腦在遠距，經由通訊系統連繫總公司或中心的大型電腦，如此，則成為所謂的「分散型資料處理系統」。分散型資料處理系統不但每部個人電腦都可維護其地方性、或個人的需求，而且還可和其他電腦及中心的電腦互通。由於分散型的資料處理越來越普遍，每天都有大量資料在長距離的通信設備上互相傳輸，這些分散型的資料處理、區域網路或廣域網路，都增加了控制問題的隱憂。這些問題包括：侵入企業電腦系統，或利用電子通訊的特性，偷竊資料、擾亂信號、或散佈病毒，使得整個系統癱瘓，或被破壞，或使得資料傳輸錯誤。

為了保護電腦網路系統，並控制不被無權限的人使用，可有的一般控制程序如下：

1.使用個人電腦或使用終端機的程序控制：

比如每位員工發給一個可用現代科技辨認的識別證，識別證上可登錄許多電子磁性資料、或光學碼等。使用特別的機器設備辨認識別證後，將資料輸入電腦，經電腦查驗後，如係可使用電腦網路者，才准使用終端機、或個人電腦進入網路系統，並在電腦上設定各使用者使用網路的權限，以免不適當的使用者闖盪網路。

2.使用密碼傳輸：

為了防止他人在網路上偷取資料，可將資料運用特別的編碼方式輸出，收到資料的他方再用相同的特別編碼方式解碼整理。

3.適當有效的運用網路資源：

企業應設計適當方式減少網路風險；比如：如何有效處理巔峰時段資料的網路傳輸方式，如何利用閒置的個人電腦當做備份的電腦設備，如何在系統失效時，可馬上進行人工的備份程序等。

4.在系統內設置查核點：

所謂查核點就是在一固定的時段內，電腦暫時不接受新交易，只將先前所處理的交易、或已經處理的部分完成；並將使用中的程式、檔案、及資料都壓縮到另一檔案、磁帶、或磁碟機上，且製作一份備份檔。這個查核備份動作，也許一次只要幾分鐘。因而可在電腦上設定每十分鐘、或每十五分鐘，做一次查核備份。如此，萬一系統當機時，可以利用上一時段的查核點，復建失去的部分，並繼續處理尚未完成的工作。

5.路徑查核程序：

所謂路徑查核程序，就是確保沒有交易、或沒有訊息被送到錯誤的路徑上、或送到錯誤的網址去。其方式如下：所有要在網路上傳遞的交易或訊息，都必須在第一筆交易或訊息的最前面加上一個頭標 (head label)，或在最後一筆交易資料後加上尾標 (tail label)。頭標或尾標係記錄資訊的一些訊息，如記錄交易應送達之目的地（如電腦的 IP 位址）、交易的筆數、發送人及日期等訊息。送出這筆交易或訊息時，系統先查核資料應送達的位址是否有效，然後才准其接收此筆資料。傳輸完畢後，系統還可再查驗及確認接收資料的位址與頭標上或尾標上所含的目的地位址是否仍然相同。

6.確認收到訊息的程序：

這個程序可以防止交易或訊息只送出一部分、或在網路上消失不見。假設每個資訊或交易都附有一個尾標，則接收單位可查核是否收到每個訊息的尾標，以確認是否收到完整的資訊。

7.循序批次號碼：

有時資料很多，或交易必須分好幾次傳送，則可用批次號碼來控制。每筆交易或資訊的批次，可以用數字循序編號。接收單位可以查核是否收到所有的資訊，或可查核有無按照正確的順序傳送過來。如果有錯，接收部門會發出「傳輸錯誤」的訊息，則發送部門接到收受部門所發出來的錯誤警訊後，可查核修正後再送，也可偵察有無被截用的情形。電子資料交換系統 (electronic data interchange, EDI)、或電子金融轉換系統 (electronic fund transfer, EFT) 應特別注意資料傳送的控制程序。這類系統使用通訊系統連接不同組織，增加了無權使用的風險，如金融轉帳系統應特別注意是否有不正常的轉帳情形，並評估風險。

8.其他控制：

如上所述，使用電子傳輸資料更要設計有效，及有用的內部控制程序，才較安全。比如電子轉帳系統、電子資料交換系統 (EDI) 或電子金融交換系統 (EFT)，除了使用人必須使用密碼，經電腦核對身分後，才讓使用者進入系統外，還需另用其他科技設備，確保資料安全。比如，各金融提款機都附設監視器，記錄使用提款機的人。EDI 或 EFT 的資料也應當作重要的機密資料處理，所以也可應用特別的編碼或解碼方式輸送。為保持機密資料、交易的安全，也應特別限制可使用終端機上網的人員。亦即參加 EDI 或 EFT 系統的企業，在參加電子商務前，應該已有強有力的內部控制程序，參加電子商務後，更應注重設計相關的控制程序，或增添規定，或訓練員工，務必使內部控制更完善，以確保企業資產、記錄都被安全的保護，且企業策略、政府法規都被遵行。

第八節　結　語

本章主要討論電腦化資訊系統的控制。會計資訊系統電腦化後，更容易被無權限的、或不必要的人員操作、使用。本章首先討論的各種電腦化資訊系統之風險來源，點明電腦化資訊系統的控制措施實在有其必要。而討論電腦化環境下的內部控制措施，也可分為一般控制及應用控制來討論。

電腦化會計資訊系統之一般控制，包括確定電腦程式之發展、設計或修正都必須經過核准、測試以及准予使用的程序；及有關之人事控制、檔案安全控制、檔案重建計畫或救援措施、控制小組、電腦設備的控制、及限制使用電腦檔案等的一般控制項目。一般控制可確保有用的資料、程式、或檔案及相關人員取用一定要經過控制程序，且控制程序也經過適當的成本效益之分析、及評估。

會計資訊系統的應用控制主要為防止不當或不正確之資料被處理，應設計讓系統偵查出、並修正不當及錯誤之交易資料，以確保會計資訊系統從一開始的資料輸入階段、資料處理階段、至輸出的各階段都有良好的內部控制程序。

在個人電腦及網路發達的現代，也應注重個人電腦及網路的內部控制程序。由於個人電腦的機器設備較便宜，相應的控制程序，也應符合成本效益原則，其一般控制及應用控制相似於電腦化資訊環境。電腦網路系統的保護，及控制不被無權限的人使用的一般控制程序，可使用電腦辨認識別證，設定各使用者的網路權限，使用密碼傳輸，設計適當有效運用網路資源的方式，及減少網路風險的措施，或者在系統內設置查核點，使用路徑查核程序、或循序批次號碼，訂定確認收到訊息的程序，或其他控制程序，以確保資料在傳輸過程中正確無誤且不會遺失或受損。

會計資訊系統電腦化後，隨著科技發展，其功能也會隨著發展，系統、功能也就會增加、會日益複雜，因而內部控制制度都應隨著系統的發展，隨時更新，以確保企業之資產安全、記錄完整及控制程序有效。

研討習題

1.電腦資訊系統有哪些風險來源？試略述之。
2.試述電腦化會計資訊系統的內控特性。
3.試述會計資訊系統的人事控制程序。
4.試述電腦化檔案的安全控制要點。
5.試述檔案重建計畫及救援措施的要點。
6.良好的救援計畫應包含哪些內容？
7.試述控制小組的主要功能。
8.試述電腦設備的控制要點。
9.簡述有關輸入控制的要點。
10.試述電腦可分辨的編輯測試法。
11.試述資料傳輸的控制方法。
12.試述資料處理的總數控制方法。
13.試述有關輸出控制的要點。
14.試述有關個人電腦的特有的風險及控制要點。
15.試述電腦網路系統的控制程序。

參考文獻

Cerullo, M. J., "Application Controls for Computer-Based Systems." *Cost and Management*, June 1982: 18–23.

Cerullo, M. J. and Shelton, F. A., "EDP Security and Controls Justification." *Internal Auditing*, Fall 1989: 13–30.

Cerullo, M. J. and Cerullo, V., "Microcomputer Controls." *National Public Accountant*, May 1991: 28–33.

Hall, James, *Accounting Information Systems*, St. Paul, Minn. West Publishing Co., 1995.

Institute of Internal Auditors Research Foundation. *Systems Auditability and Control Report*, Altamonte Springs, FL: Institute of Internal Auditors Research Foundation, 1991.

Moscove, S. A., Simkin, M. G. & Bagranoff, N. A., *Core Concepts of Accounting Information Systems*, John Wiley & Sons, Inc., New York, 1997.

Romney, M. B., Steinbart, P. J. & Cushing, B. E., *Accounting Information Systems*, Seventh ed., Addison-Wesley, 1996.

Wilkinson, J. W. & Cerullo, M. J., *Accounting Information Systems—Essential Concepts and Applications*, Third ed., John Wiley & Sons, Inc., 1997.

第十一章

收益循環

概　要

營利事業為了賺取利潤，需要出售商品或提供勞務服務，在轉移了商品或提供勞務後，再進行收取款項的活動，以達到實現利潤的目標。可知收益循環主要包括了銷貨循環及現金收入兩個循環，也是企業相當重要的循環。為完成收益循環，各相關單位有其各自應負擔的活動及責任。在人工環境下，應有詳細及完整的書面會計記錄，以維護清晰的審計軌跡。設定核准程序，使用控制，運用職務分工、獨立驗證等方式，達到內部控制目標。在電腦化會計資訊環境下，審計軌跡較不明顯，會計記錄也不是書面的，職務分工也與人工環境下不同。因而會計及審計人員不但應瞭解人工環境下之內部控制程序，更應瞭解在電腦化資訊環境下應注意之內部控制程序，以順應電腦化資訊時代之內部控制需求。

第一節　緒　論

本章主要討論企業之收益循環。所謂收益循環指企業從事有關銷貨行為、處理銷貨活動之相關資訊，並處理收受銷貨款項資訊的會計系統。收益循環的活動基本上可分兩階段：

1.實物銷售階段：

亦即轉移資產或勞務的階段。此階段係企業為賺取利潤，將商品移轉給客戶，或提供勞務給客戶，以換取資產、現金等經濟資源。

2.收款階段：

指銷售者從應收帳款中收回現金的階段。

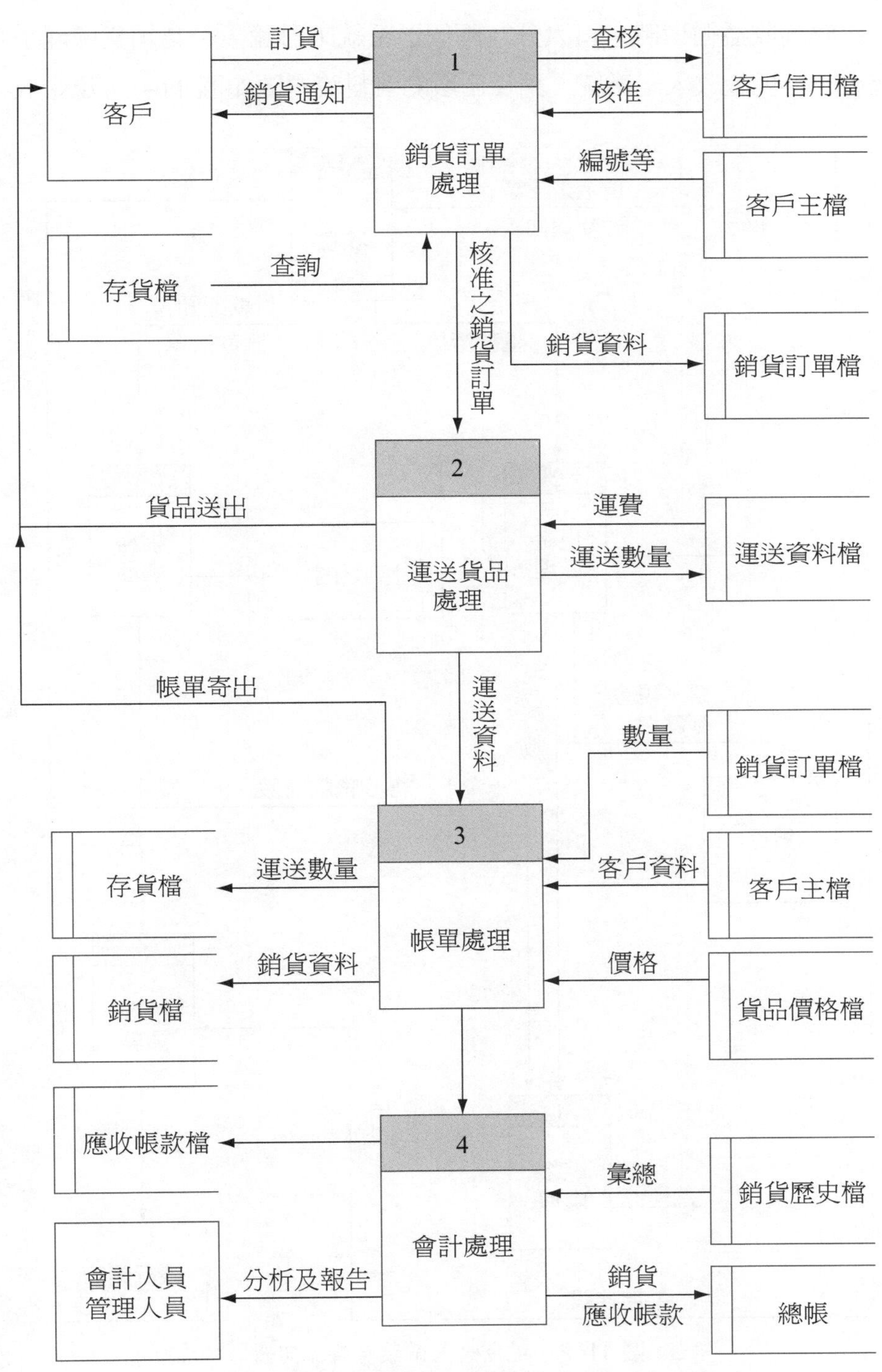

圖 11–1　收益循環資料流程圖

討論收益循環時，可大分為兩個子系統來討論，一為銷貨處理子系統，一為現金收入子系統。銷貨循環的資料流向圖如圖 11–1，現金收入

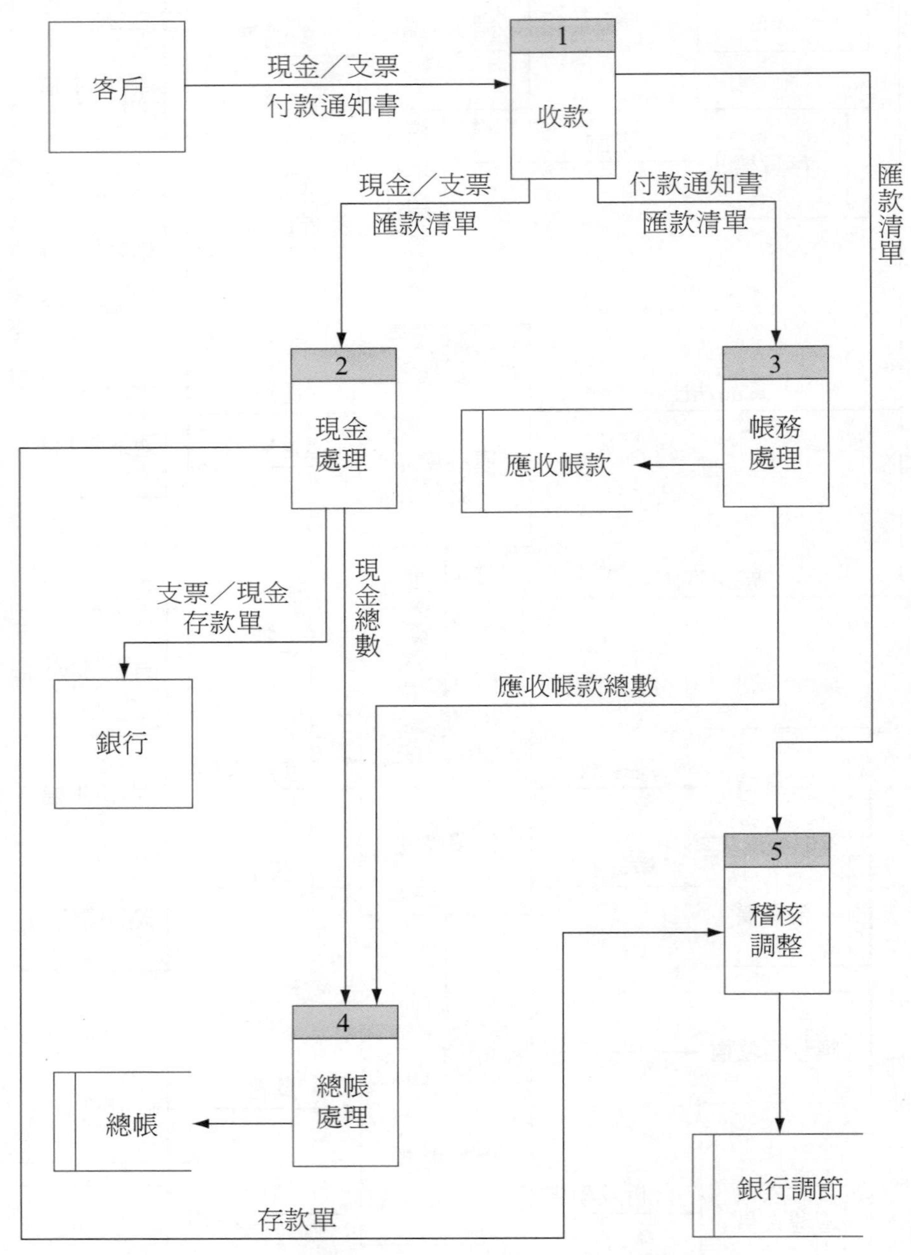

圖 11–2 現金收入循環資料流向圖

循環的資料流向圖如圖 11–2。以下先討論兩個子系統的人工處理循環，再討論電腦化的收益循環系統及各子系統應有的內部控制措施。在討論電腦化的收益循環設計時，也針對批次處理、線上處理、線上批次處理及個人電腦系統討論其相關內部控制點。

第二節　人工銷貨處理系統

人工銷貨循環的文件流程圖見圖 11–3，銷貨處理系統可分別就銷貨、發貨、運送貨品、發送帳單、存貨控制、應收帳款處理、總帳部門及銷貨退回（驗收部門）等處理方式討論如下：

㈠銷貨、發貨

⑴銷貨部門接受客戶訂單；客戶打電話訂貨、或寄來訂單、或從網路下訂單、或親自到公司來訂貨。客戶的訂單是正式的主文件。銷貨部門收到客戶訂單後，依據訂單準備銷貨單一式多份，分送相關部門。

⑵銷貨單上應記錄雙方談妥的買賣貨品品名、規格、數量、單價、稅賦、折扣或優惠條件、運送日期及運送方法後，經授信部門核准此交易，此筆銷貨交易才算接受，此份銷貨單才算有效。

⑶銷貨單的一份副本會送給授信部門查核；授信部門查詢該客戶的信用記錄及授信額度，以決定是否核准此筆銷貨，若授信部門核准此筆銷貨，此銷貨交易才算成立，才可進行送貨程序。

⑷發貨單；銷貨單的其中一份副本為發貨單，送交倉庫。倉庫依據發貨單挑選貨品，並將貨品與發貨單正本一起發給出貨部門。發貨單的副本存倉庫，依據發貨單序號排序。將當天所有的發貨單當作同一批次存檔，以備為核對存貨減少的根據。

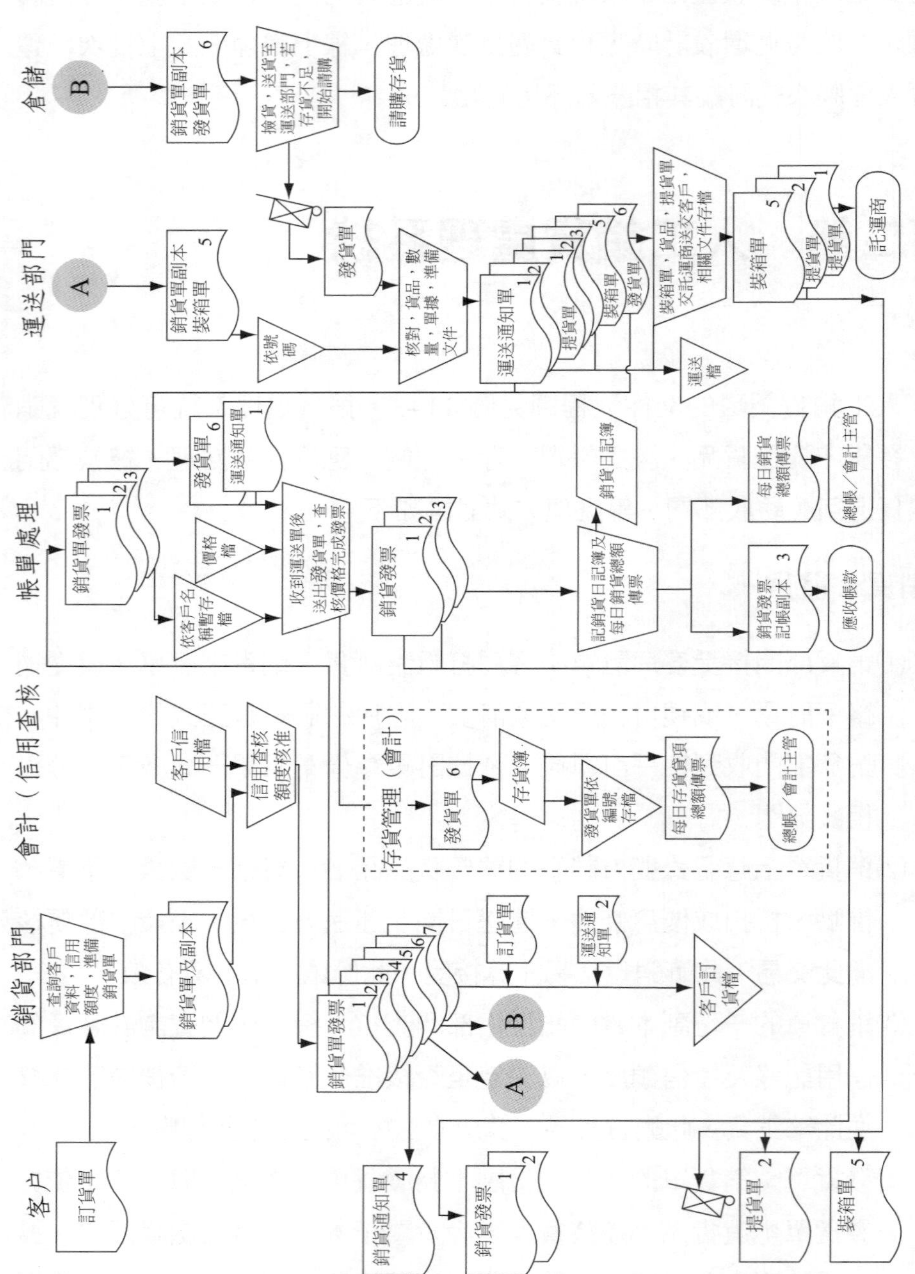

圖 11-3 銷貨循環文件流程圖（人工作業）

⑸銷貨單的其中一份副本為運送通知單、一份為裝箱單，均交給出貨部門，準備出貨作業。

⑹銷貨部門自存銷貨單的一份副本，與客戶訂單合訂一起，依顧客別存檔，作為銷貨參考。

⑺銷貨單的其餘副本，包含銷貨單的副本，未完成的發票，未完成的付款通知等一起送交帳單部門，準備帳單作業。

㈡運送貨品

1.一式多份的銷貨單中有一份為裝箱單，一份為送貨通知單，都由銷貨部門送至出貨部門。

2.出貨部門收到從倉庫發來的貨品及發貨單後，查驗貨品並核對發貨單內容、及裝箱單內容是否相符。核對貨品、發貨單、裝箱單都正確後，選定送貨方式。

送貨方式確定後，出貨部門應完成下列工作：

⑴將貨品裝箱完成，裝箱單張貼於箱外，並填寫送貨通知單及提貨單。

⑵提貨單製作一式三份；提貨單是與運送者的正式契約，乃銷貨者委託運送者將貨品送至指定處所及約定運送責任的根據。

⑶將兩份提貨單與裝好箱的貨品一起交給運送者運送，一份存檔。

⑷填寫、完成送貨通知單上有關的運送資料，如運送的日期、運送公司、運費、貨品品名、數量、貨品送達的地址等。

⑸將發貨單、送貨通知單一起轉送到帳單部門，表示貨品已經完成運送。

⑹作成出貨日誌。

⑺將一份提貨單副本、送貨通知單副本及發貨單依運送者及日期順序，分別存檔。以作為將來查核交運資料用。

㈢發送帳單

帳單部門負責收集有關銷貨交易的資訊、核對單據、編製發票，並將資訊、或發票副本傳送給有關部門：

⑴銷貨部門會送一份銷貨單副本、未完成的發票及未完成的分類帳入帳單給帳單部門。帳單部門先將這些文件依顧客編號、或公司行號順序存檔。等出貨部門送來發貨單及送貨通知單後，才進行核對及準備帳單工作。

⑵帳單部門收到送貨通知單後，就核對發貨單、送貨通知單及銷貨單副本三張單據的內容；即核對貨品品名是否相同，規格是否相符，確定送出的貨品數量，運送的目的地等，再依據折扣條件、送貨條件、運送方式、應否收取運費等協議，調整發票項目、金額，加總，加上付款條件，銷貨稅等，完成發票的作業。發票也是一式多份。

⑶將完成的發票正本及一份發票副本寄給客戶。並通知銷貨部門，此筆銷貨已完成，發票已寄出。

⑷將每筆發票數額記入銷貨日記簿。

⑸每天或定期結算銷貨總數，填寫日記傳票給總帳，借：應收帳款總額，貸：銷貨總額。

⑹將所完成發票的一份副本，亦即分類帳入帳單，傳給應收帳款，好讓應收帳款記載應收帳款明細帳。

⑺將發貨單傳回給存貨控制員存檔。

⑻留一份發票副本蓋上「已完成帳單處理」，與銷貨單副本、送貨通知單一起存檔；依據客戶代號順序或公司行號順序，每日為一批次單位，標上當日的銷貨總數後存檔。

㈣存貨控制

存貨控制部門負責保管存貨明細分類帳，負責在各存貨明細帳上記錄有關存貨增加、減少的數量、交易日期、單價等資料。

(1)依據帳單部門傳來的發貨單，記載存貨的明細帳。亦即依據發貨單記錄哪項存貨減少多少。

(2)每天結算發貨單總金額（即存貨減少的金額總數），填寫日記傳票報告存貨減少總數給會計部門的總帳。

(3)將發貨單依據存貨編號順序每日為一批次，標上存貨的發貨總數後存檔。

(五)應收帳款處理

應收帳款部門負責記錄每個賒購貨品客戶的明細帳。

(1)依據帳單部門傳來的發票副本（亦即分類帳入帳單副本）登錄每個掛帳客戶的應收帳款明細帳。

(2)通常每個客戶均有自己的應收帳款明細帳。每個明細帳均應記載下列資料：客戶編號、姓名、地址、信用條件、交易日期、發票號碼、付款記錄、退貨記錄、折價讓價的情形或借貸項通知等。

(3)每張分類帳入帳單會增加應收帳款餘額，亦即借各個掛帳客戶的賒銷金額。

(4)每天（或定期）將每個客戶的餘額加總，並將此應收帳款總數送給總帳。

(5)在記完帳後的分類帳入帳單上，蓋「已入帳」戳印，並依明細分類帳號排序，以每日為一批次，標上帳款總金額後，將此單據存檔。

(六)總帳部門

總帳部門可以總數核對整個銷貨循環處理及入帳的正確性，並統制、勾稽相關的存貨及應收帳款的明細分類帳。

(1)總帳依據帳單部門的日記傳票，記載銷貨總帳的分錄。借：應收帳款總帳，貸：銷貨總帳。

⑵總帳依據存貨管理部門的日記傳票製作分錄。借：銷貨成本，貸：存貨總帳。

⑶從應收帳款收到的應收帳款明細帳總額，可和總帳中的應收帳款總帳餘額（包括帳單部門傳來的日記傳票）相勾稽，如果相符，則表示相關銷貨及應收帳款交易的記錄無誤。

㈦銷貨退回（驗收部門）

售出的貨品可能有下列原因，被客戶要求退貨：⑴送錯物品；⑵貨品品質不佳；⑶貨品有瑕疵，有小缺損；⑷在運送途中受損；⑸送貨太遲；⑹仍在運送途中，但因故遲延，無法準時交貨。

⑴驗收部門驗收客戶退回的貨品，複查其品質、狀況是否如客戶所指控的，並做成驗收報告後，將貨品交倉庫保管，並送一份驗收報告副本給銷貨部門。

⑵銷貨部門收到驗收報告副本後，找出原銷貨單，查出貨品的原來銷售金額，並製作貸項通知書。貸項通知書要送給授信部門核准。

⑶授信部門評估貸項通知書，核定退貨金額，並簽名表示核准。

⑷帳單部門依據貸項通知書核准的金額，記入銷貨簿，當做銷貨的減項。每天或定期結算銷貨退回總額，並記在日記傳票上傳送給總帳。貸項通知書的正本發送給客戶，並將貸項通知書副本送存貨管理員及應收帳款入帳用。

⑸存貨管理員依據貸項通知書副本，調整存貨明細帳，將存貨的借方金額（即被退回的存貨數額）加總後報給總帳；定期並向總帳彙報存貨的餘額總和。

⑹應收帳款部門依據貸項通知書副本，記入客戶的明細分類帳。並應定期彙報所有應收帳款明細帳餘額之總和給總帳。

⑺總帳依據帳單部門送來的銷貨退回總額記分錄，借：銷貨退回總帳，貸：應收帳款總帳；總帳亦依據存貨管理員送來的存貨退回

總額入帳，借：存貨，貸：銷貨成本。總帳查核應收帳款送來的應收帳款明細帳餘額總數，與自己的應收帳款總帳餘額相核對，如果相符，則表示總帳與明細分類帳的帳簿的記載均無誤。

第三節　現金收入系統人工作業

現金收入循環的人工作業相關部門包括收發室、應收帳款、出納、總帳及稽核單位，其文件流程圖見圖 11–4。現金收入系統各作業流程說明如下：

㈠收到客戶寄來的付款支票——收發室

1. 通常企業寄給客戶發票正本時，都會有副本一起寄給客戶；其中的一份副本稱為「付款通知」；且會提醒客戶付款時，請將付款支票與付款通知一併寄發，以便正確沖帳。
2. 因而收發室收到客戶寄來的支票及付款通知時，應先核對支票與付款通知的金額是否相符。由於此階段的支票與付款通知很容易被偷取，所以這類信件最好交由內部稽核人員或特定的主管級行政人員（應為不負責會計或現金帳務的其他行政主管人員）拆封，核對支票及付款通知。如果金額不符，則應將不符的情況設法釐清；比如，未附付款通知的，設法依據付款支票及信封的資料，補寫一份付款通知（記錄收到支票的日期、付款者名稱、金額、支票帳號等）；如果付款通知與付款支票金額不符，則修正付款通知上的金額。因而核對的主要職責是：務必使付款通知的記錄與付款支票的金額、付款者名稱相同。
3. 付款通知與付款支票的核對工作完成後，該核對人員應準備一式三份的「匯款清單」。匯款清單的格式依據各公司的習慣，會有不同的

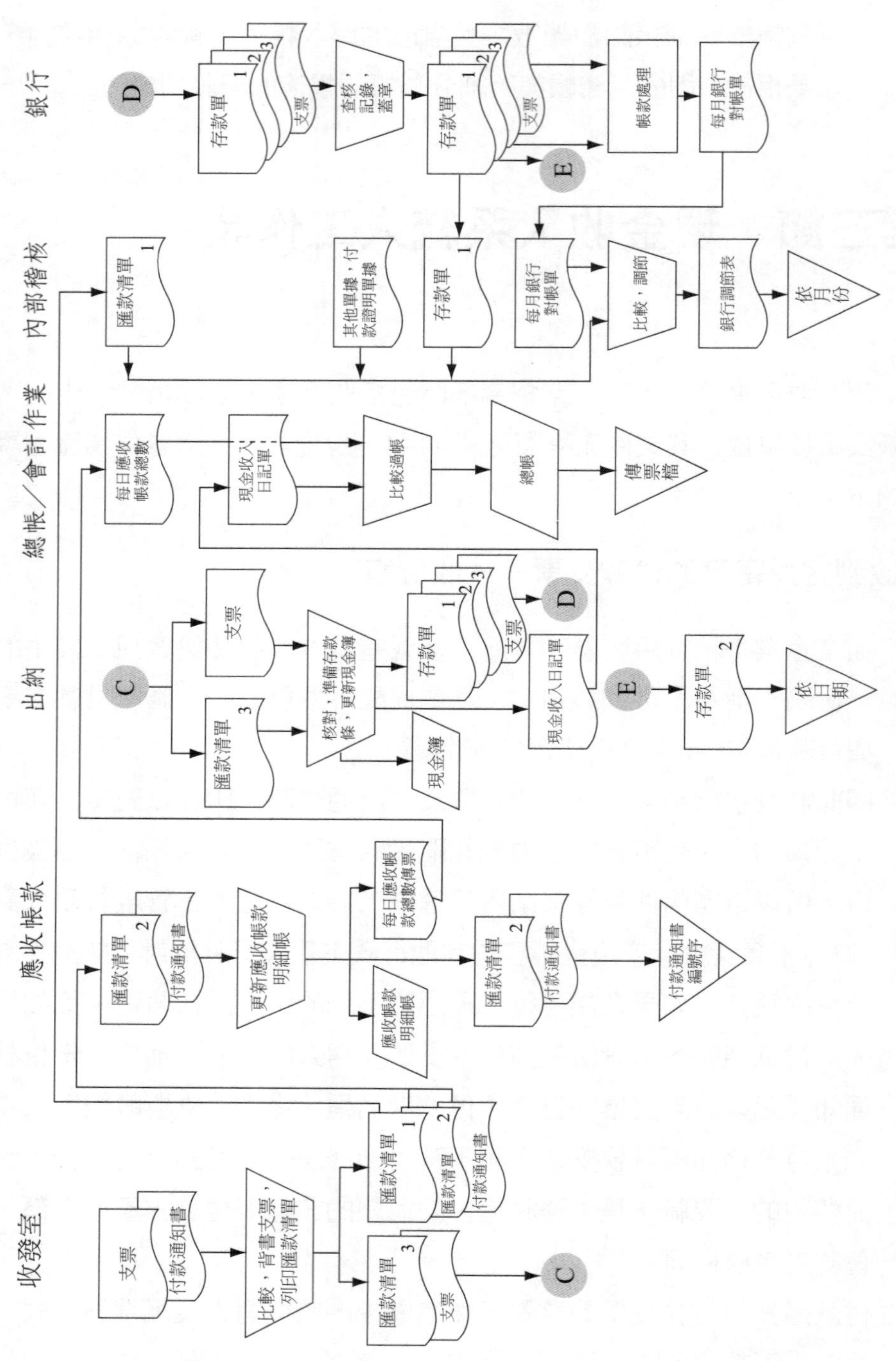

圖 11-4 現金收入循環文件流程圖（人工作業）

設計，但至少應記載支票的張數、各張金額及全部支票之總和；有的公司加記各張支票上的客戶代號，有的記載支票號碼、發票號碼等。隨後將支票、付款通知、及匯款清單處理如下：

⑴將一份「匯款清單」及付款通知一併送交應收帳款部門；

⑵將一份「匯款清單」與付款支票一起送給現金收入部門；

⑶將一份匯款清單送給會計長或內部稽核小組。

㈡現金收入部門——負責將現金及收到的付款支票存入銀行

⑴收到匯款清單與付款支票後，應查核支票張數、金額是否與匯款清單所記載的相符，如果有差異，應釐清情況並調整記錄。

⑵如果沒有失誤，則將付款支票總金額記入現金收入簿的借方。

⑶在每張支票背面以公司章背書，或加蓋存入公司所屬銀行戶頭的存款章，使支票只能存入公司所屬的銀行帳戶中，他人無法兌換成現金。

⑷將當天櫃檯現金銷貨收得的現金總額，與已經蓋好背書章的支票總金額填寫在存款單上。存款單最好一式三份，兩份帶去銀行，另一份存檔。

⑸將現金與支票、兩份存款單一起遞交銀行，銀行點算金額無誤後，會在兩份存款單上蓋確認章，其中一份蓋有確認章的存款單，會交給存款人員帶回，表示銀行確實收到這筆現金及支票，且將轉入公司的帳戶中。

⑹現金收入部門每日或定期應記日記傳票（借：銀行存款），並將蓋有銀行確認章的存款單一起轉交總帳。

㈢會計部門——負責應收帳款的人員

⑴先核對付款通知與匯款清單的總額是否相符。如不符，釐清或修正之。

⑵如果相符，依據付款通知，在現金簿上詳記日期、每筆收到的款

項及客戶名稱，再過帳到各客戶的應收帳款明細帳上。

⑶將已過帳的付款通知存檔，以提供審計軌跡。

⑷每天或定期將現金餘額記入日記傳票轉交總帳，借：現金，貸：應收帳款。

⑸依據櫃檯的每天現金銷貨單據，記入現金簿，並貸：銷貨。

⑹定期結算各應收帳款明細帳之餘額總和，交給總帳。

㈣總分類帳（總帳）

⑴比較日記傳票；將「現金收入部門」傳來的日記傳票與「應收帳款部門」傳來的日記傳票相比較，勾稽現金數與應收帳款的貸方總數是否相符。

⑵若現金、應收帳款總數相符，即將總數借：現金總帳，貸：應收帳款總帳。

⑶定期比較應收帳款交來的餘額總和與自己的應收帳款總帳餘額，以統制應收帳款部門的過帳程序無誤。

㈤會計長或內部稽核小組

⑴（通常每週）比較並核對現金收入部分；即比較①匯款清單副本②銀行確認的存款單（存款回條）③現金收入部門的日記傳票④應收帳款部門的日記傳票及⑤應收帳款總數，勾稽這幾個部門的記載是否正確。若有不同，則查核、釐清，以確保這幾個帳戶的記錄正確無誤。

⑵運用每月的銀行對帳單及現金存款記錄，現金支付記錄等，做銀行調節表，以確定銀行存款的記錄、金額與公司現金帳的記錄與金額都正確。

第四節 收益循環的內部控制程序

收益循環的內部控制程序可以六大控制程序來討論，茲討論如下：

㈠核准程序

1.賒銷的核准：授信部門應查核客戶的信用歷史及其信用狀況，設定信用條款及信用額度檔案。最好定期追蹤覆核客戶與本公司交易往來的情況，並依需要更新信用條款及信用額度，以符實際情況。當客戶賒銷時，銷貨部門應將賒銷的銷貨單先送授信部門；由授信部門核准客戶信用及可用額度後，此筆賒銷才成立。

2.銷貨退回時：授信部門應查詢該客戶的退貨歷史情況，是否特別多，退貨的理由是否與驗收部門的報告相符。這些資料，可供授信部門考慮與該客戶的交易往來，有無特別應注意的事項。

3.應收帳款部門應確定客戶付來的款項確實收到，才可沖銷帳戶。故應收帳款應核對付款通知與匯款清單相符才入帳。

㈡職能分工

1.交易核准者與交易處理者分開：

(1)賒銷時：核准賒銷交易者為授信部門，處理賒銷交易者為銷貨部門，兩者職務應分開。

(2)銷貨退回時：准許退貨及確定退貨金額的是授信部門，處理退貨者為驗收部門，兩者應分開。

2.保管資產者與記錄資產者分開：

倉庫保管貨品，存貨管理員保管存貨明細分類帳，兩者分開。現金由出納（或現金收入部門）保管，現金帳冊由會計負責記錄，兩者分開。

3.負責明細帳的與總帳分開：

存貨管理員負責存貨明細分類帳；應收帳款員負責應收帳款明細分類帳；總帳負責存貨總分類帳，現金總帳及應收帳款總分類帳。

㈢維護收益循環的會計記錄

1.會計記錄的來源文件應預先編號：

(1)收益循環中的銷貨單、發票、付款通知、運送通知單、提貨單等都應事先編號，便於追蹤及查詢。實務上，為了方便作業，這些表單在人工作業系統時，大多正本與多份副本都採用同一格式製作；比如以發票為正本，其他的銷貨單、發貨單、付款通知、運送通知單是同一格式的多份副本；或者如：以銷貨單為正本，發貨單與運送通知單設計成同格式但不同顏色的多份副本。因而可有同樣的參考號碼，容易追蹤。

(2)若發貨單、提貨單和運送通知單是使用銷貨單或發票的相同格式多份副本時，絕對不能標示貨品的單價。因為倉儲部門負責保管存貨，不必知道各存貨的價格，較能保護存貨安全，以免監守自盜。運送通知單是出貨部門核對貨品並放行的依據，也是告知其他部門有哪些貨品、多少貨品出貨給哪個公司的基本單據，所以根本不需標示價格，以免金額露白，引人覬覦。同樣的，提貨單是委託運送者運送貨品及通知客戶貨品託誰運送的根據，因而不需牽涉帳目、付款的單據，不必有金額的資訊，以保護資產安全。

(3)如果可能，匯款清單最好可事先編號，則一式三份的匯款清單發送到不同的部門時，可核對三份的記錄是否一樣。

2.收益循環可使用的特種日記帳簿有銷貨簿及現金簿。銷貨簿由帳單部門負責記錄，現金簿由會計人員負責。

3.會計明細分類帳應有存貨明細帳及應收帳款明細帳，應分由不同會計人員負責。

4.在收益循環中，總分類帳包括了現金、銷貨、存貨、銷貨成本、銷貨退回及應收帳款等總分類帳，應交由負責總分類帳的人員負責。負責總分類帳的人員一定要與負責明細分類帳的人員分開。

5.收存檔案的檔案夾可提供作為審計軌跡的有銷貨單檔案夾，客戶訂單檔案夾，貨品售價參考目錄，銷貨記錄檔案夾，信用記錄檔案夾，發貨單檔案夾，運送報告存檔夾，提貨單存檔夾，出貨日誌，貸項通知存檔夾，發票副本檔案夾等。

㈣明訂使用控制的程序

1.收益循環中的資產應有使用限制：

現金，存貨，銷貨簿，現金帳簿，存貨明細分類帳簿，應收帳款明細分類帳簿，總分類帳等都應有使用限制，亦即應保存在安全的處所（如保險櫃、或上鎖的櫃子等）。不是負責保管這些資產的人員不可有開鎖的鑰匙，或知道開鎖方法，以免被無權限人員接觸、或使用資產。負責保管資產者的職責也應在工作說明書中詳細訂定。

2.保管資產的場所應有安全措施：

比如保管存貨的場所可使用警鈴、警衛、監控系統，或另設專區（如倉庫或可上鎖的房間）保管存貨，或有防護設備，以禁止一般人可輕易接觸等。單價較高的存貨，更應加強防護措施，或選用較好的保全措施。有些存貨需有特定的儲放方式，更需特別注意；比如，有些存貨要在一定範圍內熄火、禁煙；有些存貨需用低溫保存，則應有低溫設備或冷凍庫等。

3.保管現金，要注意的安全因素如下：

⑴現金銷貨時，最好使用收銀機，且最好明訂哪位銷貨員使用哪臺收銀機，以便明確責任。

⑵匯款支票最好是劃線支票，只能存入公司抬頭的帳戶中。收發室最好只負責分發信件，不負責開信件，而將附有現金或支票的信

封送交稽核人員、會計長或專責的高級行政人員（但都不能負責有關現金會計或出納相關的職務）。如果只能讓收發室負責開信件，則應指定專門的兩人一起同開此類信件，或加裝監視系統察看開封作業。這些負責開現金或支票信封的人員應在開封時，馬上在支票背後蓋上背書存款專章，同時製作匯款清單，以確保客戶寄來的支票及匯款清單不會一起被侵吞。

⑶現金銷貨收到的現金及每天收到的客戶支票，應該每天存入銀行，以免遺失。如果不能每天存入銀行，則應鎖入防火的保險櫃內，以確保現金被安全的保管。

㈤獨立驗證

收益循環內應設有獨立驗證的程序，以查驗系統內各程序及記錄是否正確、有效及完整：

1.出貨部門獨立查驗出貨有無錯誤：

⑴因出貨部門也會從銷貨部門收到一份裝箱單及運送通知單，所以當倉庫將貨品送到出貨部門後，出貨部門可依據裝箱單核對倉庫所選出的貨品，確定無誤後，才裝箱、封箱，並將裝箱單黏貼於箱外、或附於箱內貨品中；隨後才準備提貨單及運送通知單。

⑵準備提貨單時，應將貨箱總數、貨品代號、貨品名稱、數量、運送公司及交運方式寫明。

⑶在送貨通知單上，一定要詳填運送資料，如運送的日期、運送公司、運送方式、貨箱總數、貨品代號、貨品名稱、數量及運費等。

因而，出貨部門實際負責獨立查驗運出的貨品是否正確。

2.帳單部門亦獨立查驗相關資料，如查驗運送通知單上的資料與發貨單及銷貨單副本上的資料是否一致；再查驗運送通知單上的資料是否完整，才進行完成發票的作業。

3.總分類帳也發揮獨立查驗、統制各明細分類帳的功能。

⑴銷貨查核：總帳依據帳單部門的日記傳票，及存貨管理部門的日記傳票查核銷貨總數。

⑵應收帳款查核：總帳依據帳單部門送來的日記傳票，查核應收帳款總數、銷貨總數，並與應收帳款員送來的應收帳款總額互相核對。

⑶存貨查核：總帳依據存貨管理部門的日記傳票查驗存貨餘額，並記載銷貨成本。

⑷總帳依據帳單部門送來的銷貨退回總額，依據存貨管理員送來的存貨退回總額，查核應收帳款送來的應收帳款總額總數，與自己的應收帳款總帳餘額相核對。

⑸比較（從現金收入部門收到的）日記傳票與（應收帳款部門的）日記傳票，比較現金與應收帳款總數是否相符。

⑹比較應收帳款交來的餘額總和與自己的應收帳款總帳餘額，以確定應收帳款明細帳的過帳程序無誤。

㈥監　督

是補償性的控制程序，尤其在員工人數少，或無法適當分工時，應加強使用監督方式的控制程序。由於此控制程序特別與企業的行業特性及控制環境有關，因而，只就收益循環的一般性監督加以討論：

⑴如為現金銷貨最好使用收銀機，在每天營業前，應確實點算收銀機的基本準備額。每臺收銀機最好只由一位售貨員負責。每次銷貨後，應強制售貨員給予顧客發票收據。每天營業完成，或售貨員交接前，應重新點算收銀機內的餘額，並與發票收據的副本核對，以確保無誤。

⑵若當天現銷情況熱絡，則收銀機內的現金超過一定金額時，最好移至保險箱暫時保管。

⑶偶爾抽查售貨員在收銀機上的記錄是否與顧客提取的貨品相符。

⑷應限定各個銷貨員可准予客戶的賒銷額度，並應監督銷貨員是否

將大筆的賒銷金額分成數個小賒銷，以防止銷貨員與客戶合謀舞弊。

(5)在貨品陳列的售貨區加裝監視設備，以防客戶順手牽羊。

(6)監督出貨部門裝箱及運送的作業，以確保貨品送往指定地區。

(7)倉庫及貴重存貨區應有安全警衛、監視設備、或保全措施。

(8)若由收發室負責開信封作業，最好加裝監視設備，以防支票及匯款清單同時被盜用。最好規定由兩個人員一起拆封。

(9)將現金存入銀行的作業最好由不經手現金收入的人員負責（比如財務長或負責現金支付的人員），可檢查支票的背書，是否蓋上存入本公司的銀行帳號戳記。存款後，一定要取得銀行確認的存款單，交與會計長或稽核人員等負責銀行調節表者保存；如此，才能確定所有收到的現金確實存入了本公司的銀行帳戶中。

第五節　電腦會計系統的收益循環處理方式

電腦化會計系統中有關收益循環處理方式與人工作業中最大的區別是：所有帳簿、文件工作將由電腦代勞。核准部分，有的可由電腦查核，有的仍由人工查驗。撿選貨品，則視企業是否已有相關設備，是否可自動化處理；運送的自動化處理亦同，但仍有人工查驗的部分。因而，在此部分，依照使用電腦自動處理資料的方式，討論收益循環。

一、以循序檔批次處理的收益循環

人工作業中的存貨控制，開發帳單，應收帳款登錄，存貨記錄的更新及總帳處理都可由電腦處理。電腦處理可減少人工失誤，可較快速處理，並減少人工等。但接受訂貨，核准信用，在倉庫收存貨品（或點發貨品），發貨，領貨，運貨等在循序檔批次處理的收益循環中，仍大部分以人工處理。雖然圖 11–5 至圖 11–10 說明收益循環的線上輸入，批次處理帳務流程，但也可藉此瞭解各程序的檔案及單據關係，故可參考。

㈠銷貨循環部分

1.接受客戶訂單（參考圖 11–5）：

⑴由銷貨部門或客戶服務部門查詢客戶檔或銷貨檔，回答客戶查詢有關帳款情形、訂貨情形及交易習慣等。

⑵接受客戶訂貨：如果是現金銷貨（包括信用卡銷貨），則查核存貨情形，顧客若指定交貨方式，則將預計的運送時間告知客戶。若存貨不足，則查詢存貨何時可送達，並將實情告知客戶，以確定客戶可否接受。如果是賒銷，可告知客戶銷貨暫准，信用部門會核定其賒購信用額度。銷貨員應與客戶討論預定的運送日期、運送方式，並約定確實回告客戶的時間，或何時會送達銷貨通知單給客戶。

2.客戶信用查核：

所有賒銷，一定要經信用部門核准信用額度。

⑴若是老客戶，往來交易已久，且一向信用良好，則不必每次都進行正式的信用查核程序，除非有異常狀態，比如當月的賒購次數超過該客戶的平均賒購次數太多，或該客戶的賒銷額度已遠超過原設定的賒銷額度。

⑵查核信用時，先查核客戶主檔是否有信用資料，若有信用資料，則應查核若加上新賒銷後，客戶的賒購總和會不會超過信用額度。

⑶若是新客戶、客戶已超過信用額度、客戶仍有欠款未付，則應由負責信用核准的主管核定是否仍准予賒銷。

⑷信用檔應盡量更新，以反應客戶的真實帳款狀態。

3.存貨查核：

存貨檔案應盡量常常更新，才能告知客戶確實的運送時間。

⑴如果存貨足夠，賒銷也通過了信用核准，則銷貨交易成立，應即通知出貨部門、存貨控制部門及帳單部門有關的銷貨作業，並依預定交貨時間處理，客戶也以銷貨通知單一併知會。

⑵如果存貨不足，則應盡快補貨。如是製造業，則要求生產部門知會完成生產的時間，以確定出貨時間；如為零售業，則應盡快採購貨品。

4.銷貨資料處理（參考圖 11–5）：

⑴銷貨員可在設計成適合電腦讀入的銷貨單上填寫資料，也可寫在一般銷貨單上，也可將銷貨交易直接鍵入電腦。而所謂批次處理，指將資料累積一段時候，再定時鍵入電腦處理。所以批次處理可能是一天處理一批次、或二批次，也可能一天處理數個批次或多個批次。各企業可依照行業特性、電腦系統特性、及作業特性，決定批次處理的次數。總之，一天內批次處理越多次，則資料的更新也越快速，越能提供最新資料。

⑵有數個主檔，如客戶主檔：主鍵是客戶編號。次鍵可使用客戶姓名、信用額度、或縣市，其他應有之資料則包含地址、電話、應收帳款餘額等。存貨主檔則應有存貨編號、存貨名稱、規格、單位成本、單位售價、製造或供應廠商等欄位。

⑶將銷貨訂單鍵入系統，建立銷貨檔：主鍵是銷貨訂單的編號，次鍵可有客戶編號，存貨編號等。銷貨檔的檔案結構至少應含六個欄位——即銷貨單編號、客戶編號、存貨編號、銷售數量、單位價格及應運送的日期等。會計資訊系統會自動依據客戶編號，從客戶主檔抓取客戶姓名、地址、電話、信用額度、應收帳款餘額。系統亦可自動依據存貨編號，從存貨主檔中，抓取貨品名稱、售價、成本、供應商等資料。

⑷將銷貨訂單的資料鍵入系統後，計算批次控制總數；亦即銷貨資

料鍵入電腦後，程式計算銷貨筆數、銷貨總額及存貨總用量等，作為隨後資料處理的控制總數。電腦執行交易處理後產生的控制總數，可與人工登錄的總數相比。如此互相比對，可確定資料的處理過程完整無缺。此時的銷貨檔並未完成，也可稱為待處理之銷貨檔。

(5)執行編輯校正：複查鍵入的銷貨交易資料是否正確，如有錯誤，則可修正，以確保資料的有效性。

①查核客戶帳號及存貨編號是否有效，是否主檔內有記錄。

②查核有無重複的交易。

③確定各欄位的資料都合乎原來屬性或定義，如姓名欄位中應無數字，金額欄位中應無文字等。

④查核客戶訂購數量的合理性：與客戶過去的訂購量相比，或與存貨主檔中的平均銷貨量相比，以確定數量的合理性。比如客戶通常一次購買 50 個，但若輸錯為 5 個、或 500 個，就可編輯、校正出來。

⑤查核運送日期的合理性。

⑥完整性測試：查核資料是否完整輸入，而無遺漏。

⑦以適當的欄位排序：將編輯校正過的銷貨檔依據客戶主檔的順序加以排序。此為循序檔的必要執行程序，否則，未排序的檔案，太浪費資料處理時間。

(6)讀入客戶主檔及銷貨檔的資料，並製作一些文件，準備出貨：

①先將銷貨檔上的銷貨金額加到客戶尚欠的餘額上，以審核是否超過信用額度。如果已經超過銷貨額度，則將此筆資料列印在「信用超過額度報告單」上。此報告單由授信部門主管決定是否要增加額度，或否決此筆賒銷。

②被否決賒銷的客戶，應先將款項繳清，才能購貨。

③列印一份銷貨單給銷貨部門，以便銷貨部門存檔、查詢客戶訂購歷史、銷貨參考及回覆客戶查詢。

④將銷貨單的副本如發貨單送至倉庫，以便倉庫撿出貨品，送至出貨部門，讓其繼續運送作業。

⑤銷貨單的副本如裝箱單送至出貨部門，準備裝箱作業。

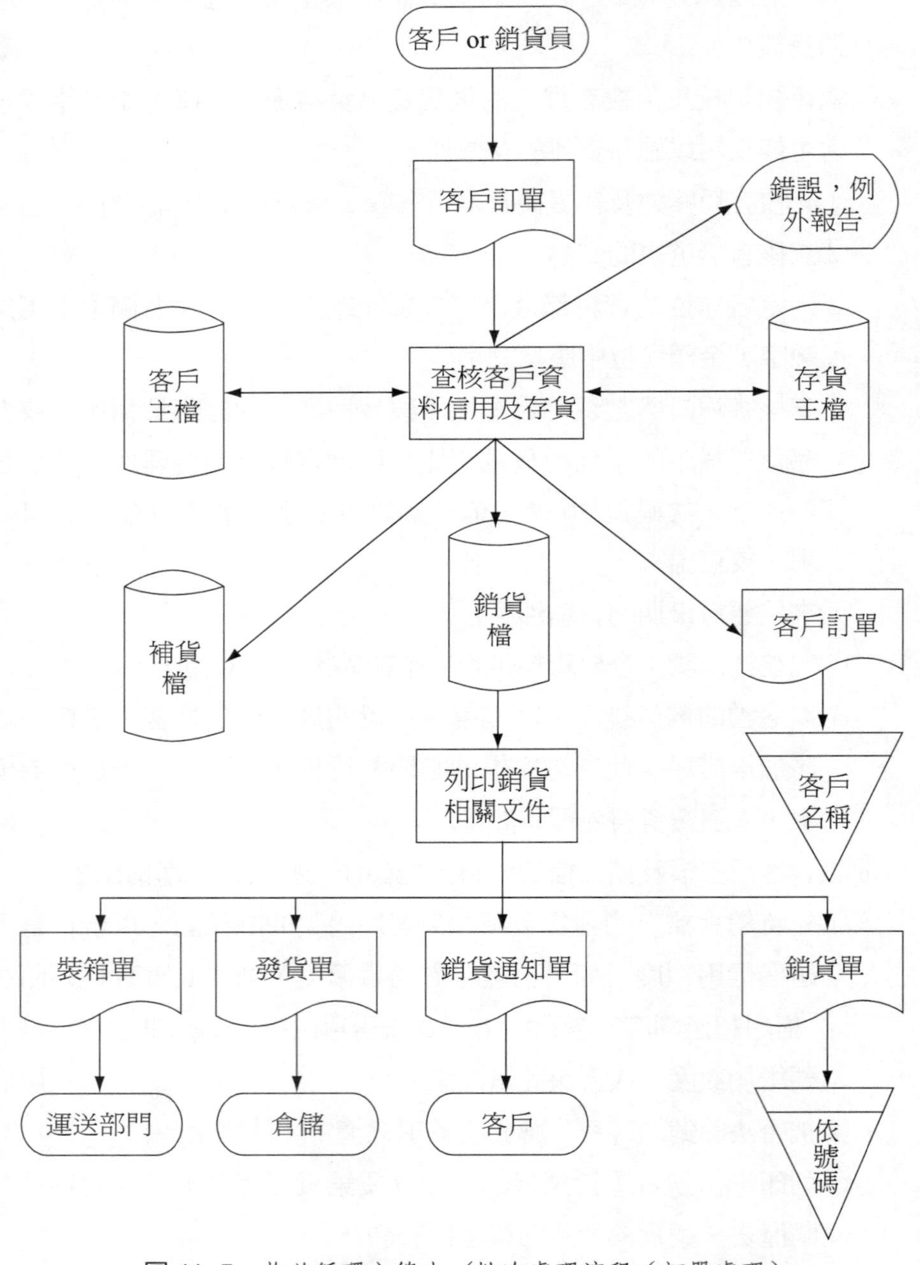

圖 11–5 收益循環之線上／批次處理流程（訂單處理）

5.倉庫揀選貨品（參考圖 11–6）：

倉庫依據發貨單揀選貨品，並將貨品與發貨單一併送至出貨部門。如果貨品不足，倉庫應請購貨品，或請補貨單位補貨。

6.出貨部門和運送資料（參考圖 11–6）：

(1)出貨部門依據印出的裝箱單，與倉庫送來的貨品及發貨單相核對，如有錯誤，通知倉庫修正。如果正確，就決定運送的方式。

(2)一旦決定了運送方式，應製作提貨單及運送通知單，將運送者、出貨地點、送達地點、運送日期、運送指示、FOB 運送條件、運費等資料載明，且列印提貨單。將提貨單中的一式兩份及貨品一起交給運送者，並請運送者在提貨單上簽名，表示收到交運的貨品，並負起交運的責任。

(3)將運送通知單正本送帳單部門，一份副本依據運送通知單號碼存檔。

(4)出貨部門自己保留一份提貨單副本，以為追蹤貨品的根據。

7.製發帳單（參考圖 11–7）：

(1)帳單部門收到運送通知單後，與銷貨部門送來的銷貨單相核對；如果正確，則資料經過編輯、校正後，可以循序批次將運送數量、日期、資料更新在銷貨檔上，同時，也開啟了發票檔，將運送數量、日期、資料更新在發票檔上，準備帳單（銷貨發票）作業。

(2)如果自動化較多，則電腦會在每天接近營業時間結束時，將編輯過的運送資料或運費加到未完成或待處理之發票檔上，關閉銷貨檔，更新並完成帳單作業檔，完成帳單，寄給客戶。此時的發票檔被稱為銷貨帳單檔。

(3)每次銷貨會製作出銷貨發票，通知客戶銷貨交易的情形。每月製作對帳單，告知客戶該月賒購及付款的情形。

8.更新應收帳款檔及存貨檔：

(1)銷貨發票印出時，同時也將客戶主檔更新（亦即將應收帳款主檔

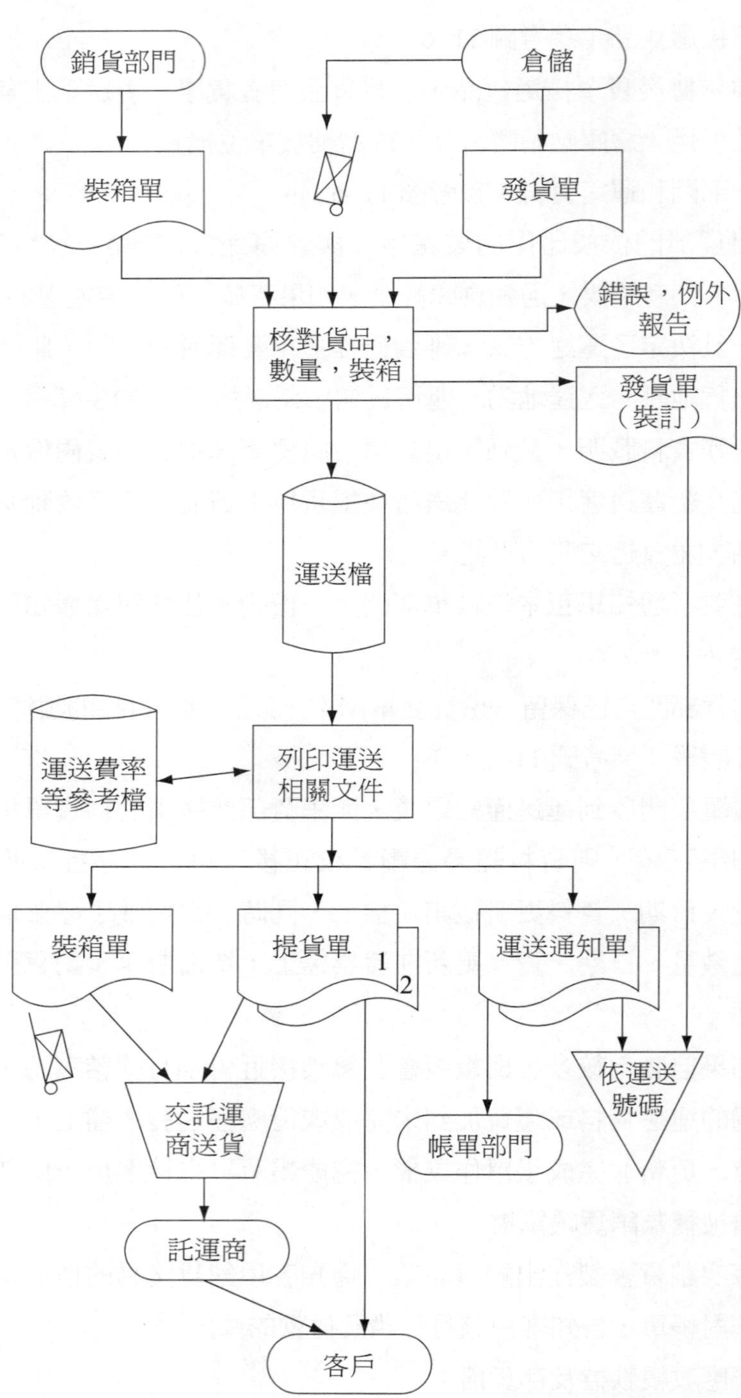

圖 11-6 收益循環之線上／批次處理流程（運送處理）

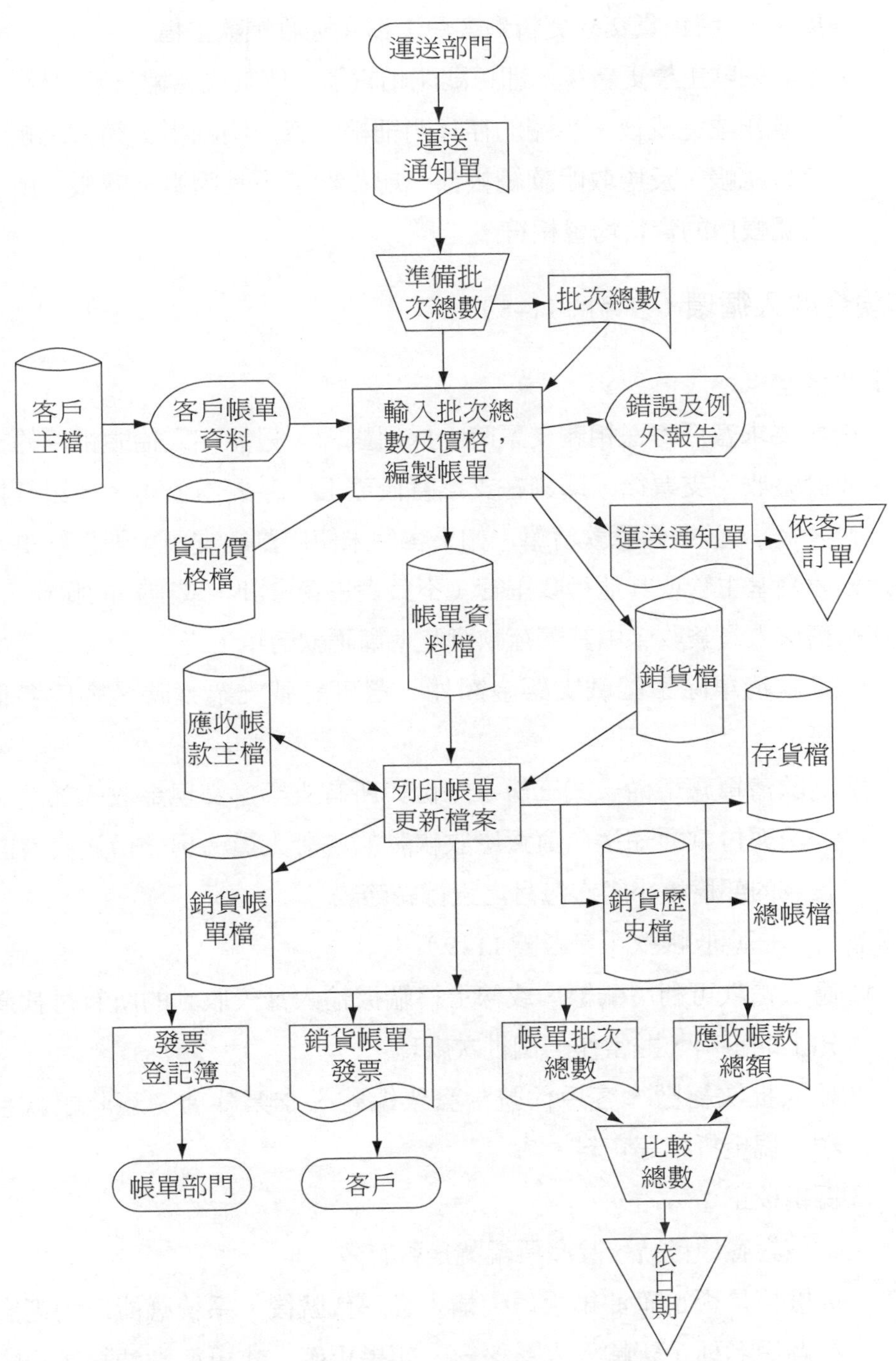

圖 11-7 收益循環之線上／批次處理流程（帳單處理）

更新），將銷貨交易更新到客戶主檔（應收帳款主檔）。

⑵應收帳款主檔更新後，即可關閉銷貨檔，使其成為銷貨歷史檔。

⑶發票作業完成後，相關的存貨明細帳、客戶明細帳、銷貨總帳、存貨總帳、及應收帳款總帳都一起更新了，且因電腦轉帳，所有相關帳戶的資料均會相符。

㈡現金收入循環（參考圖 11–8）

1.收發室：

最好要求客戶寄送相關支票時，採用劃線、只能存入抬頭帳戶的支票。收發室收到支票後，即刻在支票背後蓋上「存入本公司××銀行帳號××××」，並準備匯款清單。如果客戶未使用劃線支票，則最好掛號寄送給收發室主管或其他行政主管（不負責主管會計、或出納的職務）、或交給稽核人員簽收，由其蓋存款章及準備匯款清單。

⑴匯款清單除了記載支票金額外，還可記載支票號碼、客戶名稱等。

⑵匯款清單應準備一式三份。一份與所有支票送交現金收入部門。一份與付款通知送交負責應收帳款的會計人員。另一份送交會計長或內部稽核小組作每月之銀行調節表。

2.會計——應收帳款（參考圖 11–9）：

⑴應收帳款可利用離線、或線上終端機輸入當天收到的所有付款通知上的資料，並當作一個批次處理。

⑵輸入批次總數、客戶代號、發票編號、支票款項、應收帳款金額、現金折扣等資料。

⑶編輯校正：

①核對客戶代號、及發票編號是否有效。

②檢核是否正確沖銷帳戶：輸入客戶代號後，系統應能自動選出客戶名稱，讓輸入人員核對。如果正確，才可準備沖銷客戶帳戶。

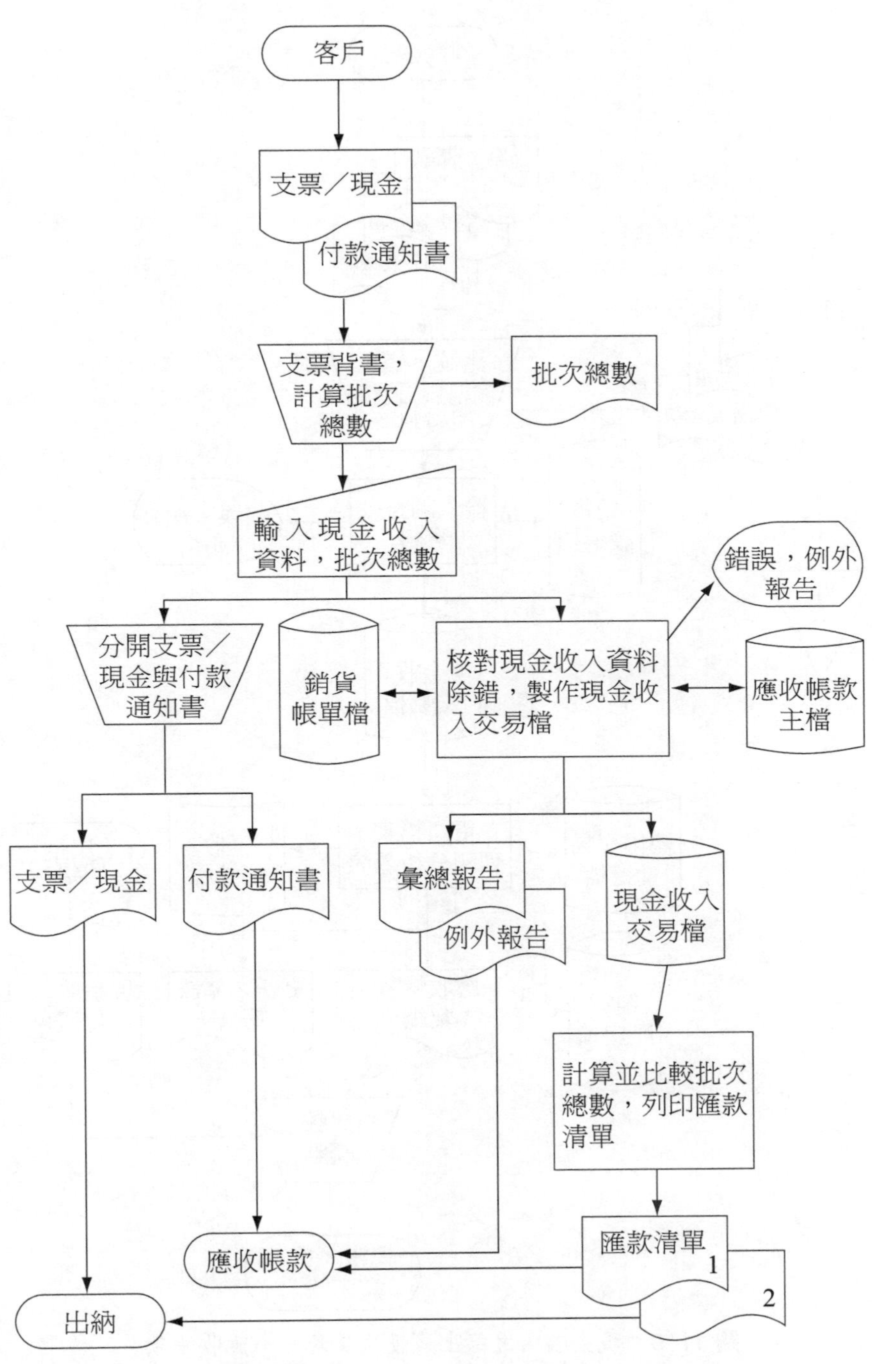

圖 11-8　現金收入之線上／批次處理——收發室

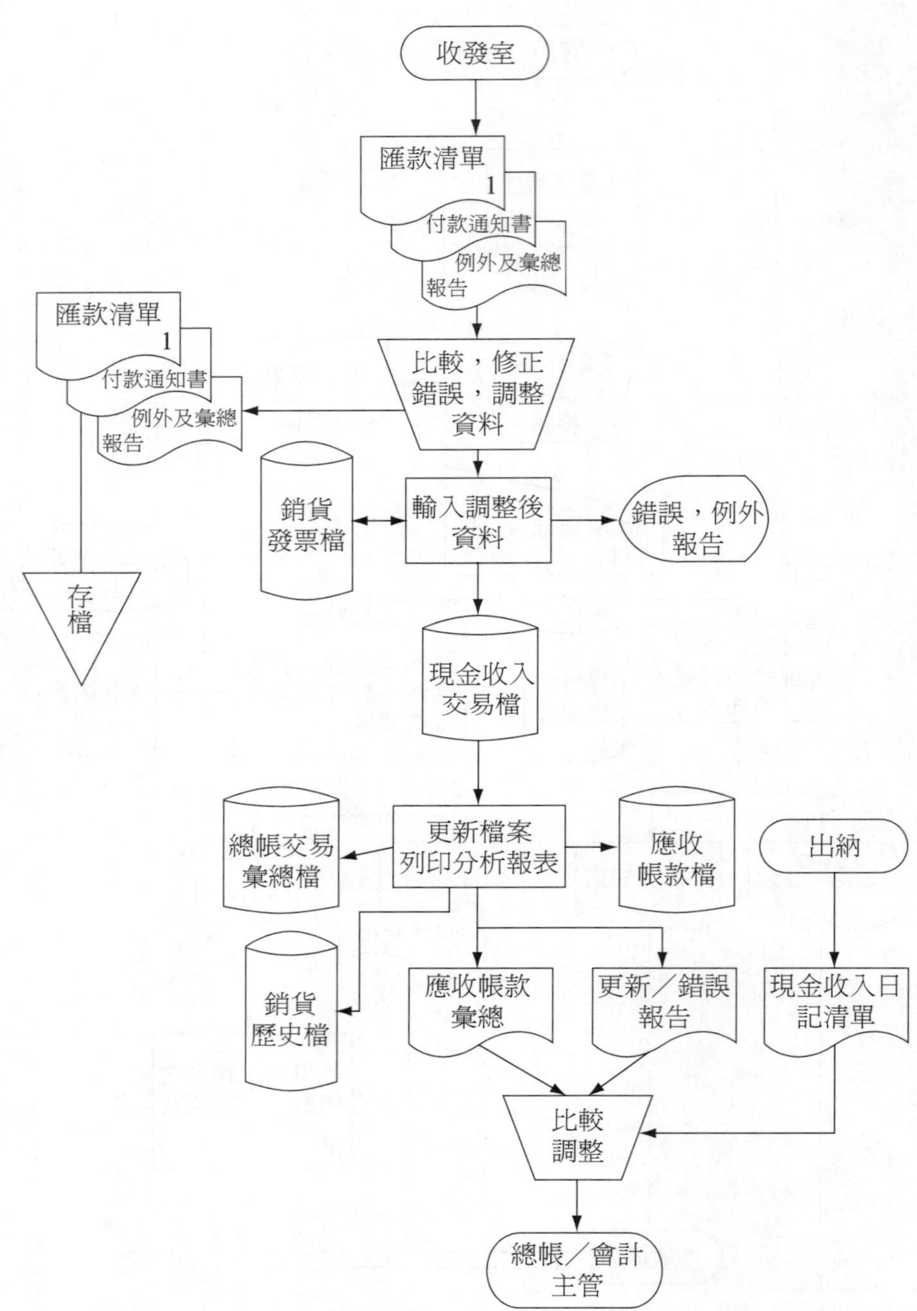

圖 11-9　現金收入之線上／批次處理——應收帳款

③付款金額的欄位應經數字測試，才算正確。

④電腦應彙記所有這些輸入數字的總額，至少應總計收款總額。應收帳款人員應將批次總數及收款總額比較，如果相符，才可確定輸入的資料正確。

⑤應收帳款人員確定批次總數正確後，才執行更新發票檔的程式。

(4)執行更新後，客戶主檔上的每個有付款客戶的記錄，都會貸記付款金額，並減少欠款餘額。

(5)未完成的發票檔經記錄付款日期、金額、客戶代號等的更新動作後，便註記「已付」，而成完成的發票檔，可做將來參考用。

3.現金收入記錄（參考圖11–10）：

(1)完成發票檔更新後，客戶主檔也已經更新，則現金總數也結算出，並自動記入現金收入簿。

(2)系統記入現金收入後，自動印出存款單兩份，並將存款單送給現金收入部門。

(3)現金收入部門比較匯款清單、存款單及所收到的支票，確定所有帳戶都記錄完整後，送支票與存款單至銀行。

(4)銀行接受存款後，在兩份存款單蓋上「存款收訖」章，退給存款人員。

4.獨立驗證：

(1)內部稽核員或會計長每月查閱存款單、現金簿及銀行對帳單，製作銀行調節表，查核銀行現金及現金帳簿的正確性。

(2)應收帳款每月寄對帳單給客戶，客戶亦可查核自己帳戶的付款記錄、賒購記錄及折扣記錄是否正確。

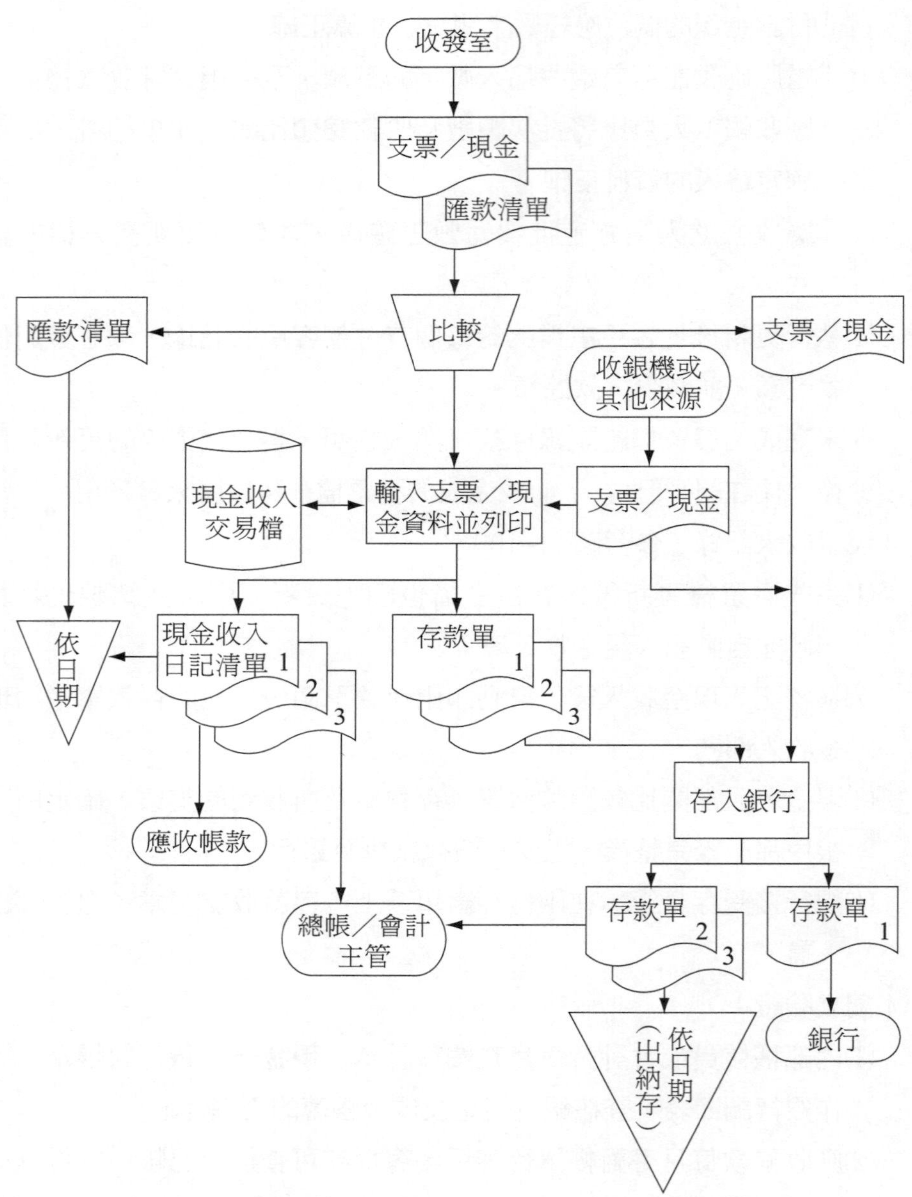

圖 11-10 現金收入之線上／批次處理——出納

㈢批次處理的缺點

批次處理的資料結構較簡便，有時間延誤的問題，使得帳戶記錄，及收到客戶付來款項的時間變動、後延，也使得平均收帳期間加長，分析如下：

⑴客戶訂貨的時間與銷貨時間不同，有時間延誤問題。

⑵運送的時間與帳單印出的時間不是同時，也有時間差異。

⑶帳單印出及寄達客戶處要幾天，是另一個時間差異。

⑷客戶收到帳單後，再寄出付款支票，公司又要等幾天才收得到。

以上這些延誤，若用即時 (on-line) 處理，或使用電子資料交換系統 (electronic data interchange, EDI) 可免去這些遲誤的問題。以下各段落，先討論資料從線上輸入，但電腦處理用批次方式的「直接存取檔批次處理」，「線上／批次」的銷貨循環（或稱線上／批次處理），再討論線上即時系統。

二、直接存取檔批次處理的特性

不論線上／批次處理或線上即時系統，其檔案結構都必須使用直接存取檔。直接存取檔批次處理指在資料輸入階段，檔案使用直接存取檔結構，但在電腦處理資料階段採用批次處理；亦即資料在輸入階段，可以是離線作業方式，也可以是線上作業。所謂離線方式：指輸入資料時，只將資料記錄在磁碟或硬碟上，並不馬上交給電腦的程式執行任何處理；比如，只將銷貨資料打在磁碟上，無法查知所要的存貨是否足夠，等定時批次執行另一程式後，連上資料庫或檔案，才能查詢存貨量是否足夠，此為離線／批次處理。所謂線上：指電腦在接收到輸入資料的同時，也執行該資料的相關作業程式，有些結果已經可供查詢；比如，將銷貨資料輸入時，可查詢最新的存貨資料，以確定存貨是否足夠，銷貨部分可完成，後續的會計處理以批次進行，則為線上／批次處理。

直接存取檔有下列特點：

⑴檔案為直接存取，不必循序讀取。可使用磁碟，或硬碟記錄檔案。讀取的方式可能以位址、索引、索引循序等方式讀、寫檔案。

⑵不必排序，更新時，直接在檔案資料上更新，因而不會產生新的主檔。

⑶仍應經過編輯校正的程序，修正錯誤後，就可設定批次，準備讓電腦直接更新主檔。

直接存取檔的批次處理，與循序批次處理相比，有三大優點：

⑴直接存取檔的檔案不必排序。

⑵直接存取檔不必製作新的主檔，可以多次且小批次的更新，一天可以更新多次，甚至隨時更新。而循序檔只能定期更新。

⑶直接存取檔可提供多方位的服務；比如利用應收帳款檔的資料，因可直接讀取，不必循序尋找，則可馬上回答客戶查詢有關帳款、繳款的記錄、最新餘額，還有多少信用額度等，而不必等循序讀到該客戶的檔案時，才能回答。

由於直接存取檔批次處理的收益循環，與下段「即時批次處理的收益循環」的差別，只在輸入階段不同而已。其收益循環的各過程，及處理原則都相似，因而不再贅述。圖 11–5，圖 11–6，圖 11–7，圖 11–8，圖 11–9 及圖 11–10，都是以線上／批次處理的收益循環為例示，讀者可自行參考。

三、即時批次處理 (Real-Time With Batch)

即時批次處理與線上／批次處理相同。在輸入資料階段時，將較重時效性的交易如銷貨、信用查核、存貨查詢、運貨查詢等作業採用線上即時處理，從線上即時輸入、即時查詢，以確定銷貨交易；後續的、時效問題較不嚴重的會計處理及輸出階段，則以批次處理即可。

即時批次處理的收益循環，是銷貨階段大部分採用線上即時處理系統，而會計帳務的更新，及現金收入的處理，則採用批次處理。茲說明如下：

⑴收到訂貨後，在線上即刻鍵入銷貨資料，線上即時查詢客戶信用及信用額度，查詢存貨資料，如無問題，則確認銷貨可以成立。同時新開發票檔，自動更新存貨檔，自動印出發貨單給倉庫、裝箱單給出貨部門，以減少人為抄錄的缺失。

⑵當貨品送出時，出貨或運送部門以書面的運送通知單，或直接在終端機上，在線上鍵入運送資料。則銷貨部門得在新開發票檔上，加入運送日期、託運公司、運費等運送資料後，完成發票檔作業，印製發票，準備寄給客戶。

⑶帳單印製完成後，關閉銷貨檔，並寄出帳單。以上均為線上作業。

⑷批次處理階段：更新相關的會計主檔，如更新應收帳款主檔，存貨主檔，銷貨主檔，及銷貨成本檔，及現金收入的各項處理，都可用批次處理的方式進行。當然，若為了較有效率，則可訂在一天內，進行數次的批次作業，使相關檔案的資料保持最新的狀態，以反映相關的作業情形。

即時批次處理的優點如下：

⑴減少現金循環的時間。

⑵提供競爭力。

⑶減少人為失誤。

⑷減少書面文件。

四、直接存取批次處理現金收入系統

⑴將收到的支票以直接存取檔記錄，以批次處理，且每天與現金一

同存入銀行。

⑵更新的程序與前述的直接存取收益循環相同；亦即應收帳款在登錄收到的付款支票時，可選用離線批次方式更新，也可採取線上批次或線上即時系統，馬上更新相關檔案。

第六節　電腦會計資訊系統——收益循環的控制點

電腦化會計資訊系統中的控制點，應仔細設計，有的部分可設計在程式中，讓電腦在執行作業時，可自動檢查。在收益循環中，至少應設的控制點如下：

1. 核准的控制程序：

批次處理時：由人工核准信用。若即時處理系統，則經由程式設計、由電腦查核、直接核准，所以應確定信用檔的即時性及正確性。

2. 分工的控制程序：

輸入資料，校正資料，准許或執行過帳，程式設計，程式操作，程式維護均應分由不同人員負責，以確保正確及不易舞弊。

3. 使用控制：

應設計限制檔案使用的方法，如密碼，權限設定等。一定要防止決策可由程式產生，並可交由電腦執行；也應避免電腦操縱會計記錄，或發出可以使用資產的命令。

4. 會計記錄：

應注意書面資料的流向，並設法保存，盡量留存審計軌跡。如為直接存取檔，應在更新前，製作備份檔，以防重要會計記錄遺失。

5. 獨立驗證：

用總數控制或其他驗證方式，或者設計仔細處理過的測試資料，交由電腦執行，將電腦執行測試資料的結果與原來應有的結果相比，以確定程式的處理過程正確無誤。

第七節　微電腦或個人電腦基礎的會計系統

微電腦或個人電腦基礎的會計系統多使用商用套裝軟體。這些商用套裝軟體，常以模組型式出售，可依據客戶需要，選擇適用自己行業特性的模組，整合使用。有些可整體化使用，或為特定目標，如專供稅務使用的，也有些為投合一般行業的通用目標，設計成選擇模組，即可適用於零售業、小製造業或百貨業的會計帳務處理軟體，種類繁多。這些以微電腦或個人電腦為基礎的商用套裝軟體相當受歡迎，市場需求不錯。因已有這許多市售的商用會計帳務處理軟體可供選擇，故會計作業的自動化很容易達到。有的市售商業套裝會計處理軟體，還經過相關單位評估過。中小企業在選取會計帳務處理軟體時，可參考這些評估報告，審視自我需求，尋求適合的軟體運用。現在的商用會計帳務處理軟體大多為視窗環境，好學易用，介面活潑，親和力高，有的還提供免費指導課程、試用軟體的宣傳方式，有的軟體提供容易使用的輔助說明、線上說明或線上教學等功能，幫助使用者快速學會這些會計軟體。為了增加效率及競爭力，這些套裝軟體，也可為客戶的特別需求剪裁修改，當然經費會較高些。會計人員如能瞭解這些軟體的使用方式，或至少會使用一種，則其應用電腦會計軟體的能力算是相當符合時代需求了。

第八節　結　語

收益循環是營利企業最重要的循環之一，包含兩個主要的子系統，銷貨循環及現金收入循環。討論收益循環先從人工作業系統開始，是為了能詳細討論每個細部過程應有的控制方式，以便在系統電腦化後，縱使審計軌跡不明顯，仍能設法維護必要的內部控制程序。

銷貨循環的控制程序，不論是人工作業或電腦化會計系統，各階段的控制程序均可依據權限核准、職能分工、維護會計記錄、明訂使用資產及控制的程序、獨立驗證及監督等各項的控制活動，都應考慮周詳設計在循環內。

為了讓讀者更瞭解收益循環，附上收益循環的資料流向圖，銷貨系統及現金收入系統的文件流程圖及會計資訊電腦化後的文件流程圖，一方面圖示容易明瞭，一方面可從圖示中比較人工作業及電腦化之不同。

微電腦或個人電腦的會計系統適合中小企業使用，也有許多商用套裝軟體可供選用，評估商用會計軟體中有否設計適當的控制程序，也是選擇這類軟體時應考慮的因素。

研討習題

1. 試述收益循環的兩個基本階段。
2. 簡述收益循環的兩大子系統的相關活動有哪些？哪些職務，可能被電腦代替？
3. 人工作業的銷售循環中，運送部門負責哪些事項？其控制重點為何？
4. 人工作業的銷售循環中，帳單部門負責哪些事項？其控制重點為何？
5. 人工作業的銷售循環中，總帳部門可以勾稽哪些會計科目？如何勾稽？
6. 簡述銷貨退回的相關活動及會計處理。
7. 試述人工作業的現金收入循環中，收發室應如何確保從客戶處收到的付款支票不會被偷取、盜用。此部分的職務，可被電腦代替嗎？
8. 試述現金收入循環中，現金收入部門如何處理收到的現金及付款支票。此部分的職務，可被電腦代替嗎？
9. 試述現金收入循環中，總帳、會計長或內部稽核小組如何勾稽現金帳。
10. 試述以循序檔批次處理的收益循環與人工作業的收益循環在會計作業上有何處理上的差異。
11. 試述循序檔批次處理的收益循環與人工作業的收益循環在內部控制作業上有何差異。
12. 試述批次處理的缺點。
13. 直接存取檔有哪些特性？
14. 直接存取檔的批次處理與循序批次處理相比，有何優點？
15. 試述即時批次處理收益循環的作業狀況。

16.試述即時處理的優點。

17.試述電腦化會計系統之銷貨循環應注意的控制點。

18.簡述電腦化會計系統之現金收入循環應注意的控制點。

參考文獻

Corcoran, T. C., "New Order-Entry System Tames a Bear of a Sales Process." *Info World*, November 20, 1995: 72.

Hall, James, *Accounting Information Systems*, St. Paul, Minn. West Publishing Co., 1995.

McCartney, S., "Companies Go On-Line to Chat, Spy and Rebut." *The Wall Street Journal*, September 15, 1994: B1,B6.

Moscove, S. A., Simkin, M. G. & Bagranoff, N. A., *Core Concepts of Accounting Information Systems*, John Wiley & Sons, Inc., New York, 1997.

Romney, M. B., Steinbart, P. J. & Cushing, B. E., *Accounting Information Systems*, Seventh ed., Addison-Wesley, 1996.

Wilkinson, J. W. & Cerullo, M. J., *Accounting Information Systems—Essential Concepts and Applications*, Third ed., John Wiley & Sons, Inc., 1997.

第十二章

支出循環

概　要

支出循環也是企業相當重要的循環之一。若企業是買賣業，需要購進商品，才能賣出以獲利。若是製造業，也需購入原料、物料、材料，購置設備再製成商品後出售，才能獲利。企業都需要聘僱員工，才能提供勞務，使用辦公設備或供應品等，以增加企業活動的價值。在採購循環時，應確實採購正確的及品質好的貨品，並設法支付適當或較便宜的代價，才能節省成本或費用，替企業賺取較高利潤。採購循環完畢後，總要支付款項，因而企業的現金支付系統也應詳加控制，以免現金浪費、外流或支付給人頭公司。

支出循環中不論是採購系統或現金支出系統，都應保持詳細書面記錄，盡量維護審計軌跡，也應特別注重核准程序、保存完整會計記錄、仔細驗收貨品、制訂使用控制、職務分工、獨立驗證採購程序及付款程序正確並完整，以達到內部控制目標。在電腦化會計資訊環境下，審計軌跡較不明顯，會計記錄不是書面的、職務分工也與人工作業不同。會計、審計人員均應瞭解兩種環境下應有的活動及適當的內部控制程序。

第一節　緒　論

企業為獲取利潤，需要從事許多的加值活動，如採購貨品，尋求人力資源，購置設備等；收到貨品後，需從事驗收或員工完成工作後，企業應為這些加值活動支付現金的作業程序稱為支出循環。

討論企業的支出循環，至少應包含三大範圍，即採購系統，薪資系統及現金支出系統。本章依序先討論採購與現金支出的人工作業處理，以使讀者瞭解各細部的作業及各步驟中應有的控制程序。瞭解了人工作業的控制程序後，才能適當的將內部控制原則，應用在電腦化的會計資訊系統上。而電腦化後，又可因不同的檔案結構而有批次處理、線上處理、線上批次處理等不同的作業方式。再討論薪資處理的人工作業及電腦化作業等之不同控制方式。

第二節　人工採購系統

人工採購系統可從請購活動開始，再依序有採購、驗收、查核發票、應收帳款及付款等作業，圖 12–1 標示支出循環的資料流向圖。採購循環各步驟的活動可詳細討論如下，其文件流程圖可參考圖 12–2：

㈠請購、採購

⑴若是零售業，則存貨控制部門在發現存貨低於安全存量時，必須要盡快補充存貨，因而應開出請購單。有些部門為補充營業所需的辦公用品或設備時，也要開出請購單。若為製造業，則因每週、每天都有生產排程，可知所需的原料、物料及各項援助生產的供應品、或生產設備應有的數量，而依照生產排程請購。請購單應詳列所需請購的貨品代號、名稱、規格、品質要求、數量等資料。請購單至少準備一式三份，一份給採購部門，一份送應付帳款部門，一份自存作為請購根據及參考用。

⑵採購部門收到請購單後，在合格供應廠商名錄中，尋求適合廠商，並與供應廠商談妥規格、品質要求、價格、運送時日、運送方法及付款條件後，著手準備採購單（一式多份）。其中一份採購單正本送供應商，請其依據採購單送來貨品。一份採購單副本回

給請購部門，表示已經完成採購程序。一份採購單副本給應付帳款，讓其核對廠商發票及入帳用。一份採購單副本給驗收部門，作為驗收送來貨品的依據。一份依照廠商別自存為待結案的採購資料夾。

㈡驗收、倉儲、存貨記錄

⑴給驗收部門的那份採購單副本有些欄位的資料保持空白；亦即這份採購單副本，除了有供應商的名稱外，最好只有品名，沒有數量，也沒有價格。因為驗收部門除了應該確實核對貨品、查驗品質外，還必須確實點算貨品的數量，並在驗收單上，填寫驗收到的正確數量，以確保所購入的資產經過完整的驗收程序。

⑵驗收部門依據隨貨品一起送來的裝箱單，核對空白的採購單副本，點算貨品數量、查驗貨品品質及規格，即查驗所驗收的貨品是否合乎所採購的規格、品質及所需數量。

⑶驗收過程中可能出現：

①收到的貨品有瑕疵；品質與所要求的不同。

②收到的貨品受損。

③收到的數量與所訂購的數量不符。

這些情形若出現，則應交由採購部門與廠商一起解決問題，通常供應廠商會同意退貨或讓價，則採購部門應準備退貨的「貸項通知」。

⑷驗收完畢後，填寫驗收報告單（一式多份）。除了一份自存外，其中一份驗收報告單送採購部門，告知所購貨品已到，採購部門即可完成該項採購的結案工作，並與採購單一起存檔。

⑸一份驗收報告單送應付帳款部門，表示貨品已收到，可準備會計作業。

⑹一份驗收報告單送存貨控制部門。存貨控制部門依據此驗收報告單，更新存貨明細帳，並每天或定期報出存貨總金額（存貨彙總數）給總帳。

㈢會計作業——應付帳款

⑴應付帳款部門依據各部門分別送來的請購單，採購單及驗收報告單，先核對廠商名稱及內容後，分別依照廠商代號或名稱順序存為待付款檔。

⑵等廠商寄來發票後，抽出相關的請購單、採購單及驗收報告單，互相核對，確定供應商、貨品規格、貨品數量、價格、付款條件都一致相符後，才記入帳簿。若不符，則查詢相關部門修正、調整。

⑶若資料均完整無誤，則將各筆交易記入「進貨日記簿」，借：進貨、或供應品存貨，貸：應付帳款欄—客戶名稱。再將進貨日記簿上各分錄，過帳到應付帳款明細帳。

⑷每日或定期依據進貨日記簿，寫日記傳票——借：進貨總額，貸：應付帳款總額後，送交總帳。並應定期將各客戶應付帳款餘額加總，彙報總帳。

⑸將過好帳的單據（即同一家的廠商發票、驗收報告單、採購單、請購單合訂在一起），戳記「已入帳」，並依據「廠商發票」規定的付款日順序入檔，準備付款程序。注意現金折扣期間，盡量在付款條件內，取得折扣付現，以節省利息費用。

⑹當發票的付款日到時，準備付款憑單，開始現金支出循環。

㈣會計作業——總帳

⑴總帳收到應付帳款的日記傳票，及存貨控制部門的存貨彙總報告後，比較及勾稽存貨總額、進貨總額及應付帳款總額（三者應相同），並記錄存貨總帳、應付帳款總帳。

⑵定期收到應付帳款送來的應付帳款餘額總和時，應與自己的應付帳款總帳餘額比較，以發揮統制帳戶的功能。

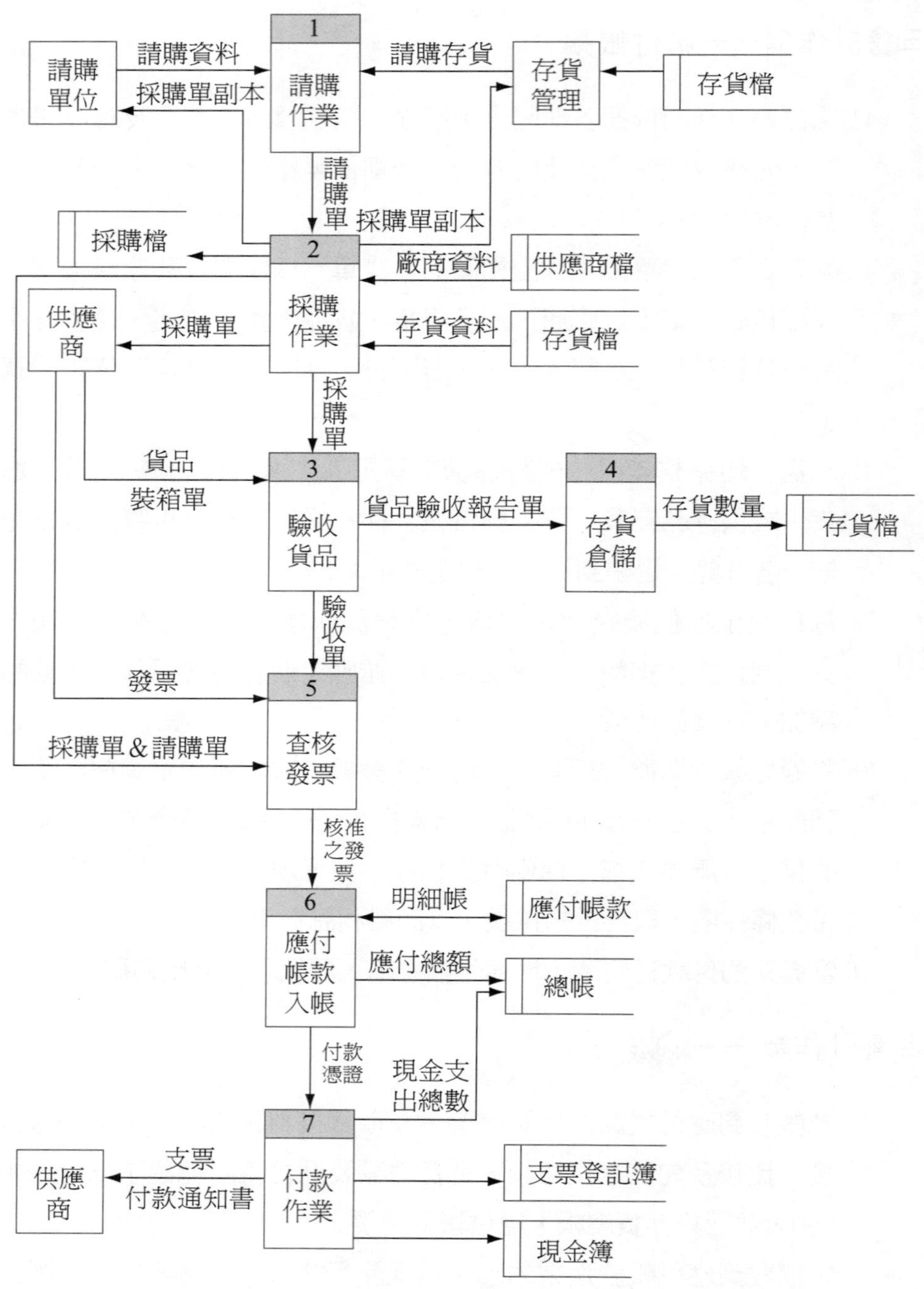

圖 12–1　支出循環資料流程圖

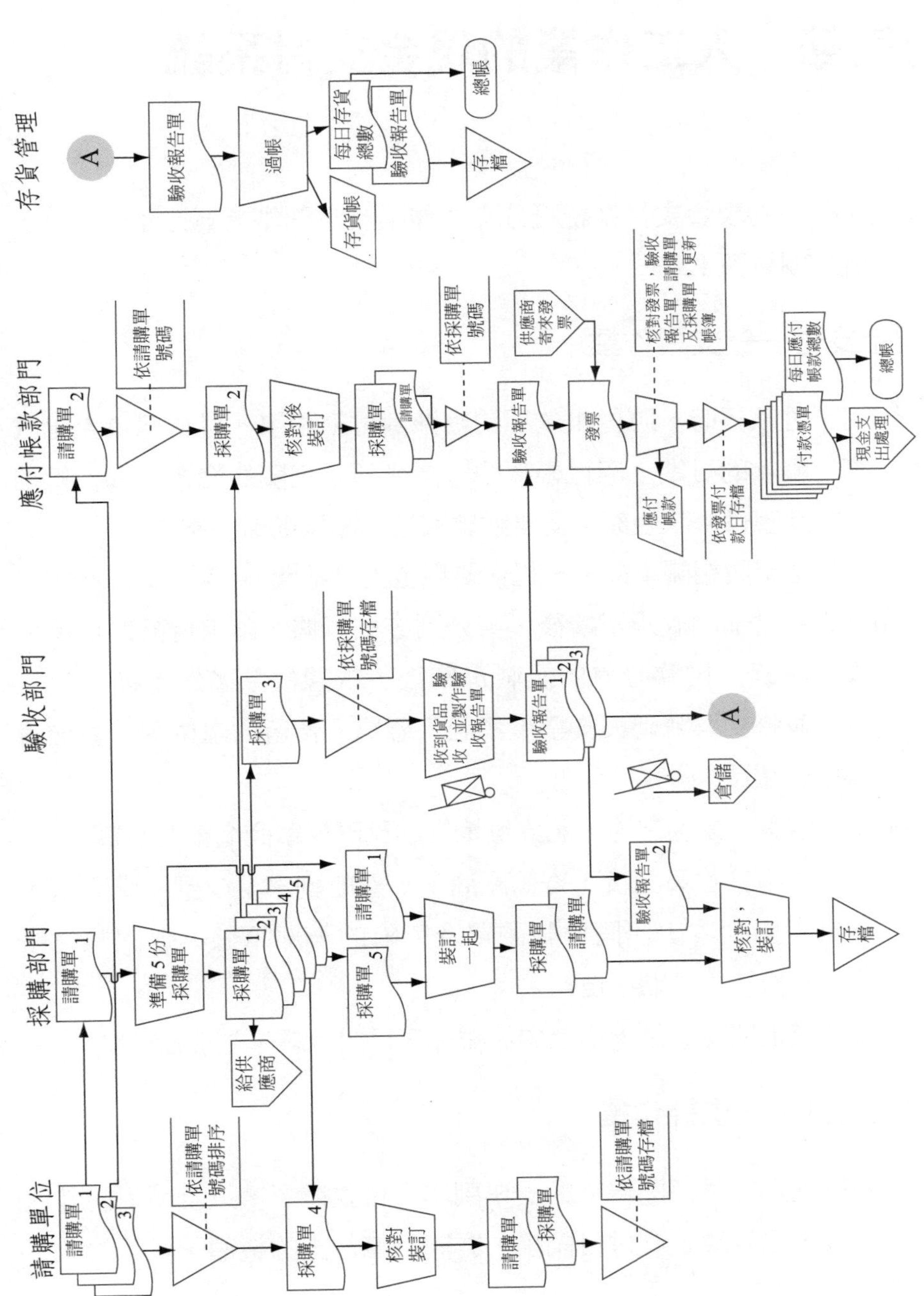

圖 12-2　人工作業──支出循環（採購）文件流程圖

第三節　人工作業的現金支付系統

人工作業的現金支付系統可分支票作業及會計作業兩方面來討論，其資料流程圖見圖 12–3。

㈠現金支付——支票作業

⑴到了付款日時，應付帳款部門應準備付款憑單。付款憑單上記載應付帳款的日期、應付帳款的廠商名稱、相關的發票號碼、折扣金額及應付帳款金額；支票號碼欄及金額欄則保持空白。

⑵付款憑單與相關單據，一起交給現金支付部門。

⑶現金支付部門收到單據後，再分別查核單據。確定付款憑單及單據都正確，付款憑單的記載正確後，依據付款憑單準備付款支票。並將支票號碼與支票金額記入憑單上預留的空位內，並加蓋「付訖」戳記。

⑷支票應有支票登記簿，記錄每筆支票號碼、廠商名稱及金額。

⑸支票交給主管簽名後，寄給廠商。支票的副本至少應準備兩份，一份支票副本，連同付款憑單及所附的全部單據，退回應付帳款。一份按支票順序自存。

⑹每日或定期將支付支票金額加總，寫日記傳票，並交給總帳。

㈡現金支付——會計作業

⑴依據現金支付部門轉來的支票副本、付款憑單、以及所附的其他單據，記載現金支付日記帳，詳記每筆付出的金額，付款對象、支票號碼等。

⑵應付帳款根據現金簿、付款憑單過帳，沖銷應付帳款明細分類

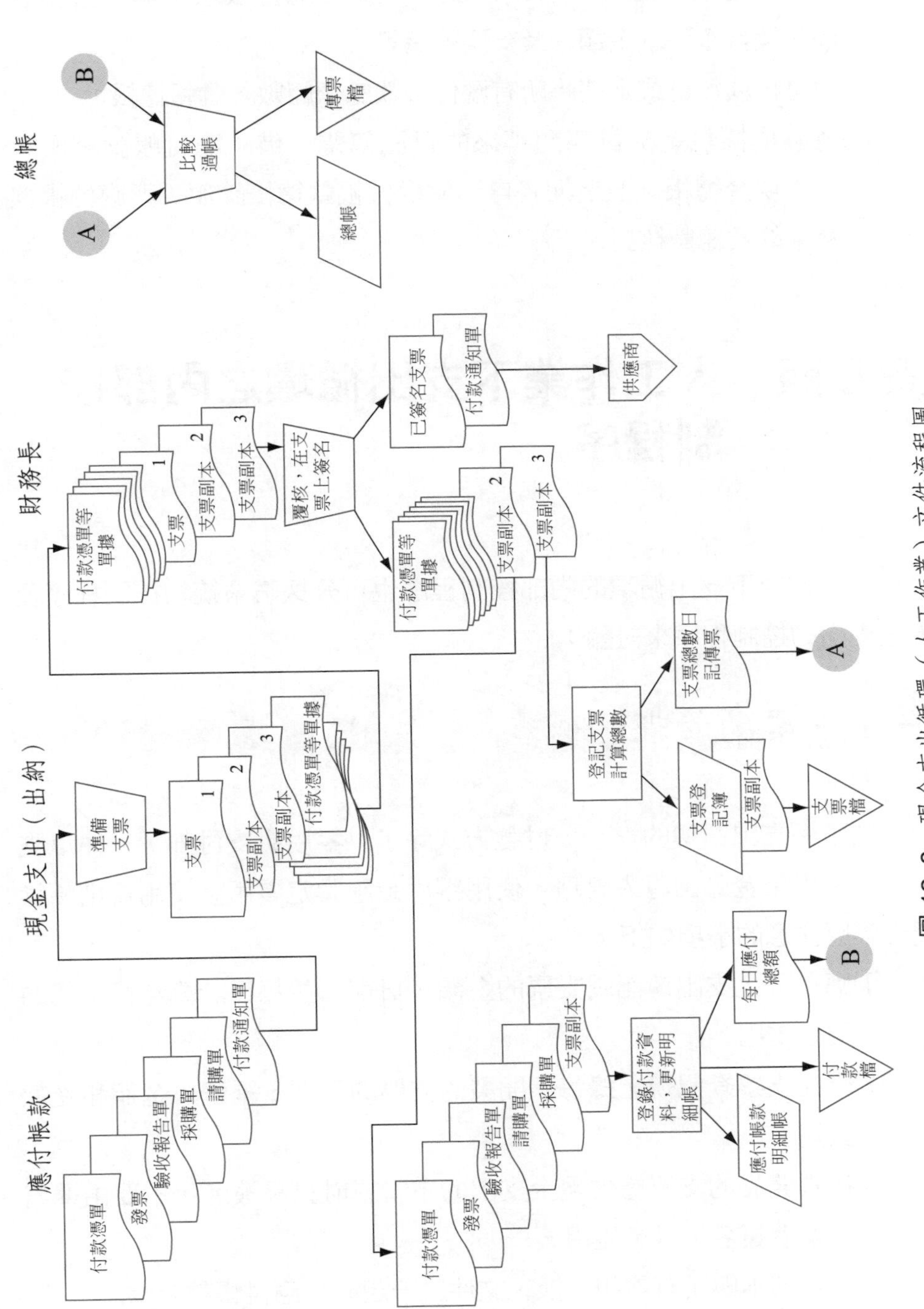

圖 12-3 現金支出循環（人工作業）文件流程圖

帳，登記付款給各個客戶的記錄。比如應付帳款金額、折扣金額、及實際付款金額，及支票號碼等。

(3)應付帳款每日或定期將所有應付帳款餘額總數，彙報總帳。

(4)總帳依據現金支付部門轉來的日記傳票，借：應付帳款總帳，貸：現金總帳；並定期將自己的應付帳款總帳餘額，與應付帳款交來的彙總數核對。

第四節　人工作業下支出循環之內部控制程序

人工作業下支出循環的內部控制程序也可分採購系統的控制程序及現金支出的控制程序來討論：

一、支票的管理

為確保支出循環的安全，付款方式除了以零用金支付外，一律以支票支付。零用金應由專人管理，使用零用金應設定零用金使用規則。管理支票應注意的事項如下：

(1)應在現金支出簿記載支票的金額、日期，並每日計算當日全部的現金支出。

(2)應在支票登記簿記錄每張開發的支票的日期、編號、金額和受款公司。

(3)每張開發的支票應由現金支出的主管或財務長簽名。不要由準備支票者簽名，以免盜用。

(4)支票副本與所有證明單據、文件應一起轉給應付帳款存檔。

(5)現金支出部門應每天或定期填寫付款支票的日記傳票，借：應付帳款，貸：現金，並將日記傳票交送總帳。

二、採購系統的控制程序

1.核准：

(1)採購程序始於請購部門或存貨控制部門開始請購時。因而請購單是重要的原始來源文件，沒有請購單，則不可能有後續的採購活動。

(2)採購部門應有貨品價格表供參考，並應有合格、可靠、可來往的供應廠商名單，以控制存貨成本，並確定存貨可確實在約定期間交貨。

2.職能分工：

(1)請購部門與採購部門分開。

(2)請購者或採購者也應與資產保管者（倉儲）分開。

(3)倉儲與存貨管理者分開。

(4)驗收部門與倉儲、採購分開。

(5)應付明細帳與總帳分開。

3.會計記錄：

(1)檔案夾應有：請購單檔案，採購單檔案及驗收單檔案。

(2)帳本應有：進貨日記簿，存貨明細帳，應付帳款明細帳及總帳。

4.使用控制：

(1)資產保管及安全控制。採購循環中，資產（貨品）由驗收部門查驗合格後，交由「倉儲部門」保管。倉儲部門負責存貨的儲放及安全控制。任何個人或單位要領取貨品，應有書面許可文件出示給倉儲部門。領取存貨時，也應在文件上簽名，以示負責。

(2)保存會計記錄並限制使用者。採購循環中，每次存貨收到（增加）時，要將一份驗收報告單副本交給存貨控制部門，由其負責記載存貨的增加。領取貨品時，也有一份副本交存貨控制部門記載存貨的減少。在這兩情形中，存貨控制部門都要核對單據和簽名，以確定驗收責任、倉儲責任及領取貨品人員的責任，也限制了不相關的人員接觸存貨。

5.獨立驗證：

(1)應付帳款要核對主要單據後（廠商發票、驗收報告單、採購單、請購單都相符），才記負債。

(2)總帳查核整個採購循環過程。核對存貨控制部門的日記傳票及應付帳款的日記傳票，獨立查驗存貨帳及應付帳款帳簿的正確性；也間接查驗了驗收及採購作業是否合乎程序。

6.監督：

驗收部門開啟貨箱，並查驗貨品時，應有適當的監督控制，比如：設置監視錄影系統或由工頭抽選貨箱開封，複查驗收情形。

三、現金支出系統的控制程序

1.核准：

現金支出系統始於應付帳款的核准付款。應付帳款核對廠商發票、驗收報告單、採購單、請購單都一致後，才開發「付款憑單」。到了付款日，付款憑單才與所有證明文件交給現金支付（出納），準備付款。

2.職能分工：

(1)負責應付帳款明細帳者與負責現金支付者分開。

(2)負責應付帳款明細帳者也與資產保管者分開。

(3)負責現金支付者與負責總帳者分開。

(4)負責應付帳款明細帳者與總帳分開。

3.會計記錄：

(1)檔案夾應有：付款憑單檔案夾及支票登記簿。

(2)帳簿應有：應付帳款明細帳，現金支出簿及現金總帳。

4.使用控制：

(1)有關資產保管及安全控制應注意以下各點：

①所有支出一律簽發支票支付。

②所有支票均預先編號，並由專人保管，平時應鎖在保險箱內。

③應在支票登記簿上，詳記每張支票的付款細節，最好有一份支票副本存檔對照。

④準備支票者，不能與在支票上簽名者為同一人。

⑤在一定金額以上的支票，要有兩人簽名，才算有效。

⑥作廢的金額，應將正本、副本上全部醒目標示「作廢」，並全部與其他的支票副本一起依照支票序號存檔。

(2)現金安全保管應注意：如以支票支付所有支出，則每日保留在組織內的現金數量應限定，只要有足夠的零用金、或每日營業所需的找零金即足夠。所有不可能在當天動用的現金，應存於銀行。零用金及找零金應於每日結算完畢後，鎖於保險箱內。

(3)會計帳簿應保管好，限制使用的人員，在支出循環中，所有支出由支票支付。出納要有應付帳款開來的「支付憑單」並核對所有單據後，才可準備支票。每張付款支票又應在支票登記簿上登記，故能記錄領用支票者，又能限制接觸支票的人員。

5.獨立驗證：

(1)現金支出部門總核單據。現金支出部門依據支付憑單核對廠商發票、驗收報告單、採購單、請購單都相符後，才準備付款支票。

(2)總帳查核總過程。總帳查核現金支出部門的支出傳票，及應付帳款的餘額總數，並與自己的現金總帳、應付帳款總帳相查核。

(3)內部稽核小組或會計長定期作銀行調節表，查核銀行現金與帳簿現金餘額是否相符；藉以查核經手現金者（現金收入、現金支出、存款者）與經手帳簿者（現金收入簿、現金支出簿）的工作是否正確。

第五節　採購作業的批次處理

從人工作業的支出循環中，可以注意到審慎的內部控制程序，也可清楚的查明審計軌跡，有完整、明顯的會計記錄、檔案、文件等。以下將討論電腦化的支出循環，讀者應特別注意這些內部控制程序的變化，及成本效益觀念。討論電腦化的支出循環時，先討論批次採購作業，再討論即時處理的作業。圖 12-4 至圖 12-7 雖圖示支出循環的線上處理，但因為線上處理與批次處理的差異，只是輸入方式不同，因而批次處理採購作業亦可參考各個支出循環的即時批次圖示。

批次處理採購作業時，電腦只取代例行會計作業的部分：

㈠請購——資料處理部門（參考圖 12-4 支出循環線上處理（採購））

⑴由資料處理部門開始採購循環作業。電腦化的銷售、採購系統中，只要每次存貨量有變動時（即銷貨後，或製造系統領取貨品後，或貨品已經驗收登錄），電腦系統即會更新存貨明細檔，並查驗存貨量是否足夠。若系統查得存貨量已經低於最低庫存量，或等於「再進貨點」時，電腦系統即開始請購作業。

⑵請購作業：系統開啟「請購檔」，列出所需請購的存貨品名、規格、數量、合格的供應廠商名單、參考單價等資料。不印出請購單，只在請購檔中可查出有此請購作業。

⑶系統且在「存貨明細檔」中各項請購的貨品上標明「採購中」。

⑷每日營業結束前，將所有的請購檔，依供應商編號整理，查核「合格供應商檔」，列印後送採購單位（供採購單位參考）及應付帳款部門。

㈡採購——採購部門（參考圖 12–4 支出循環線上處理（採購））

⑴採購作業由採購單位查核電腦系統是否進行正確的請購作業，若正確，則由系統印製採購單。採購作業也可能由採購人員接洽廠商、比價、談妥貨品規格、品質、數量、價格後，完成採購單作業，將資料輸入電腦後，再由電腦印製採購單。

⑵完成採購作業的請購檔的各項目後，會標明「已採購」，並記錄給廠商的採購單號碼、供應廠商代號、預計貨品到達日及採購數量等資訊，供查詢存貨的採購情形用。

⑶採購單寄發給供應廠商後，關閉請購檔，表示採購作業已經完成。

在批次處理的採購作業中，可以使用三種不同的存貨自動採購程序：

⑴電腦印出採購訂單後全部送採購部門，先由採購人員查核採購單資料後，分送正本給供應商，副本給驗收部門及應付帳款部門。

⑵電腦印出採購訂單後，自動寄送供應商採購單正本，將副本分送驗收部門、應付帳款部門、及採購部門。採購部門收到採購單副本後，才查核電腦處理的正確性。

⑶電子資料交換 (electronic data interchange, EDI)：不需要印製採購單；買賣雙方使用預先約定的電子格式協定，經由通訊線路及電腦自動訂貨。

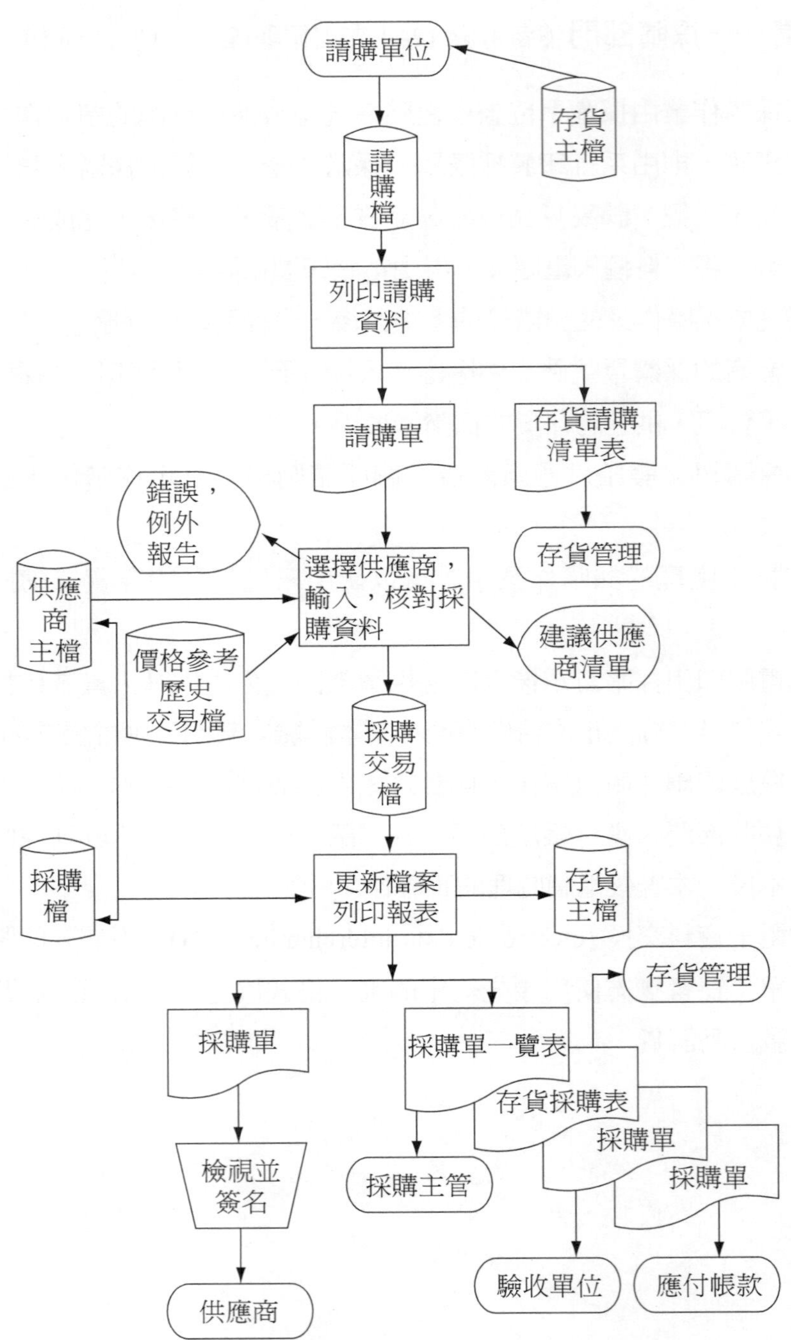

圖 12-4　支出循環線上處理（採購）

㈢驗收——驗收部門（參考圖 12–5 支出循環線上處理（驗收））

⑴依據電腦系統印出的採購單副本，核對廠商送來的貨品、裝箱單，查驗品質、規格、數量。

⑵完成驗收工作，製作驗收通知單（由人工完成並製作副本、或輸入電腦中，由系統製發）。

⑶系統印製驗收通知單及副本，分送應付帳款及資料處理部門。

㈣會計作業（參考圖 12–6 支出循環線上處理（應付帳款））

⑴資料處理部門：依據驗收單，更新存貨明細檔，並取消「採購中」記號。系統結算批次總數，以備更新總帳檔。關閉已完成的採購檔。

⑵應付帳款：收到廠商寄來的發票後，核對相關單據（廠商發票、採購單、驗收報告單）無誤後，開啟應付帳款明細檔，記錄各項應付帳款明細。

⑶應付帳款：完成應付帳款明細後，開啟「付款憑單檔」，製作付款憑單，記載應付帳款廠商代號、將要付款日、折扣金額、支付金額等資料。

⑷資料處理部門：（批次處理）由程式查驗供應商主檔及「付款憑單檔」，確定要付款的廠商資料正確、且在主檔上有資料。核對無誤後，開啟「付款憑單登記檔」，登記各付款憑單號碼、日期、各付款憑單金額，準備付款。

⑸準備批次總數給總帳檔更新，也為下一階段的現金支付系統做準備。

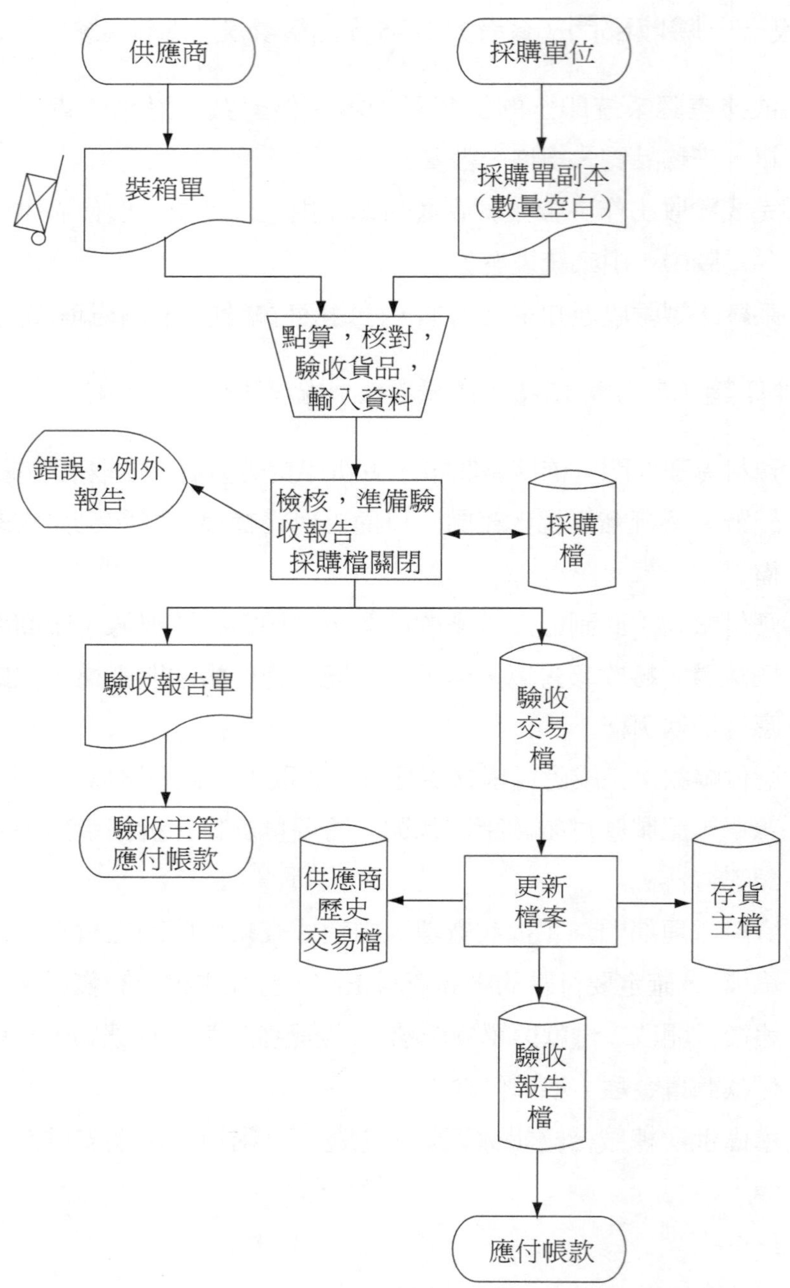

圖 12–5 支出循環線上處理（驗收）

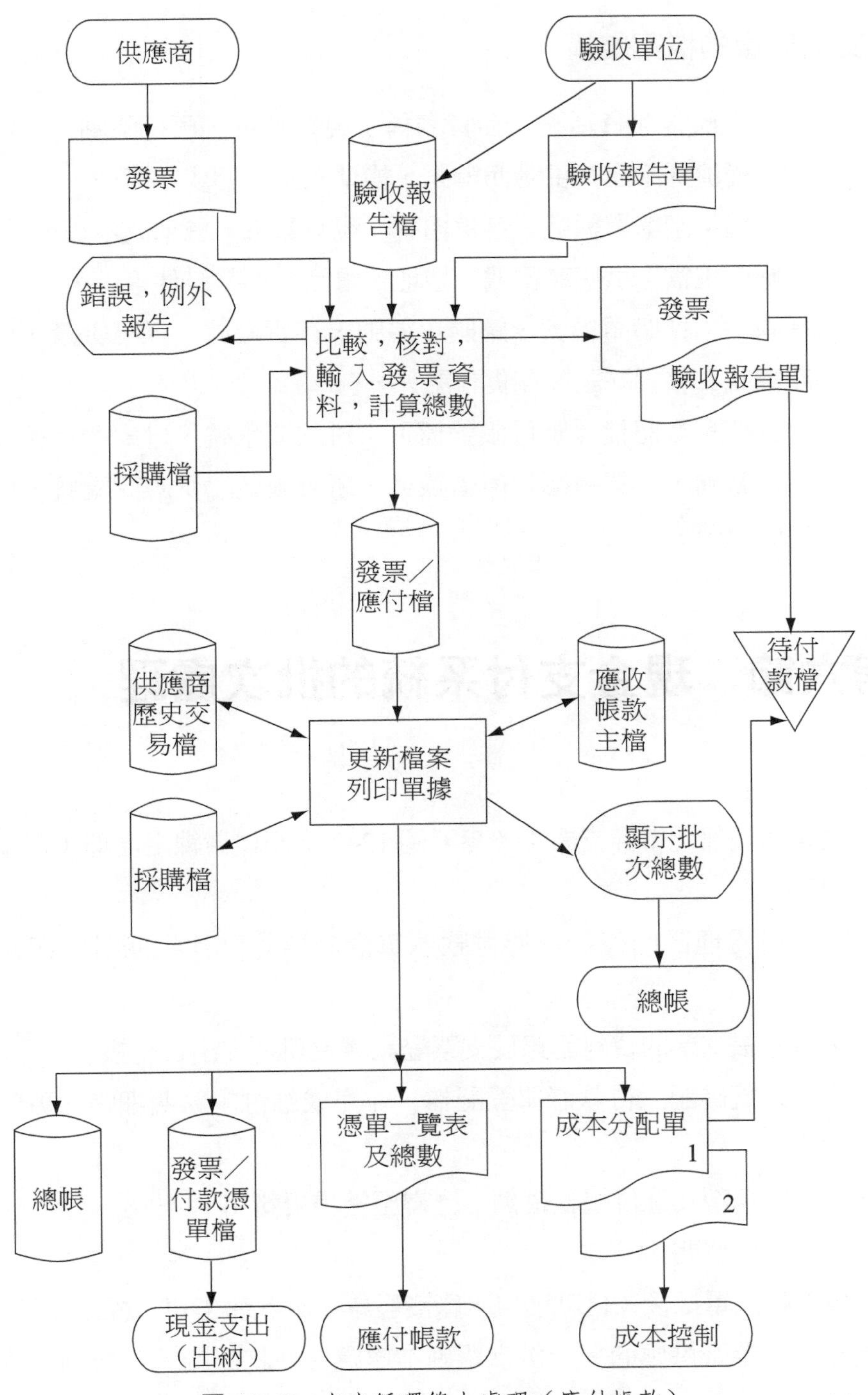

圖 12-6　支出循環線上處理（應付帳款）

㈤支出循環的檔案結構

⑴存貨主檔：存貨編號、存貨名稱、現有數量、再採購點、採購數量、經濟採購量、供應商編號、標準成本、總成本等……。

⑵請購檔：請購單編號、存貨編號、現有數量、標準成本等……。

⑶供應商主檔：供應商編號、地址、電話、付款條件等……。

⑷採購檔：採購單編號、請購單編號、存貨編號、採購數量、供應商編號、收貨註記、存貨註記等……。

⑸付款憑單登記檔（應付帳款檔）：付款流水號、付款憑單編號、支票號碼、支票金額、所借帳號、所貸帳號、供應商編號、付款日等……。

第六節　現金支付系統的批次處理

1.資料處理部門準備支票：（參考圖 12–7 支出循環線上處理（現金支出））

⑴資料處理部門每日依據付款憑單登記檔的付款到期日，印製支票。

⑵將每張支票的資料記錄於支票登記簿及現金支出日記帳。

⑶支票號碼記入付款憑單登記檔，並完成應付帳款明細帳的更新作業。

⑷支票總額及應付帳款總額，應轉至總帳更新用。

2.現金支付部門：

核對相關單據後（付款憑單、廠商發票、驗收報告單、採購單等），將簽好的支票寄供應商。一份支票副本送應付帳款部門，一份副本依照支票號序存檔。

3.應付帳款部門：

收到支票副本後，核對並完成付款登記檔的記錄，即准許電腦完成過帳、更新應付帳款明細帳的程序，記載付款資料。

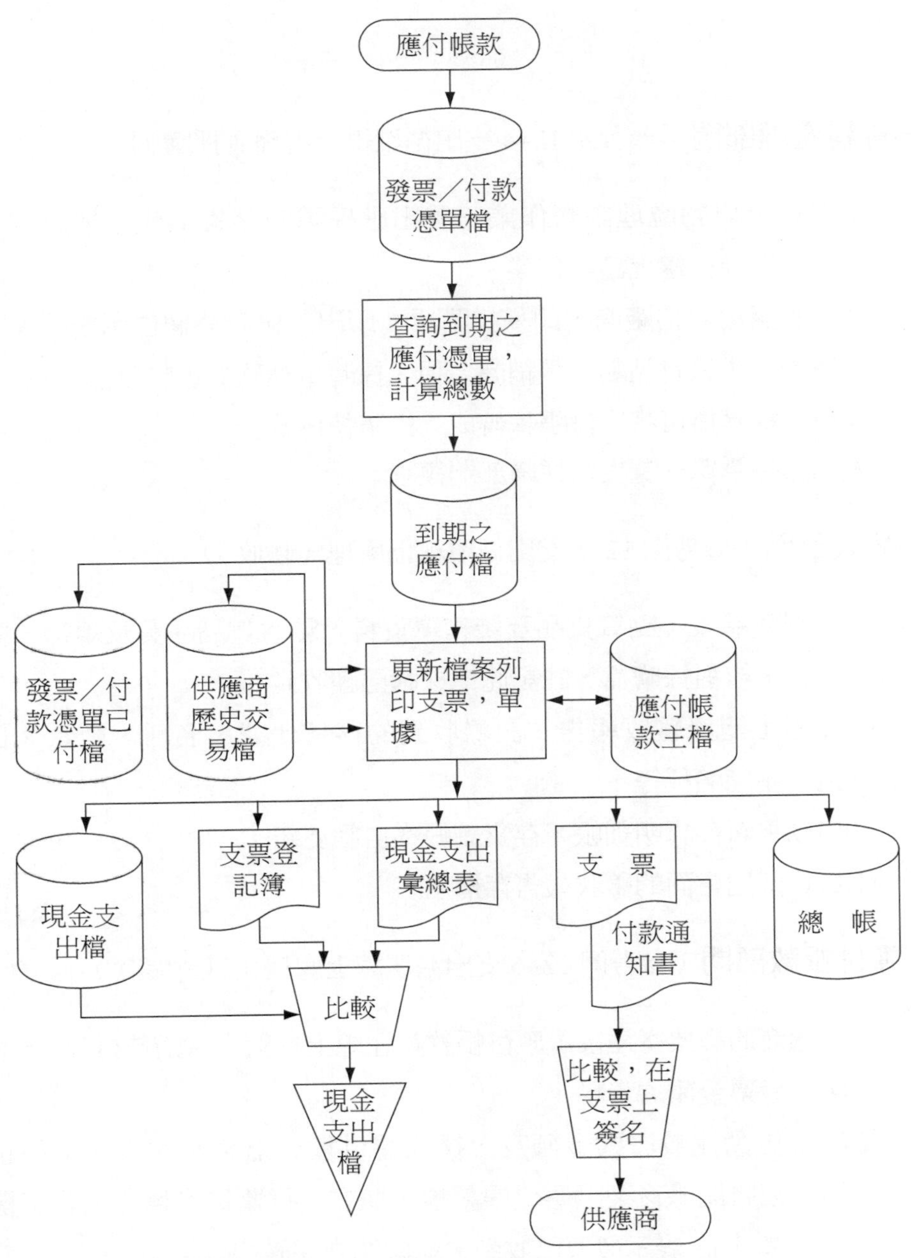

圖 12-7　支出循環線上處理（現金支出）

第七節　支出循環的即時批次處理

㈠**資料處理部門**（參考圖 12–4 支出循環線上處理（採購））

⑴在線上自動處理請購作業，尋出應採購的存貨；或應補充貨品時，即進行線上請購作業。

⑵自動選出合格廠商，印妥採購單。印出一份有些欄位留白的採購單副本（只有品名、經銷商名稱、採購單號碼）送驗收部門。

⑶電子採購檔可將應付帳款轉成「採購待付檔」。

⑷列印採購單一覽表給採購部門複查。

㈡**驗收部門**（參考圖 12–5 支出循環線上處理（驗收））

⑴收到貨品後，點算貨品及裝箱單資料，驗收貨品品質及規格，並在線上核對採購檔，註記此筆採購已經收到。

⑵在線上記錄驗收報告，記錄收到的存貨代號、名稱、數量、日期、廠商名稱等。

⑶自動更新存貨明細帳，存貨總帳亦自動更新。

⑷每日印出書面的驗收報告存檔用。

㈢**應付帳款部門**（參考圖 12–6 支出循環線上處理（應付帳款））

⑴供應商的發票寄達後，應付帳款員在線上核對「採購待付檔」，並鍵入發票金額的資料。

⑵系統自動比較發票金額及「採購待付檔」上金額的異同；如正確，則將記錄複製至應付帳款檔，並在「採購待付檔」上註記標示「待付」，表示發票已收到，並關閉「採購待付檔」。

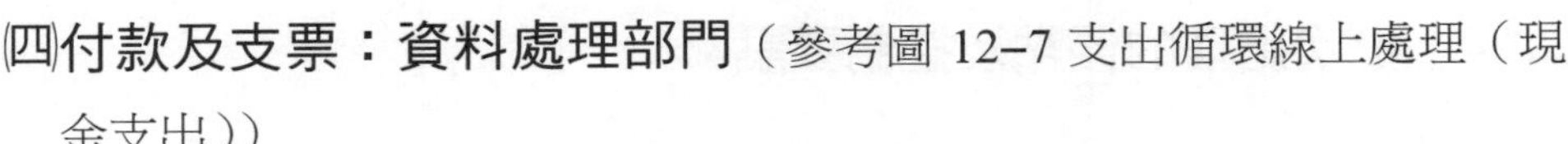

㈣付款及支票：資料處理部門（參考圖 12-7 支出循環線上處理（現金支出））

⑴每日批次處理：將註記「待付」的記錄，轉至應付帳款檔，記錄發票號碼、金額、付款日、折扣等，等到該付款之日準備付款。

⑵每天依據付款日到期的應付帳款檔，自動印製支票。

⑶支票由現金支付部門人員簽名，或送請財務長簽名後，交由郵務室寄給廠商。

⑷支票資料（支票號碼、日期、金額、支付廠商等）記入支票登記簿。

⑸採購待付檔轉成採購已付檔，並關閉之。

⑹應付帳款總帳及現金總帳自動更新。

⑺應付帳款及出納可從終端機上查得交易詳細的處理報告。

第八節　電腦基礎支出循環之控制點

㈠基本批次處理的優點及控制注意事項

1.存貨控制管理較佳：

由於可使用程式設定存貨的「再採購點」，並設定電腦系統自動印製採購單或自動訂貨，故應訂定訂貨的核准辦法或複查辦法，確定程式自動檢查的核准點或交由人工查核是否正確，避免發生可能有瑕疵的存貨採購模式，並應定期查核控制報告。

2.現金控制較佳：

較不會發生早付，或錯過折扣期間、晚付等情形。

㈡線上批次處理的優點及控制要點

1. 線上批次處理的優點是減少了時間遲延，消除重複的及不必要的人工作業，減少書面文件。
2. 去掉了核准及處理的分工；故經理人員應取得含有細節交易的資料及彙總的報告，以確定支出循環的處理正確，也可從報告中發現錯誤或檢查責任。
3. 會計記錄都在磁碟上，應對使用者設限，以免會計記錄被盜用、誤用、或被破壞。
4. 應有實際的軟體控制設計，使用軟體技術來作適當的控制。

第九節　人工薪資系統

薪資處理系統是每個企業組織的另一極重要且需定期執行的支出循環。薪資處理與一般支出循環、或應付帳款有下列的不同處理方式：

⑴同一企業的薪資處理可有不同的計算基礎，有論時計薪、定期計薪、論件計薪、也有以佣金計薪的方式。

⑵薪資系統的會計處理包含薪資計算、相關的所得稅、健保、公保、勞保、公假、病假、事假及休假的處理等事項，都與一般會計處理不同。

⑶發給員工薪資的付款處理應有特別的控制程序，一定要與平常的應付帳款分開來處理。

⑷薪資處理需定期處理，而每個員工的應得薪資、所得稅率、扣繳款額、可享的休假期間、或服務年資都不同，因而薪資的計算及處理都相當繁瑣。

人工薪資處理包含建立個人及薪資基本資料，計算薪工資料，準備薪工單，準備薪工轉帳支票，通知銀行的轉帳清單，發放薪工單給員工，分配人工成本，準備薪工報表，更新帳冊等。圖 12–8 圖示薪資循環的資料流程圖。圖 12–9 圖示人工薪資的文件流程圖，其相關各部門的職務討論如下：

1.人事部門：

建立員工的個人基本資料，核定薪級，確定個人的所得稅率，有關的健保、退休基金或相關的扣繳資料等。

2.生產部門：

提供員工的工作清單及工時卡以為計算薪資的依據。

3.成本會計部門：

運用工作清單計算直接人工或製造費用（間接人工），記錄勞務支付彙總表，並將此彙總數轉給總帳。

4.薪工部門：

(1)應先備有各員工的支付標準表、工時支付表、稅率表、健保扣繳表、退休基金扣繳表及其他扣繳資料等。

(2)在薪工表上計算各人的各項款項：包含工作小時、薪工總額、薪資類別、薪資給付基準、扣繳額、加班小時、加班費、其他代扣額、其他代繳額、病假給付、休假給付及薪資淨額等。

(3)將薪工表的資料，分別記入薪工單、員工薪資記錄、或薪資統計表。並應準備一份分發給每位員工自己個人的薪工表。

(4)若企業採取轉帳發薪的方式，則應將含有員工帳號及各帳號應轉入的薪資金額的轉帳清單準備好，以便銀行將員工薪資轉入各員工帳號。若企業採取發放薪津支票的方式支付薪資，則應準備好給員工的薪津支票，每張支票註明員工的姓名及金額，但支票尚未簽名。

(5)將薪資記錄表送應付帳款入帳。

(6)將處理過的計時卡、薪工單、薪工表存檔。

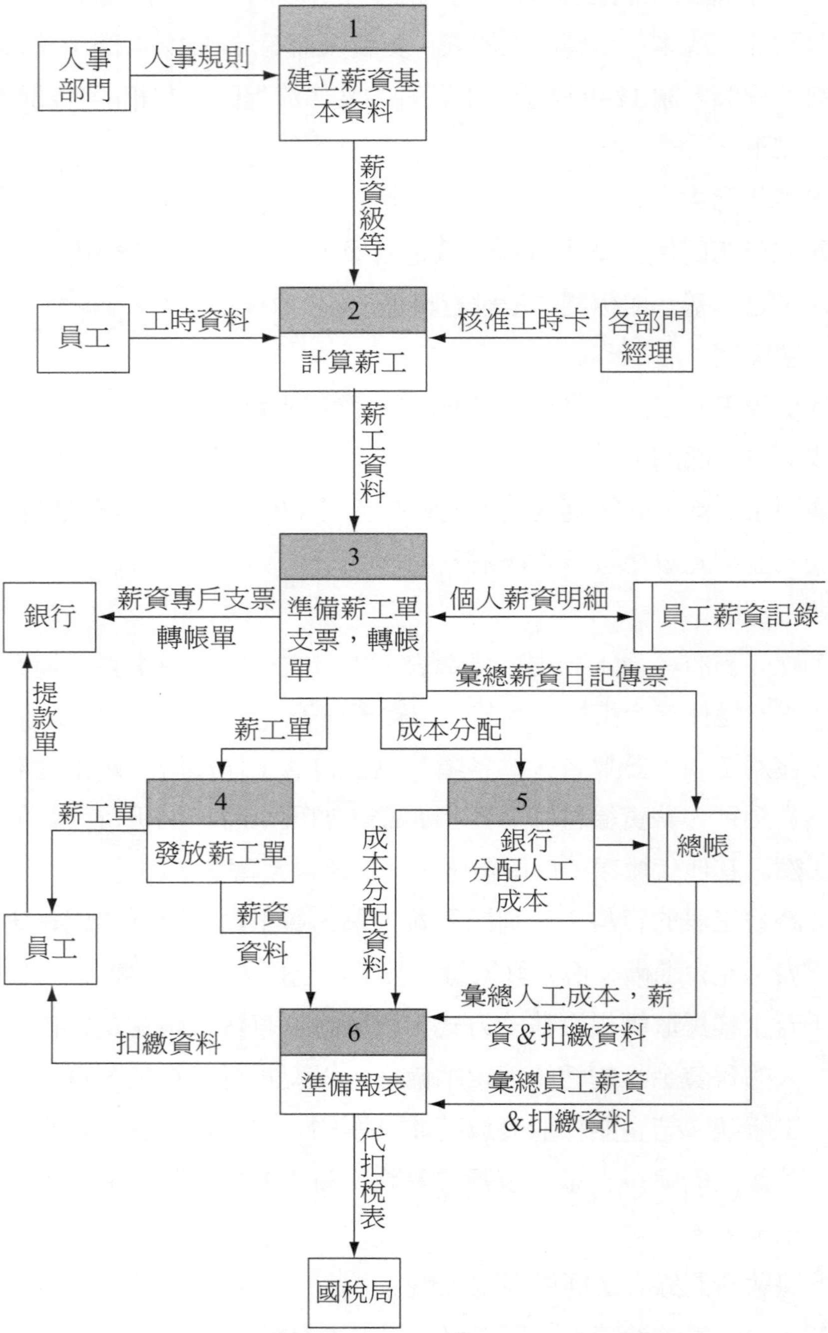

圖 12-8　薪資循環資料流程圖

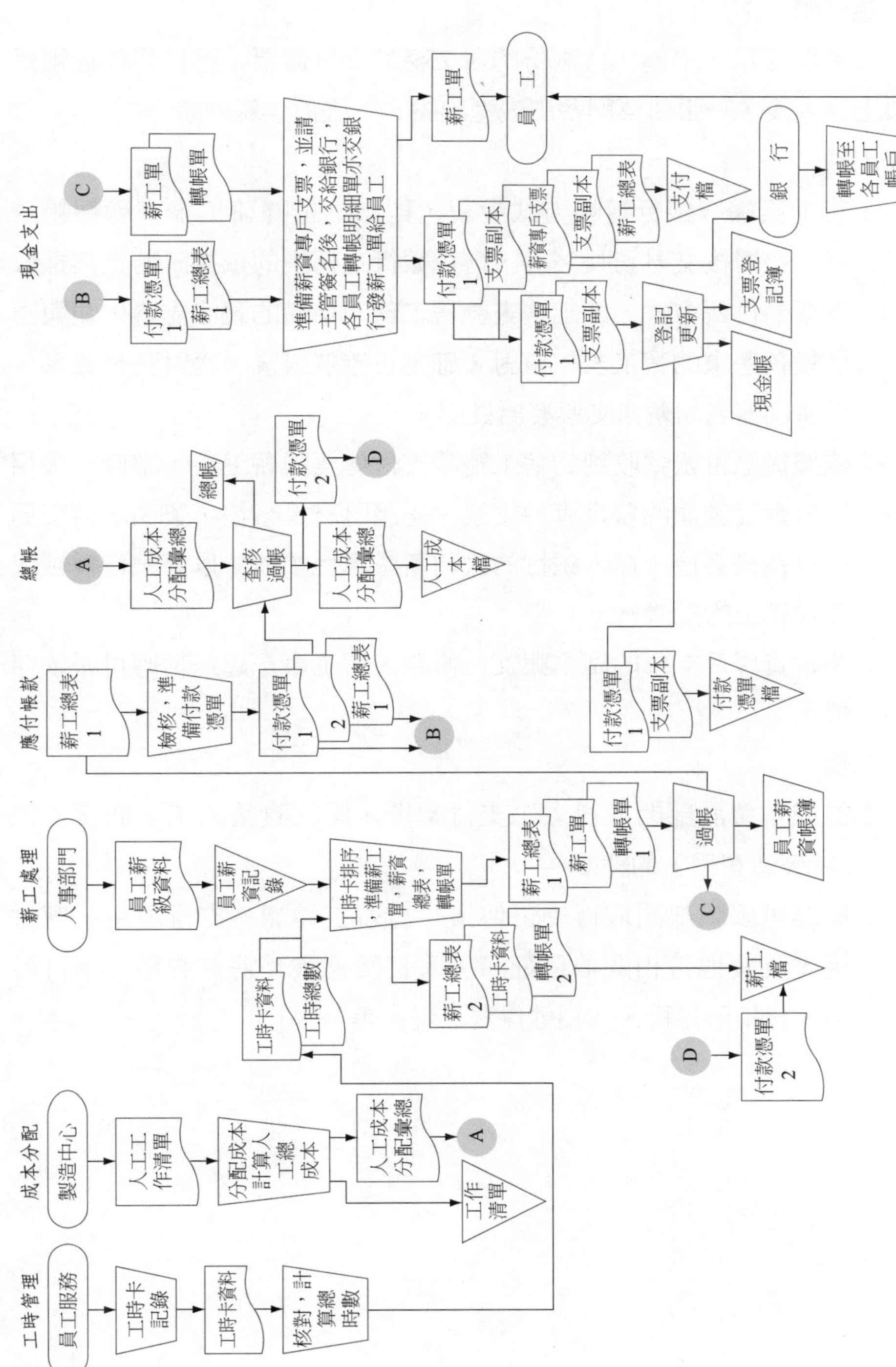

圖 12-9　薪資系統文件流程圖（人工作業）

5.應付帳款：

查驗薪工單，準備一式兩份的薪工總額支付傳票。應付帳款在兩張傳票上簽名後，一張傳票與薪工表送出納，一張傳票送總帳。

6.出納：

(1)若企業採取銀行轉帳方式發薪，則出納依據薪工表查驗轉帳清單，核對後交財務長簽名，轉送銀行為轉帳的依據。若企業採取支票的付薪方式，則出納查驗薪工部門準備的薪津支票，並與應付帳款送來的薪工表相核對，確定正確無誤後，送財務長簽名，再將已簽名的薪津支票發給員工。

(2)依據從應付帳款收到的薪工總額支付傳票與薪工表，準備一張相等於薪資總額的薪資專戶支票，送請財務長審核、簽名，再交另一首長簽名後，存入銀行的公司薪資專戶帳號，以備銀行轉帳或支付員工的提款。

(3)將薪資專戶支票的副本與支付傳票、薪工表一起送給應付帳款存檔。

7.總帳：

(1)從成本會計部門取得人工支付彙總，記入直接人工、間接人工（或製造費用）的總帳。

(2)從應付帳款部門取得支付傳票（有薪工總額、支付現金、應付稅、及其他各相關項目細節）入相關總帳（薪資費用、應付稅捐、代扣所得稅、代扣健保費、現金等）。

第十節　人工薪資支付作業的內部控制程序

1.核准：

人事部門核對人事基本資料，確定員工確實在職，並確定給付標準。

2.職能分工：

⑴人事部門與計算工時的職能應分開，也應與管理薪工的職能分開。

⑵準備薪工支票的人員與簽名的人員應由不同人員負責，也應與準備薪資專戶支票的人員分開，由不同人員負責。

⑶查驗薪工表，準備支付傳票與準備薪工支票應分開，由不同人員負責。

⑷應付帳款與總帳也分開，由不同人員負責。

3.應保持完整的會計記錄，以提供詳細的審計軌跡：

⑴應保存工作清單、工時卡、支付標準表及扣繳表等資料表檔案。

⑵傳票應有薪資支付傳票及勞務支付彙總表，也應存檔備查。

⑶應發給每位員工薪資資料或薪工單，以備員工存檔。

⑷會計記錄應有薪資總帳、現金總帳及薪津支付支票副本、支票登記簿、薪工專戶支票副本及銀行從薪資專戶中，支付每筆員工薪資的記錄。

4.使用控制乃為確定資產（員工和現金）的安全，而應注意的控制程序：

⑴確定人事資料確實更新，退休或離職員工名單不在薪工表上。

⑵慎防假冒的員工或空頭的員工；應不定時的由人事部門派發薪工

支票、或核發薪工表給員工本人，以交互查驗確定的員工數及正確身分。

(3)防止薪資專戶被挪用：限制薪資專戶只能支付薪資，平時不撥存款項；發薪當天，才以薪資專款存入。因而存入薪資專戶的支票，一定要有兩人以上的簽名，才算有效；銀行才能將其他帳戶的款項轉入薪資專戶中，準備付薪。

(4)銀行從薪工專戶中支付員工薪資時，應保持完整記錄。

5.獨立驗證的內部控制有：

(1)查驗工時卡：由工頭、或部門經理查核，或配合獨立的監視系統交互查驗。

(2)由專人（人事部門，不能由處理薪工的相關人員）分送薪資支票，可獨立查核是否有此員工。

(3)應付帳款獨立查驗薪工表，確定正確後才填發薪資總額支付傳票。

(4)總帳驗證整個過程是否正確。勾稽支付傳票與薪資專戶的支票副本金額是否相同。

6.監督的內控程序：

應監督員工打卡及簽到的程序，並由工頭或小組長複查工作清單及工時卡；也可使用監視系統配合時間記錄打卡情形，可防他人代打卡。

控制重點在於查核是否有此員工、員工是否真的任職，並確定每件工作清單的記錄正確。

第十一節　電腦基礎之薪資處理

由於薪資處理大多是定期處理，不需要隨時更新，最適合批次處理。其處理程序將與即時處理系統一併討論；大部分的處理作業都相似，只是有些作業的處理時段、次數及檔案結構可能不同而已。批次處理與即時處理都應事先建立完整的薪資資料主檔，只有輸入工時資料、或工作清單時，批次處理是定時一批批輸入；薪工作業、相關的成本會計作業也定期處理。若採用即時處理，上工時間、或工作清單由線上即時輸入，有些成本會計作業如直接人工、直接物料等可立即處理，馬上更新；薪資作業也是定期或在付薪日前，交由電腦進行薪資核算及進行間接人工的分配。電腦化的薪資處理優點與支出循環類似，可加強計算的正確性，並可減少人工開發支票的失誤。

一、電腦化之薪工處理系統

電腦化薪工處理除了可採用批次作業外，也可運用線上即時系統，其流程圖可參考圖 12-10。不論批次作業或即時處理系統，只在輸入、輸出方式不同，而電腦處理程序則差不多相似。

建立人力資源管理系統，將所有人事資料建立在此系統上；包括員工代號、員工姓名、員工身分資料、地址、電話、員工學歷、經歷、年資、員工專長、員工薪資給付基礎、員工歷年支付標準及記錄、各項代扣、代繳事項、退休基金參與方式、保險參與方式、服務部門及服務職位等。若薪工處理採即時系統，則人力資源管理系統中的薪工支付系統與資料處理系統可直接連線；若是批次處理，則定期連線處理即可。若薪工處理採即時系統，則基本資料一定要儲存於直接存取檔上。若是批次處理，則循序檔或直接存取檔均可採用。以下為相關部門的職責：

1. 人事部門：

保持人事主檔適時、能反映最新的人事資料。如有人事異動，有權限修改人事主檔。每項薪工計算，都要與人事主檔核對。

2. 成本會計：

鍵入工資資料以建立勞工檔，並準備計算人工費用。

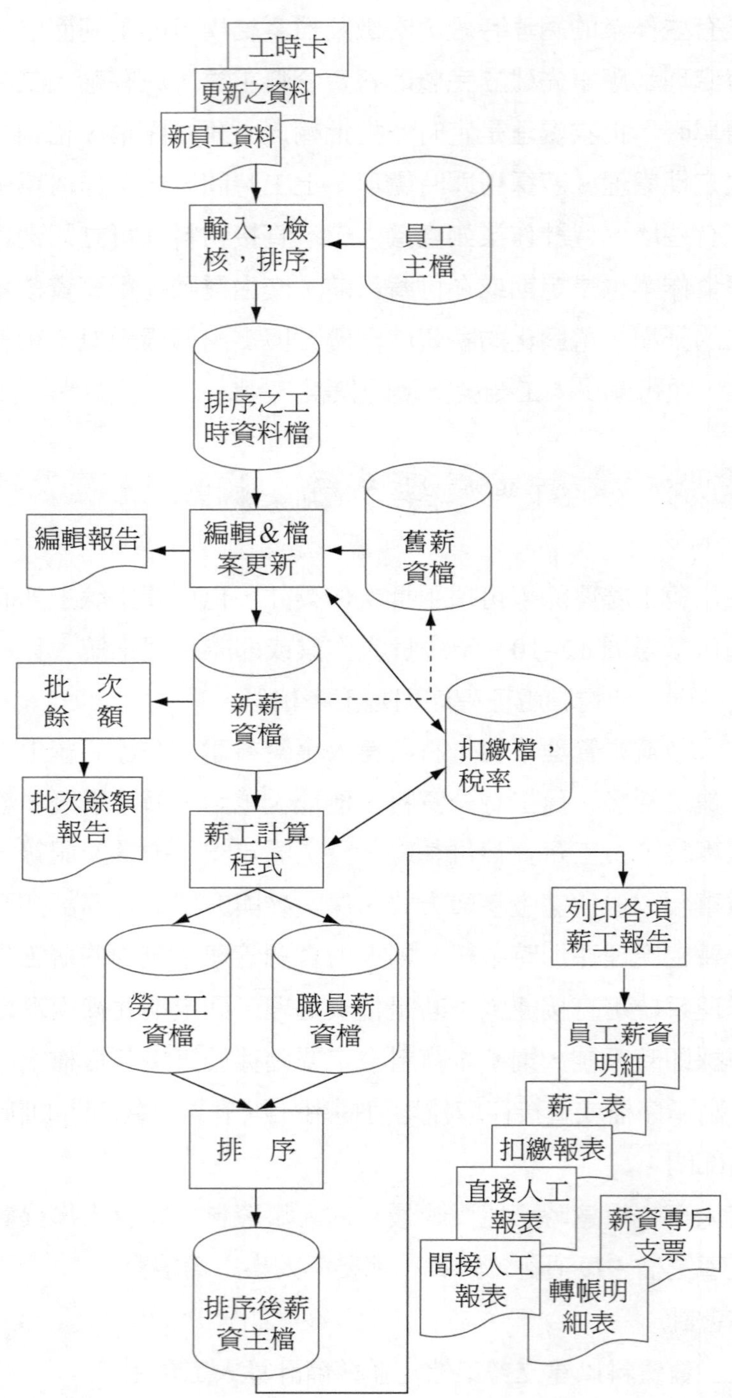

圖 12–10　薪資系統批次處理流程圖

3.管工時卡者：

依據工時卡，鍵入上工時數至員工出勤檔。

4.資料處理部門：

每期發放薪資前，批次處理下列檔案：

(1)開啟勞工檔，將人工成本分配到各個在製品成本，製造品成本，或製造費用中，組成「成本會計檔」。

(2)將人工成本分配的資料組成「人工成本分配彙總檔」，副本分送成本會計及總帳。

(3)用出勤檔及員工檔製出薪工表，送應付帳款及出納。

(4)更新員工記錄主檔。

(5)若企業採發放薪資支票方式，則印製薪工支票及員工個人的薪資單，送財務長覆驗，與薪工表比對相符後在支票上簽名。若企業採銀行轉帳方式，則列印轉帳清單及員工個人的薪資單，一併送出納審核，財務長核定無誤，則在轉帳清單上簽名，以知會銀行可將薪資轉入員工帳號。

(6)更新支付傳票檔，準備薪資專戶支票。

(7)將薪資專戶支票及副本送出納，經出納審核，交財務長及另一首長的兩人簽名後，才轉交銀行，轉金額至薪資專戶中，準備讓銀行轉帳或支付員工的提款。

(8)支付傳票副本分送應付帳款及總帳。

(9)期末時，系統取得工資發放彙總檔及支付傳票檔的資料，更新總帳檔。並製作每個員工的扣繳憑單及組織報稅的扣繳憑單。

二、電腦化薪資系統的內部控制優點

(1)減少處理薪資計算的時間，避免延誤薪資支付，較能維持良好勞、資關係。

(2)減少事件的記錄時間，如成本會計資料可較快速結轉，較易做好成本控制或績效評估。

⑶減少文件的書面處理，節省紙張，減少重複性工作。

⑷電腦代理許多計算及轉帳、製表的工作，正確又快速。

為使電腦化薪資系統能確實保有上述優點，應注意兩點：

⑴適當的書面記錄應盡量保持，以便能獨立查證及提供審計目的用。

⑵使用的檔案及程式應確定已經核准，以免薪資系統被破壞。

第十二節 結 語

本章討論了組織的三個主要支出循環，採購循環、現金支出循環及薪資循環。支出循環若不小心控制，企業現金很容易流失，影響企業資金運用極大。因而本章詳細討論這三個循環的人工作業處理方式，期使讀者明瞭各細部程序及應有的內部控制措施。再討論三個循環的電腦化處理程序及內部控制要點。

人工採購系統從請購活動開始，依序有採購、驗收、倉儲、存貨記錄、查核發票、應付帳款、總帳及付款等作業程序，人工現金支出循環也分別討論支票作業，帳務作業及其相關的內部控制程序。內部控制措施原則上仍依照授權核准、職能分工、保全會計記錄、使用資產的控制、獨立驗證及監督六項目詳加註釋，以瞭解何為審慎的內部控制程序，如何保持清楚的審計軌跡，如何維護完整、明顯的會計記錄、檔案、及文件等。

在討論電腦化支出循環的內部控制時，也強調內部控制程序的變化，及成本效益觀念。本章也先後討論了批次處理、即時處理的作業程序、檔案結構及相應的內部控制措施及電腦系統控制點。

由於薪資處理與一般支出循環、或應付帳款的會計處理相當不同，本章也詳細說明人工薪資系統的各項作業程序及應有的內部控制原則。在討論電腦基礎的薪資處理時，也討論批次與即時處理的不同處，電腦化的優點及應注意的內部控制程序也詳加說明。期望讀者在讀完本章後，會相當瞭解支出循環的各項作業，及其內部控制原則，以確保將來在企業中服務時，能維護支出循環及有效保護支出循環的安全。

研討習題

1.簡述支出循環的幾個主要系統的活動。

2.給驗收部門的採購單副本為什麼有些欄位的資料應保持空白？

3.採購循環的會計作業中，應付帳款應有哪些查核過程？

4.試述採購循環的總帳作業查核、勾稽相關帳戶的情形。

5.試述人工作業下現金支付系統的支票作業程序。

6.試述人工作業下現金支付系統的會計作業程序。

7.試述支票應有之管理方式。

8.試述人工作業下採購系統的內部控制程序。

9.試述人工作業下現金支付系統的內部控制程序。

10.試述批次處理的採購作業情況。

11.試述可使用的存貨自動採購程序。

12.試述支出循環的檔案結構。

13.試述現金支出作業的批次處理情況。

14.試述支出循環的即時批次處理方式。

15.試述電腦基礎支出循環的控制點。

16.試述薪資處理與一般支出循環及應付帳款的不同。

17.試述人工薪資系統。

18.試述人工薪資支付作業的內部控制程序。

19.試述電腦基礎下的薪資批次處理程序。

20.試述薪工處理的即時系統情況。

21.試述即時薪資系統的內部控制優點。

Askelson, K. D., "Automatic Identification Technologies." *AICPA Info Tech Update*, Summer 1994: 7–9.

Churbuck D. C., "Don't Leave Headquarters Without It," *Forbes*, December 20, 1993: 242–243.

Hall, James, *Accounting Information Systems*, St. Paul, Minn. West Publishing Co., 1995.

Moscove, S. A., Simkin, M. G. & Bagranoff, N. A. *Core Concepts of Accounting Information Systems*, John Wiley & Sons, Inc., New York, 1997.

Palmer, R. J., "Reengineering Payables at ITT Automotive." *Management Accounting*, July 1994: 38–42.

Romney, M. B., Steinbart, P. J. & Cushing, B. E., *Accounting Information Systems*, Seventh ed., Addison-Wesley, 1996.

Wilkinson, J. W. & Cerullo, M. J., *Accounting Information Systems—Essential Concepts and Applications*, Third ed., John Wiley & Sons, Inc., 1997.

第十三章

製造循環及固定資產循環

概　要

製造循環或稱轉換循環，主要是製造業將原料加上人工、材料後，經過製造、轉換成製成品的過程，及製造過程中相關的存貨控制作業，成本會計等的作業活動。製造循環在製造業中與其他各循環活動（包括收益循環、支出循環、薪資循環、人力資源循環、固定資產循環、投資循環、融資循環、資訊處理循環、研究與發展等活動）有極密切的互動關係；這些循環間接、或直接的支援製造循環，形成完整的價值鏈活動。製造循環彙總了這些循環及自身之製造轉換的加值活動，以最終的產品、成本及報表具體的呈現整個企業所有循環共同努力的成果。會計人員若能切實瞭解製造循環，則不但能瞭解企業的整體活動，也能明白九大循環間之關聯性。會計人員瞭解了會計資訊系統在製造循環所擔任的重要任務後，則能善用基本的會計資訊系統，進一步規劃、設計成主管資訊系統、或決策支援系統等，以提供整合性資訊，能支援企業營運的會計資訊系統。

第一節　緒　論

製造業從收益循環中得到的客戶訂單及行銷預測，是規劃生產計畫、達成生產目標的主要依據。製造循環中的製成品存貨記錄，可提供銷售貨品的數量，以便收益循環出售。製造循環所需的原料、物料、供應品需求，向存貨循環領用，或送往採購循環，請其補充供應。採購及支出循環亦將相關的成本支出及費用提報製造循環，供製造循環計算相關原料、物料、人工等成本及製造費用資訊提供成本會計資訊系統彙整。製造循環所需的人工，則請人力資源系統支援。人力資源系統則提供工資、可提供的人力資源等基本資料給製造循環，以便製造循環能計算直接人工、間接人工等費用。最後，製造循環將製成品成本及所有相關成本彙整轉送總帳。

會計資訊系統在製造循環中擔任極重要的任務。會計資訊系統應提供正確、有效的成本資料給製造部門作決策用。會計資訊系統可提供的資訊包括：過去曾生產的產品及種類；產品的成本及訂價；各產品的利潤及過去行銷資料，未來可能的市場需求；可供使用的人力、原料、物料、機器、設備等資源的情形及資源使用方式；哪些零件外購比自製節省費用；有關物料規劃及成本的管理、控制方法。這些資訊，均為製造規劃所需的基本資料，從而可依據這些資訊，加上行銷部門收集的客戶訂單及市場預測，則可決定欲生產的產品、定價、預期生產量、預期利潤及資源的取得、分配方式等有關生產的決策。

本章解釋製造循環各階段的相關表單、說明製造作業的過程。除討論傳統製造業環境，也討論新製造環境及相關的生產控制。與製造循環關係密切的存貨模型也討論三種。由於製造循環需要製造設備，故固定資產循環也在本章詳加討論，其內部控制程序一併討論。在新製造環境中有關會計資訊系統的變動介紹，期使會計人員能瞭解新製造環境趨勢，及會計資訊系統如何因應新變動的方式。

第二節　傳統製造業環境

一般的製造系統可能採用連續處理過程，也可能採用訂單製造過程，或可能採用分批處理過程，製造產品。通常製造部門依照訂購量、及適合產品的生產方式選擇生產方式；再由經理人員估計可能的銷售量，預定需要生產的項目及數量，準備生產排程，並訂出某些產品可以同批製造；作業時需要的人工、材料、及間接製造成本也同時估計，編製材料需求單、人工需求等表單。製造循環中，會依照原料需求、供應商送貨情況、製造業的存貨政策而使用不同的存貨控制模型：比如經濟訂購量模型 (economic order quantity, EOQ)；補貨訂購量模型 (back order quantity, BOQ)；生產訂購量模型 (production order quantity, POQ) 等。這些存貨模型還可配合不同的成本控制模型（如標準成本、責任中心成本制等），以達成有效率的生產方式，控制成本，不浪費、且不閒置資產等目標。

會計資訊系統在傳統製造業環境以人工收集各製造階段的資料，下節討論批次生產程序，各項製造單據的說明，批次製造的作業處理過程，及控制要點。

一、批次生產處理

批次生產、或稱分批生產，將產品依照銷貨所需，預估一個批次的生產量，進行生產作業。批次生產作業有兩大階段：物料及作業需求階段，及生產製造階段。批次生產的資料流向圖見圖 13–1 製造循環資料流程圖。

㈠物料及作業需求階段（參考圖 13–2 製造循環文件流程圖）

1.工程部門：

生產工程設計依據銷貨預測及客戶的特別訂單，依客戶要求的品質、特殊的材質需求或需要的功能，兼顧需投入生產線的必要設備的供應情形，以最小製造成本為基礎，設計出符合需求的產品樣式；同時估計所需的材料、人工、應用的設備及所需的供應品、物料等。待生產計畫完成時，列出物料需求單、作業清單及途程單，作為進行製造生產的準備。

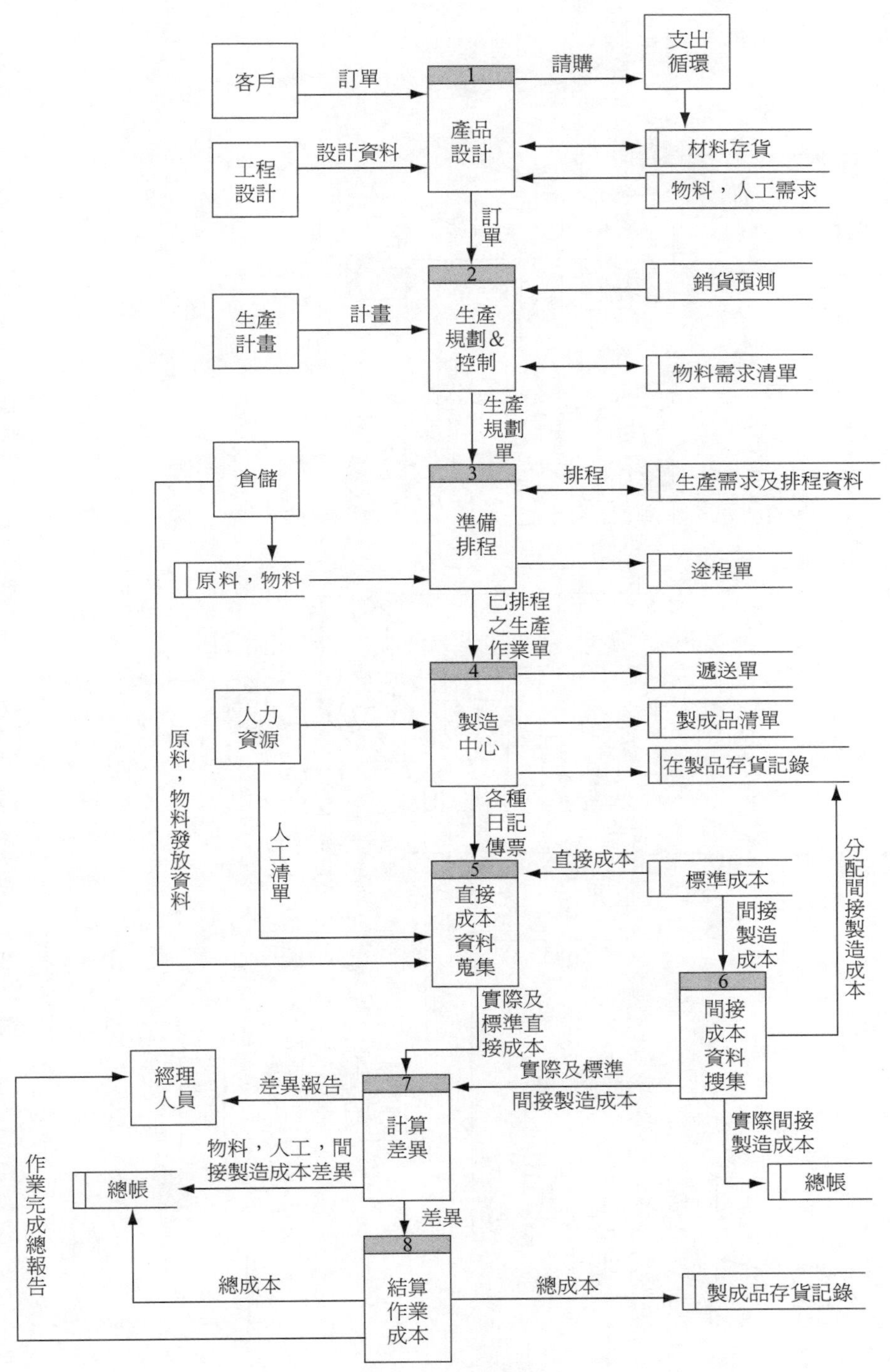

圖 13–1　製造循環資料流程圖

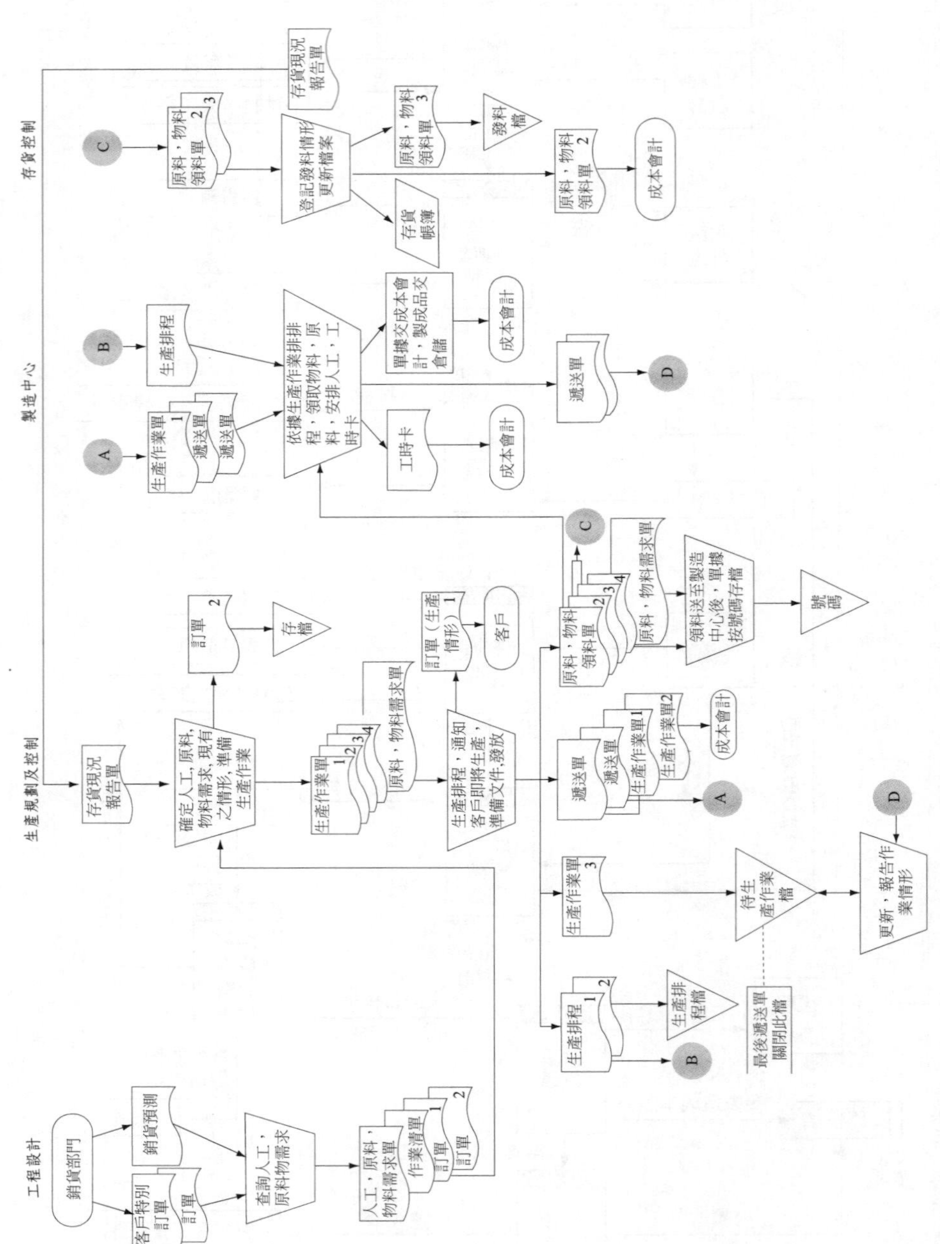

圖 13-2 製造循環文件流程圖（人工作業）——生產作業

2.生產規劃及控制部門：

依據行銷部門所作的銷貨預測，並依據工程部門（生產設計）開出之工程規格，現有的存貨情況，估計需要的機器、設備、人工、及存貨等需求表。（參考圖 13–3）

3.若物料不夠，則存貨管理部門開出物料請購單，開始採購作業。若原、物料足夠，則依據原物料需求單，蒐齊原料、物料，且進入第二部分——生產製造階段。所謂原物料需求單，就是列出要裝配的產品或要生產的產品之所有需要配件、物料、原料、人工、設備及供應品的清單。

4.排程員編製生產排程：

(1)將物料需求單和途程單一起送給負責安排生產排程的人員。

(2)排程員依據物料需求單和途程單，準備生產控制文件；

(3)生產控制文件如下：由排程員依分批、或依照某份訂單準備：

①工作清單：列示生產過程的每個階段、或工作中心及各階段該完成的項目。

②遞送單：在某一工作區中完成某些部分的貨品，將要移送到下一工作區的單據。

③物料領取單或稱領料單：生產部門依據此單據，向保管物料者（如倉庫）領取原料、或物料。領料單上只記載一批次生產所需用的標準用量。

這些生產控制文件被登記在「待生產清單」上，待生產清單的副本會送至成本會計。正本由生產規劃及控制部門執有，作為追蹤及控制生產情況之用。而工作清單、遞送單及領料單，隨著生產程序，經過一個個的工作中心，已完工的部分，就由各中心的工作人員或領班，在這些單據上記載開始工作的時間及完工的時間，並在領料單上勾選使用過的原料、物料，並簽名，表示確實已使用在生產上。隨著生產越接近完成，完成日期也越接近，資料也就越完整。

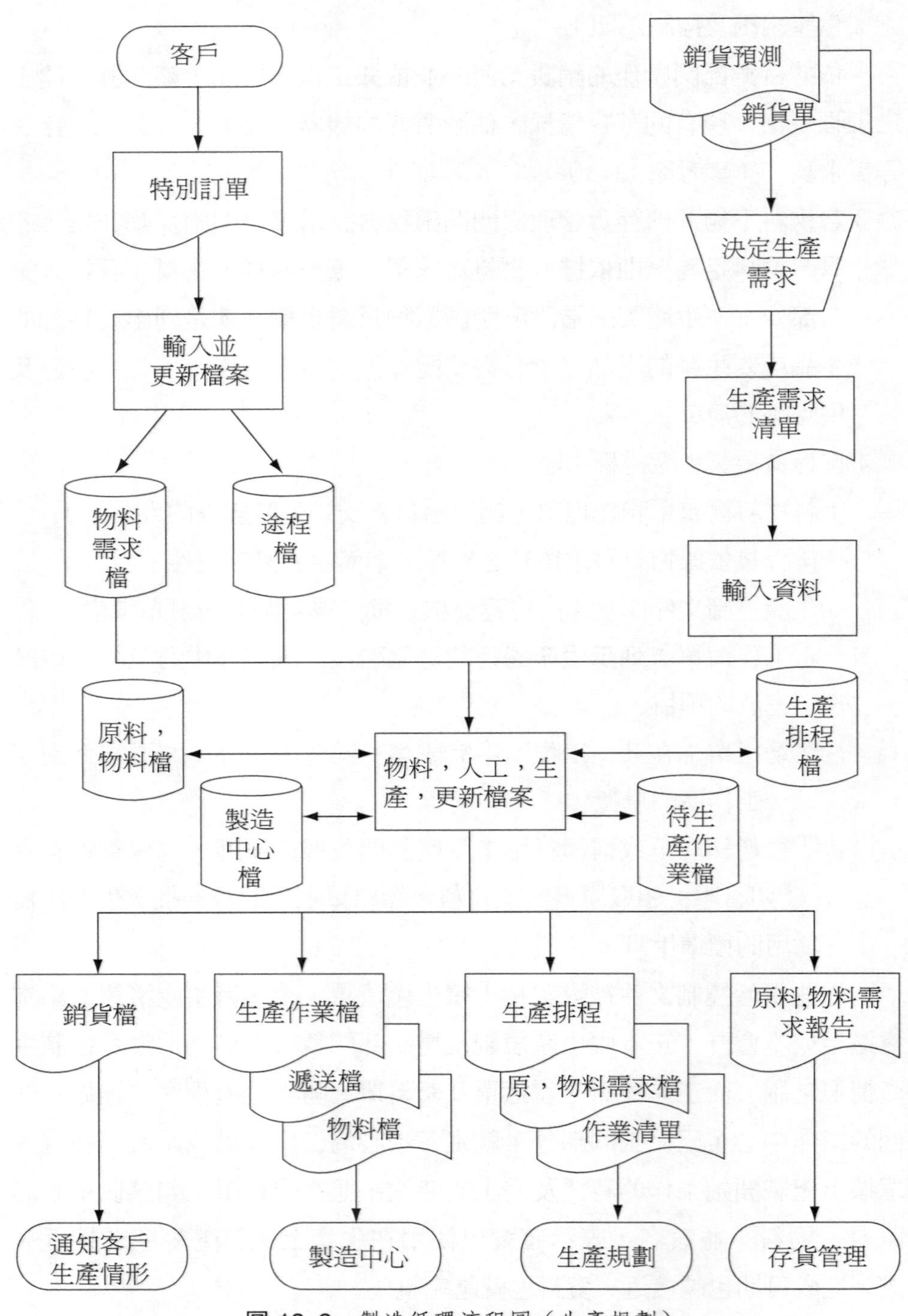

圖 13–3　製造循環流程圖（生產規劃）

㈡生產製造階段（參考圖 13–4）

⑴在一個個的工作中心，依據作業單或操作單的指示，工人用機器、設備，將原料、物料加工。工作完成後，由工頭檢查，並在工時單上簽名。簽名後的工時單送往薪資處理。

⑵如是「在製品」，就在遞送單上簽字後，送至下一站繼續製造過程。一份遞送單副本送回生產規劃及控制部門，以便更新「待生

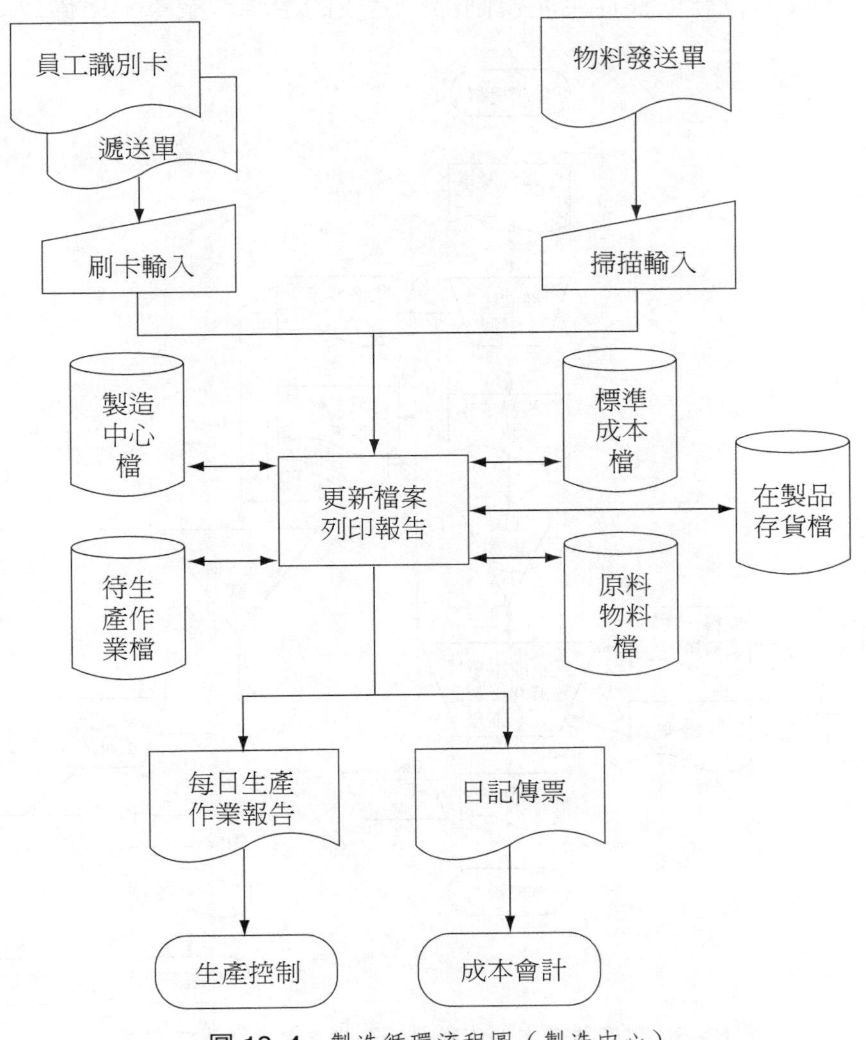

圖 13–4　製造循環流程圖（製造中心）

產清單」。等全部製造工程結束，則最後的一份遞送單副本送成本會計，表示製造工作已經全部完成，可結算成本了。

(3)如是「製成品」，則製成品與遞送單一起送倉儲。送回生產規劃及控制部門的那份遞送單副本，便更新「待生產清單」成為「已完成生產清單」。

(三)成本會計（參考圖 13–5）

(1)成本會計依據從生產規劃部門完成的生產作業單，準備成本單

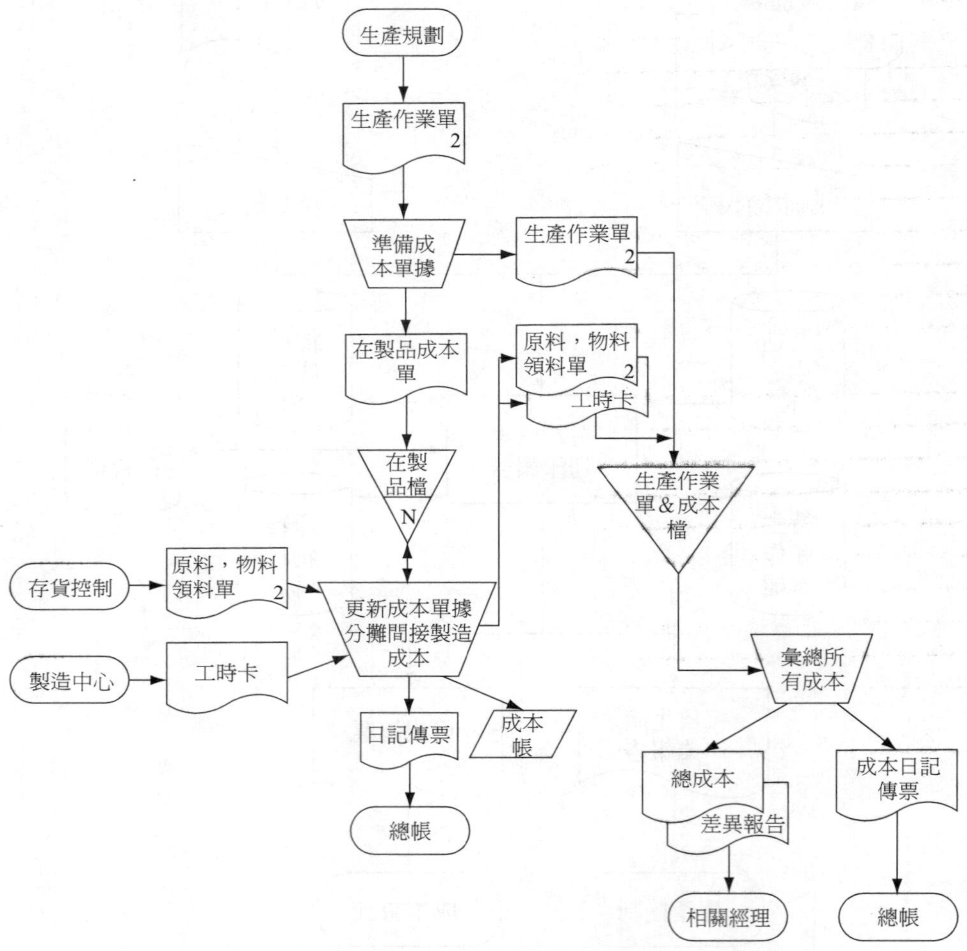

圖 13–5　製造循環文件流程圖——成本會計（人工作業）

據。

⑵收集從存貨控制部門送來的原料、物料領料單，及各製造中心送來的工時卡，及在製品的成本資料。

⑶等遞送單送達成本會計後，則將所有蒐集的成本資料按生產批號分類，計算各批號的直接原料、直接材料及直接人工。

⑷彙總所有成本後，依據設定基礎分攤間接成本。

⑸完成成本帳冊的記載，準備成本傳票送總帳。總帳依據傳票記錄相關之成本總帳帳戶。

⑹分析總成本，提出成本分析報告及差異報告。

㈣存貨控制（參考圖 13–6）

⑴生產規劃及控制部門要依據存貨報告表，注意存貨的供應情形，並估選需要的存貨。

⑵存貨控制人員應依據領料單，一直不斷的更新相關原料存貨、或物料存貨記錄，製作「使用原料、物料報告單」、「超用原料、物料報告單」、及「還回之原料、物料報告單」，以控制存貨的用量。

⑶若存貨量不足，則應提出請購（請購流程開始，進入採購循環）；將請購存貨的單據存檔。

⑷製成品完成後，即成製成品存貨，存貨控制人員應記錄製成品存貨。

⑸存貨控制人員每日或定期以傳票向總帳報告存貨總餘額。

⑹存貨售出後（銷售循環），更新存貨明細帳餘額。

㈤名詞解釋

1.作業單或操作單：

詳細說明生產的操作方法或操作標準。

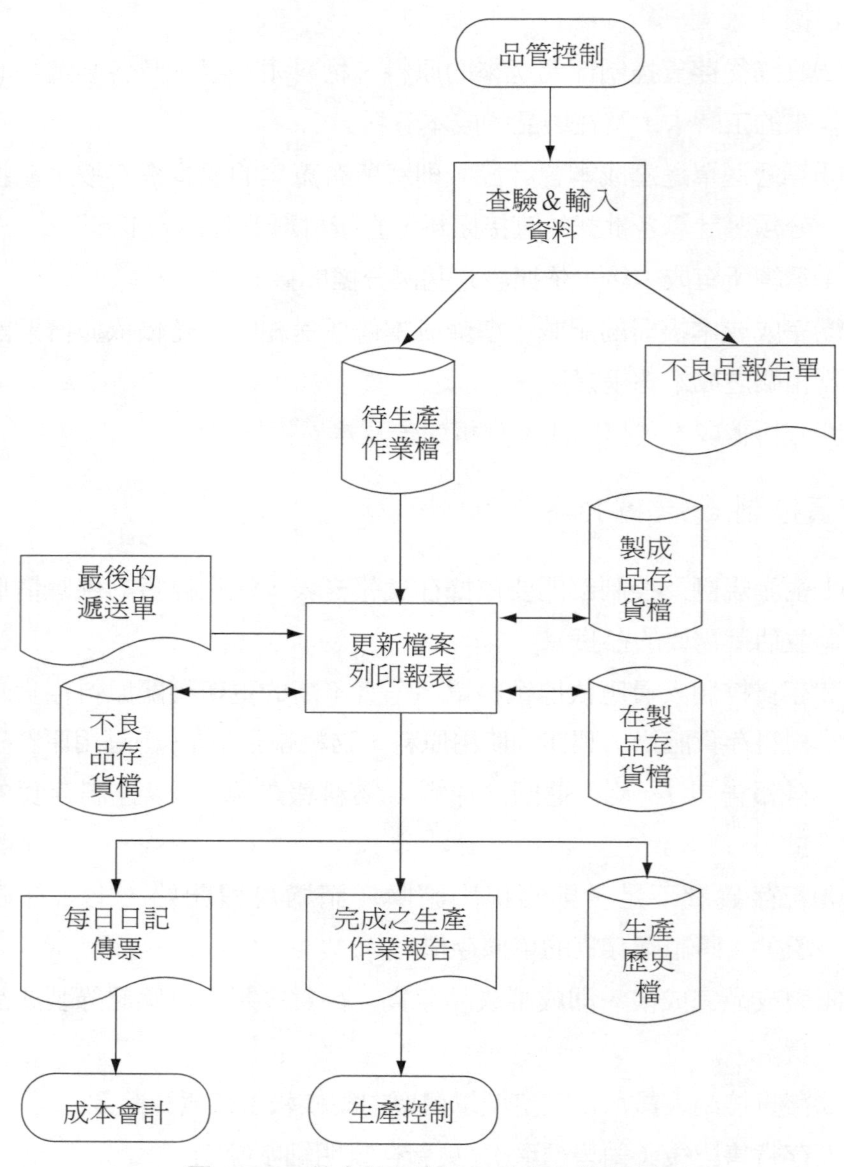

圖 13–6 製造循環流程圖（存貨製成品）

2.途程單：

記錄人工作業及相關機器的需求，與標準作業所需的順序及時間。主要說明生產操作的程序及順序，各順序所使用的機器或設備，並估計各程序所需的作業時間。

3.途程單＋操作單：

兩張單據合起來，實際上說明了產品或零件之實地製造方法。是製造的根據，與工程設計圖同樣重要。

4.標準成本會計：

設定每單位的標準成本及標準工時，且均個別列入物料需求單及操作單中。

5.生產排程：

生產排程的目標，從總體看，是將資源作適當的調配及規劃。從個體看，是詳細劃分個別產品的項目，並詳細分配各項目的人力及設備，而成為詳細的活動時間表。即人工＋機器＋物料相互配合使用的時間表。生產排程使工時及資源的耗用儘量減低，並使生產效率極大化。生產排程要排得好，應知生產順序，若庫存量少，要撥補存貨或下緊急訂單。對於可能延誤交貨的項目，應事先安排，以免影響後續作業。

二、生產過程的作業控制

作業控制包括跟催、協調、控制各生產部門的作業活動。跟催指依據生產計畫，查核生產進度、並檢查各項原料、物料、材料的供應情形，如有不足，則提醒相關單位注意，或催促加快採購行動、或建議加班，趕上預定進度等。協調指一個個工作中心的銜接順序非常緊密、不會有衝突情形；但若某一生產中心與下一生產階段或上一生產階段產生了無法按照順序銜接作業的情況時，則作業控制人員，應設法調整生產程序或時間，以使生產過程銜接順利。

控制指各批次的生產活動，或各中心的生產活動，都應按照規劃進度、規劃次序及預定時間進度，逐漸完成。作業控制至少應注意時間、成本及品質此三項基本要素：

1.時間（生產排程）：

工頭或領班應負責協調工作人員、機器、設備、原料、物料及材料的供應都很平順；為了達成生產目標，應訂立各批生產工作的優先順序。

2.成本：

由成本會計部門提供各項成本彙總報表，給總工程師或廠長評估成本的控制情形。成本實際上是工頭或領班在控制，因為工頭或領班依照其經驗，對各工人的瞭解，如工人的年資、經驗、能力、效率及技巧，分配給各工人工作。因而領班的決策品質反映在所耗用的材料、生產需要時間及人工成本上面；所以說成本實際上是工頭或領班在控制。其他人員的決策品質，則反映在製造成本上，如維修成本、零星器材的使用、廢料的數量及動力的使用等。

3.品質控制：

工程部門的品質管理由檢驗部門或品質管制部門執行，依照既定的品質規格，檢查成品的品質或規格是否合乎標準，還是應歸屬為不良品或瑕疵品。

作業控制若能綜合考慮以上三項要素，則所設計的生產排程單、工作分派計畫及跟催計畫，都會因已經瞭解所有製造工程的製作狀況，能滿足客戶特定需求、或品質要求，並配合市場需求及行銷所需的數量，執行規劃及控制、則能確保生產流程順暢。

第三節　存貨經濟訂購模型

一般製造業均有不同的存貨模型，本章介紹三種最基本的存貨模型：㈠經濟訂購量 EOQ (economic order quantity)，㈡補貨訂購量 BOQ (back order quantity) 及㈢生產訂購量 POQ (production order quantity)。以下分別就各模型的前提假設，解釋其存貨訂購量公式，並舉例說明各模型的應用。

㈠經濟訂購量 EOQ

經濟訂購量的前提假設如下：

⑴需求量固定且為常數。

⑵有前置時間——指從訂貨至貨品到達的一段時間。

⑶假設所有存貨一起到達。

⑷總訂貨成本隨訂貨量多而遞減。訂貨成本包括文件處理、連絡供應商、驗收存貨等費用。

⑸總倉儲成本是變動成本，隨訂貨量多而增加。

⑹假設無數量折扣。

依據經濟學原理，當年總訂貨成本等於年總倉儲成本時，存貨年總成本最低，見下圖 13–7：

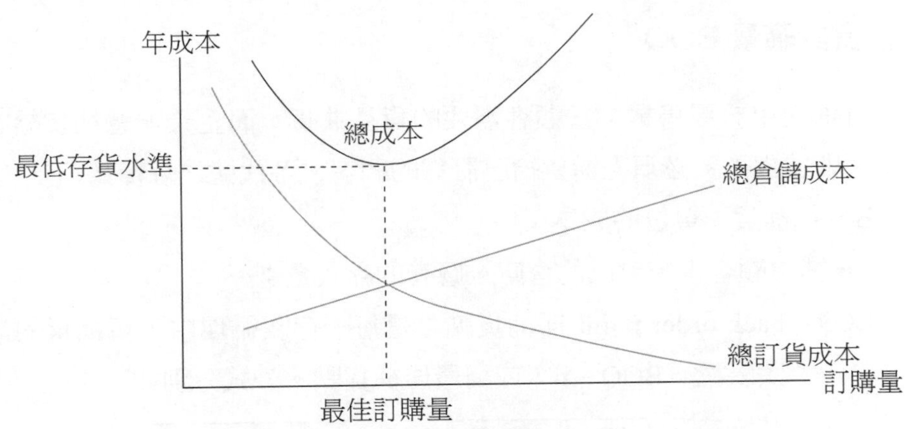

圖 13–7　存貨年總成本與總訂貨成本、總倉儲成本關係圖

假設 Q = EOQ 的簡寫；　　則 Q/2 = 平均倉儲量

D = 年需求量；　　　則 D/Q = 年訂購次數

S = 每訂貨一次的固定成本；

I = 前置時間：從訂貨到貨到所需的時間；

H = 每單位的倉儲成本；

d = 每日需求量；

訂貨點，或稱再訂貨點 $= I \times d$

因為總訂貨成本 $(S \times D/Q)$ 等於總倉儲成本 $(H \times Q/2)$，則計算式 $S \times D/Q = H \times Q/2$ 經移項整理後，得經濟訂購量公式如下：

$$\text{經濟訂購量 EOQ} = \sqrt{\frac{2DS}{H}}$$

如果每天用量 = 200 單位，前置時間需要五天，則存貨只剩 1,000 單位時，即抵訂貨點；必須要開出請購單，請採購部門採購存貨，補充庫存量了。茲舉一例：假設每年用量 D = 2,000；每單位訂貨成本 \$24；每單位的倉儲成本 \$0.2；求 EOQ。答案為：每次訂購 693 個單位，計算如下：

$$EOQ = \sqrt{\frac{2 \times 2{,}000 \times 24}{0.2}} = 693$$

㈡補貨訂購量 BOQ

特別適用於零售業；當顧客需要的貨品缺貨，而企業願意補貨給客戶時，則進貨後，必須先補貨給已訂貨的顧客。各代號之解釋為：

B = 每補貨一單位的成本；

b = 補給顧客後，自己的倉庫，應有的存貨量；

BOP = back order point 即補貨點：是每一存貨循環中，可補貨的最大限量 = BOQ − b，或稱最佳補貨點。公式分別如下：

$$BOQ = \sqrt{\left(\frac{2DS}{H}\right)\left(\frac{H+B}{B}\right)}\text{；}b = \sqrt{\left(\frac{2DS}{H}\right)\left(\frac{B}{H+B}\right)}$$

設每年需求量 D = 4,000 單位；

訂貨一單位成本 S = \$10；

每單位倉儲成本 H = \$2；

補貨一單位成本 B = \$15；

$$BOQ=\sqrt{\left(\frac{2\times 4{,}000\times 10}{2}\right)\left(\frac{15}{2+15}\right)}=213$$

$$b=\sqrt{\left(\frac{2\times 4{,}000\times 10}{2}\right)\left(\frac{15}{2+15}\right)}=188$$

BOP = BOQ − b = 213 − 188 = 25，亦即顧客要求的補貨量到達 25 個時，再訂購 213 個，即是最經濟的採購量。

㈢生產訂購量 POQ

在一般情況之下，已經向廠商訂貨後，要等一段時間才會陸續收到貨品。當進貨量與耗用量不相同時，應考慮每天生產的耗用量及收到貨品的數量差異。此情形較適用於製造業，故稱生產量訂購法。

p = 每日進貨量，或每日生產量（每日存貨增加的數量）；

POQ = 需訂購的或生產的數量；

d = 每日耗用量，或每日需求量（每日存貨減少之數量）；

訂貨點 = 存貨量低於某特定數量時，即應訂貨之點；此數量等於前置時間所需準備之用量；

安全存量 = 前置時間內可能的最大用量，和平均用量之差。

設：年需求量 D = 5,000 單位；

每單位訂購成本 S = \$12；

每單位倉儲成本 H = \$3；

每日耗用量 d = 200 單位；

每日進貨量 p = 300 單位；

則訂貨量 = 346；即每次訂購 346 單位的存貨。

$$POQ=\sqrt{\frac{2DS}{H(1-d/p)}}=\sqrt{\frac{2\times 5{,}000\times 12}{3(1-200/300)}}=346$$

第四節　傳統人工製造環境之內部控制程序

傳統人工製造環境可包含下列內部控制程序：㈠授權核准；㈡職能分工；㈢使用控制；㈣維護文件及會計記錄；㈤獨立驗證；㈥監督等程序。茲分述如下：

㈠授權核准

要確定行銷預測相當精確，才能確定生產量，及生產進度。存貨記錄應相當正確，以確定所需的原料、物料、供應品及設備都已經準備齊全，可以上線，依照工作清單進行生產作業。確保生產作業能遵守既定的排程生產產品，以避免生產過量或生產不足的問題。為了維護資產安全、保護存貨及產品，使用「移送單」作為書面憑據，隨著產品經過一站站的生產中心，保持記錄，便於追蹤。

1.工作清單：

一定要有工作清單，才能展開生產作業。因而工程部門、或生產部門按照行銷需求或既定的生產計畫，而排訂的工作清單，就成為生產循環中第一個需要核准的文件來源。

2.領料單：

是除了工作清單外，一定要準備的單據。如無領料單，則每日的生產，無法進行。因而領料單亦成為生產核准、及生產開始的根據。

3.移送單：

是從上一個生產中心，可以移送到下一生產中心的根據。也必須要送到生產規劃及控制部門，供其查驗、控制生產進度用。

㈡職能分工

1.存貨控制分原料、物料存貨控制，及製成品存貨兩大類：

必須妥善保管，應由不同部門或人員分別保管控制。

2.成本會計與製造工作中心分開：

成本會計應注意成本的控制，如果可能，在產品設計階段時，成本會計就應參與。因為65%～80%的產品成本，在設計階段時，已經可以決定了。成本會計也應盡量收集生產中所發生的各項有關成本的資料。如果生產方式變動，成本會計應瞭解相關之成本要素是否有變動；並注意其生產方式是否亦有變動。若成本要素可能因生產方式改變而變動，則應將相關的成本會計作適當的調整。為保持獨立收集資料的中立性，成本會計應與各工作中心分開。

3.總帳與其他會計功能分開：

在生產循環中，總帳要與成本會計分開，才能查核成本會計的正確性。

㈢使用控制

⑴原料、物料、在製品、製成品等均應限制接觸。只有被核准的人員，才可接觸這些存貨。領取、移送、或收受這些存貨，都應有正式文件、或出示核准的書面證明。領取人員、移送人員、及接收這些存貨的人員，都應在文件上記載日期，並簽名以示負責。

⑵原料、物料、在製品、製成品等各有適合的倉儲方式，個別有自己特定的保管人員，依照規定的方式保管。

⑶定期盤點各項原料、物料、材料、供應品等存貨，以確定未被偷竊、或過度耗用。工頭或領班要注意在製品的點算、及移送的安全。製成品應立即記入存貨明細帳簿並移至倉儲保管。

⑷固定資產的保管人、使用人、維修人均應制訂清楚，各人的責任應明確訂定並有書面記錄各自的權限。

⑸固定資產、原料及物料的報廢、處理方式，都應詳細制訂清楚。在報廢處理前，應由保管人員、會計人員或內部稽核人員與原部門的負責人員共同處理，以確定符合報廢標準，確實可報廢，並依照報廢程序處理。

㈣維護文件及會計記錄

可從文件及會計記錄當中，評判生產排程的效率、製造過程是否符合規劃需求。各項文件也可供作評審生產規劃、工程設計、行銷預測、及產品生產計畫的有效性及有用性。也可藉這些文件和會計記錄稽查有無不必要或浪費的支出或損失。

⑴文件單據包含工作清單，成本單，移送單，工時單，領料單，日記傳票，在製品記錄，製成品存貨記錄等；上述各項單據，都有檔案，可供參考。

⑵會計記錄日記傳票。相關帳本有成本會計和總帳的相關帳戶，如原料、物料、直接人工、在製品存貨、間接製造成本、應付帳款、供應品費用、薪資費用、製成品存貨等。

㈤獨立驗證

成本會計調節所有製造成本，如人工使用費用差異，原料、物料使用差異，如果有差異，則調整至相關帳戶。總帳則調節全部系統。

㈥監　督

工頭或領班看管生產中心各生產作業的進行。負責發放、轉送和控制原料、物料給工人使用，並負責維護原料、物料的安全，不被濫用、偷盜或被破壞。製成品應即刻送倉庫存放。應控制、監督生產過程及製造時間，以符生產進度，並直接控制成本。

第五節　固定資產循環之控制程序

固定資產循環亦是會計資訊系統的一環，在製造循環或其他循環中常需要固定資產從事生產活動；因而企業常大筆投資，購置土地、廠房、設備及其他固定資產。在大製造業中的固定資產，常佔企業所有投資案的大宗或是企業的主要資產。因而固定資產循環是很重要的資訊。固定資產的取得、驗收程序如同採購循環；持有固定資產期間應有的會計處理，如提列折舊、維修費用、資本支出等問題，應有適當的會計程序、妥善維護固定資產的政策和程序等。在固定資產使用期滿，或有其他處置方式時，應遵循既定程序報廢或出售等。圖 13–8 說明固定資產的資料流程。圖 13–9 說明固定資產在線上的處理流程，讀者應能自行參考，不再贅述。

固定資產循環的控制程序相當重要，可分述如下：

⑴所有固定資產應貼有條碼。條碼可供快速及正確的點算固定資產，更新固定資產資料用。

⑵應有固定資產記錄檔記錄各固定資產的資料。固定資產記錄檔至少應有下列資料欄位：固定資產代號、產品序號、存放所在、購買成本、固定資產取得日、廠商姓名、廠商地址、聯絡電話、估計可使用年限、估計殘值、提列折舊方法、累計折舊金額、改良或維修記錄等。

⑶固定資產應有其特定的採購程序。因為其有時體積龐大、金額昂貴，企業可能需用融資的方式，才能購入；故一般企業採購固定資產時，應遵行另訂的特殊採購程序。

⑷一般來說，可由特定部門的主管提出請購需求，註明規格需求。如果金額較低，也許可從各部門的預算中支出。如果金額高過某

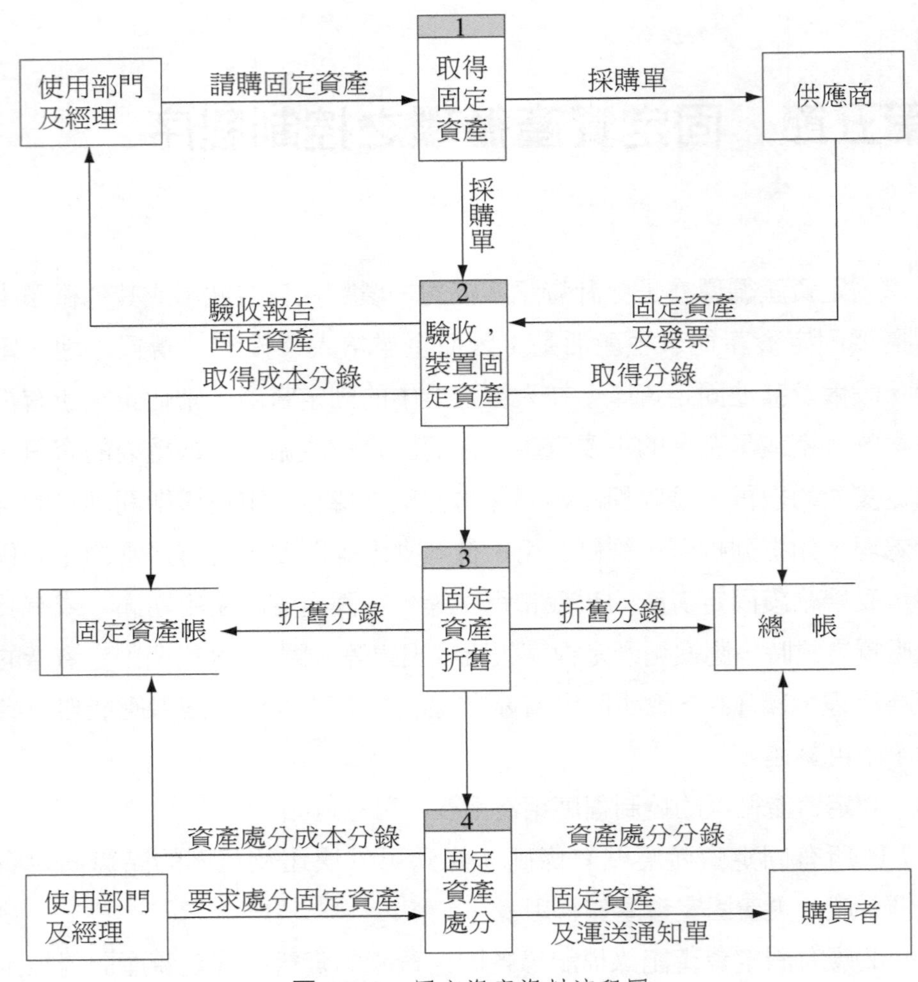

圖 13-8　固定資產資料流程圖

一限額，可能要經過特別的採購委員會負責採購事宜。

(5)通常重要的大採購案，一般公司會進行公開招標的方式，通知多家供應廠商參與競標。再由採購委員會複查競標內容，選定供應商並與廠商談妥成交價格、交運方式及何時送達等。

(6)固定資產送來後，一樣要依照規格查驗品質及遵行驗收程序。驗收程序和現金付款程序，則依據採購、支出循環處理。

從上面幾節，可總結生產循環和固定資產的控制目標如下：

(1)生產設備和固定資產的採購都必須經過適當的核准程序。

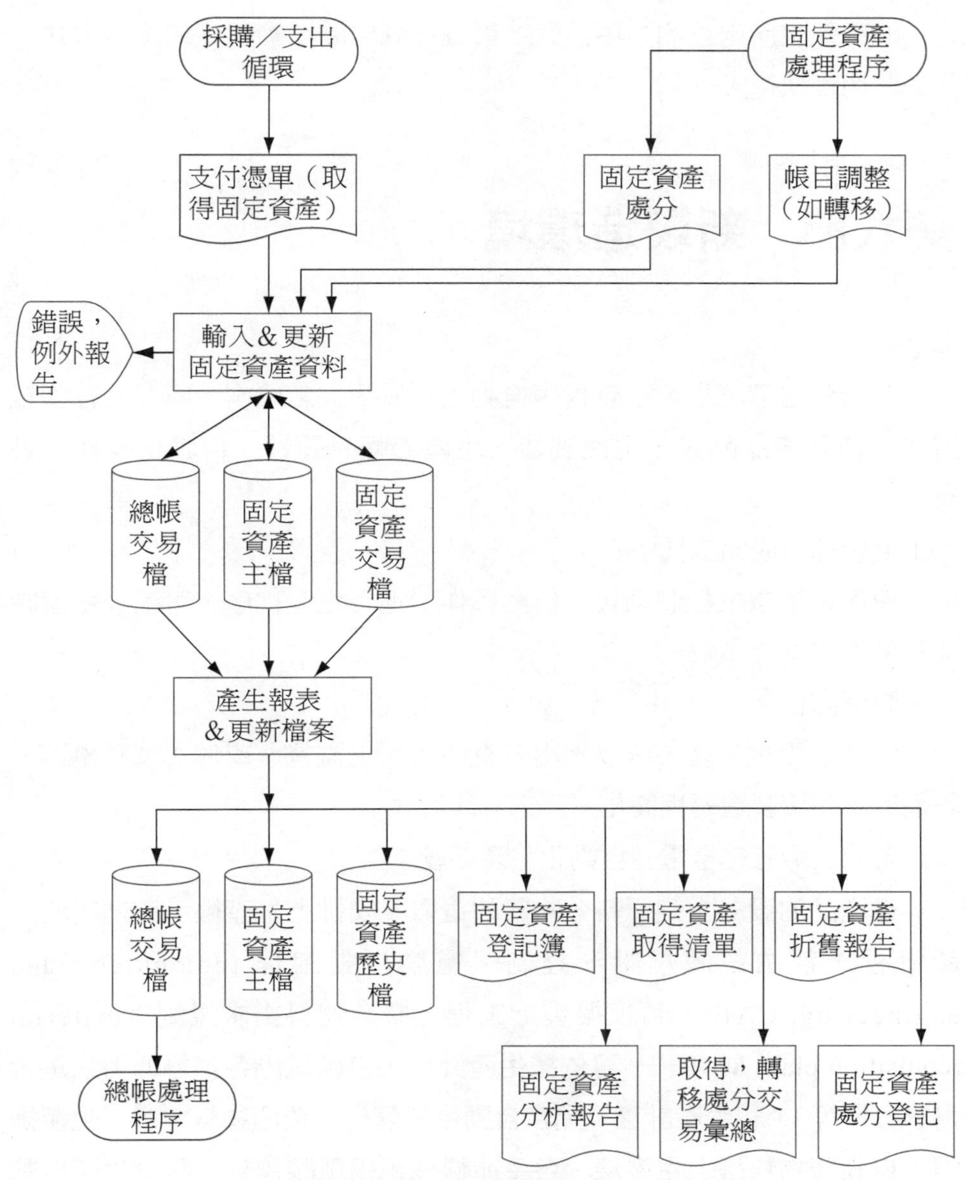

圖 13–9　固定資產線上處理循環

(2)在製品存貨和固定資產均有安全防護措施。

(3)必須記錄所有核准的和有效的生產循環交易。

(4)所有的生產循環交易都應正確、有效的記錄在帳簿中。

(5)所有記錄、檔案應完整的保存，不可遺失。

(6)確保生產過程的各項活動，都遵行既定的活動程序或操作方式，切實執行。

第六節　新製造環境

在新製造環境中，生產程序自動化，減少人工成本，庫存的存貨量減少，注重產品品質，也使製造、生產過程有彈性。自動化操作特點有：

1.生產場所成為工技中心：

使用電腦數位控制系統，自動操作、進行生產程序，可減少生產時間和生產成本。

2.製程簡化：

因為自動化生產，所以不用一直使用人工監督、或每次調整機器、設備等，而使製造過程簡化。

3.有的工廠有完全電腦自動化生產系統：

從產品的設計，到原料、物料的選取、安排上生產線，和循序的生產過程，都由電腦規劃、控制。電腦自動工程 (computer aided engineering, CAE)，可模擬製造工程，整合物料需求規劃（material requisition plan, MRP——可依據生產計畫，自動排出各物料的需求量、需求日期等）、和生產計畫，配合自動生產管理（依照物料需求、生產排程，自動將物料送上生產線，各生產機械也由電腦控制，整個生產自動化，即由電腦控制整個生產作業程序），將整個生產程序自動化。

4.設計：

可使用電腦輔助設計軟體 (computer aided design, CAD) 設計產品。可以在電腦上模擬產品的形狀、外觀，也可在電腦上模擬變化或改變設計，還能列出各部分的形狀、分解圖等。有相關資料輸入後，也可計算所需材料等。

5.施行：

實際的製造過程，使用電腦輔助生產系統 (computer aided manufacturing, CAM)，如自動存取材料、物料後，再用輸送帶送到生產中心，使用機器手臂生產。機器取代了人工，生產更精確，速度快，也避免了人工可能面臨的高溫、燙傷、粉塵、噪音、光害等不利人工作業的問題。機器的生產較一致，也容易控制進度、精確性等。

6.規劃：

如物料需求規劃，彙總在同一期間要生產的個別工作單，計算、統合、並決定存貨需求。生產過程中有關原料、物料、供應品的需求等，在生產前即規劃完成。

7.存貨量減少：

自動化生產環境下，因為依照訂貨量生產，存貨量應會減少。而且企業應儘量減低存貨量；因為倉儲問題、資金調度、生產過剩而產生的問題或生產假象等問題，都可因存貨多而產生。所謂「生產假象」指工程部門依據生產排程，持續有效的生產，卻未考慮到所生產的產品可能：無市場、或訂購的客戶已破產、或整個經濟嚴重萎縮，產品會堆積在倉庫裡，而無法變現。

8.減少存貨：

如零庫存 JIT (just-in-time)，存貨送來時，恰恰即時要上生產線，因而不用送去倉庫暫存。即原料或物料到達工廠時，剛好可進入生產程序；而製成品完成時，又恰可送至供應商，如期交貨。零庫存要配合零故障、零設定時間、零前置時間、可小量生產；上游廠商可配合、可信賴；最好所有原料、物料和製成品都能達到零庫存標準。要全員合作、全體參與、上、下游廠商一起配合，才可能成功的達到零庫存目標。

9.注重產品品質：

因為競爭激烈，新製造環境注重產品品質。若品質不佳，便會產生報廢成本，和再整修的費用。可能因而延後交貨或更換產品而耗用較多的人工和零件，費用增加。也可能因品質不佳，致使訂單被取消，使得保證或保修的費用增加。因而退貨、修護、或改換產品的服務成本也會增加。故而產品品質優良，不但能確保市場的愛好優勢，且可控制不必要的費用產生，間接成本降低，維持競爭優勢。

10.新製造環境多方控制品質的主要觀念在於：

(1)可早期發現有無失控的情形，如果品質在問題剛發生時，就被偵查出，則馬上可矯正失誤，維持品質的一致性。

(2)用品質管制的統計、分析方法控制：在各個生產程序剛完成時，即刻抽查、檢驗剛完成的在製品，若完全合乎規格要求，才算「合格」，並將整批在製品，一起送至下一階段再加工。每完成一階段，就抽查、檢驗品質的程序一再重複；則一個完整的製造過程中，可能有上百個品管控制程序，既可早期發現問題，且可保持品質的一致性。

11.彈性製造程序：

如今之市場需求相當注重獨特性、及多樣化，客戶或市場喜歡較多的選擇性。故製造業為保持市場，順應市場需求，期望保持彈性。

從以上的新製造環境的介紹中，可知企業為順應新科技時代，應該調整製造觀念，採用新的製造過程、自動化和電腦化的製造方法，加強應用新科技，訓練員工學習新科技、運用資訊、探測市場、瞭解市場需求、或預知客戶喜好等，都是現代企業急須探討及研發的課題。

第七節　會計和會計資訊系統在新製造環境中的變動

1.會計技術的變動：

傳統的人工成本會計無法正確分配成本。如在傳統的成本會計下，分攤製造費用的基礎，常以人工小時當指標。但在電腦化、採用新科技設備生產時，使用的人工很少，但高科技設備的成本高，折舊提列也高，使得間接製造費用的比例比人工高出很多；實在很難再用人工小時來分攤製造費用。現在多使用作業基礎制會計 (activity based costing, ABC) 來改進此缺失。所謂作業基礎制會計，將成本詳細劃分，確認產生成本的活動（或產生成本的作業基礎），並依產品之作業量分配成本。這種方法較能配合科技生產環境，比傳統的只用一個基礎分攤費用，精確得多。

2.資訊報告會有變動如下：

(1)因採用作業基礎制會計，可收集較多與生產相關的資訊，而且更詳細。可提供「非財務性資訊」及「績效衡量資訊」給管理者參考。比如，作業基礎制會計計算每一製程所添加的物料，可提供給工程部門瞭解有無超用物料的可能，也可依據此資訊，判斷製程是否合乎績效，或哪一生產步驟缺乏績效。

(2)採用作業基礎制會計，比較強調團隊精神。因為在生產過程中要確認成本動因，並因此分配費用。比如：運送部門的每月薪資費用是 $200,000，這些員工每月可處理 10,000 單位的運送工作。則可算出每單位的運送費用是 $20。假設本月份已經收到 6,000 單位，則可計算出 $120,000 為已運送費用，剩餘的 $80,000 薪資費用，代表未運送的數量。若衡量該部門的績效，是以運送數量來衡量，則整個部門會努力運送，而不願意有「未用的運送數量」的情形發生，故會增加團隊精神。

3.資訊系統的整合：

新製造環境可能運用多種新科技方法來傳輸資訊或設計電腦化的製造環境。比如，企業使用電子資料交換 (electronic data interchange, EDI) 系統傳輸資訊。如欲採購物料的企業可透過電子資料交換系統向供應商發出採購需求：欲採購的貨品代號、名稱、規格、數量、需要日期等，而供應商也即刻在線上查詢存貨的情況，透過電子資料交換回覆送貨日期、數量、方法及金額等資訊給採購廠商。從此例，可見電子資料交換減少詢價、查詢何時可供應、查詢有多少存貨量等的程序。

4.系統整合後，比較容易達到零庫存目標，可能降低成本：

因為整合電子資料交換及電腦自動生產程序後，上、下游廠商間可密切交換資訊，訂定更佳的生產排程，較容易達到控制成本、及「零庫存」目標。電子資料交換系統連結資訊，可減少重複輸入、節省人工、時間、紙張、減少人工失誤、減少存貨量、減少遲延時間及節省郵費等成本。企業間（關係企業間）也可運用企業網路，減少資訊傳輸的時間、減少資源浪費等，更加強會計資訊的收集、績效的分析及成本的控制等。

第八節　新製造環境之控制方式

由於大量使用高科技生產方式及電腦化資訊處理的作業，新製造環境常採用的控制方法簡述如下：

1.電子認證：

交易互相傳輸時，先作電子認證，確認對方的合格性及查驗輸入端或輸出端是否正確。認證的方式可能用約定的密碼、回呼確認、檢查預設之檢查點或檢查通路、系統名稱、伺服器代號、IP 網址是否正確等。

2.電子知會：

當通過電子認證，開始接收資料時，系統自動記錄接收之時間、資料筆數等，並知會對方。因而發送者亦可核對是否正確送出資料。

3.自動核准重要控制程序：

比如要付款時，系統自動核對相關的電子控制文件（如電子訂單、驗收單、對方發票等）；如果正確，系統發出「核准」之命令，准許程式執行下一步驟（如準備支付憑證及印製支票等)。電腦比對電子文件，比人工控制更正確，錯誤較少；若程式邏輯正確，則核准的付款憑單總額必正確，印製的支票亦不會有誤，還可保持核准交易人員、程式使用者及系統操作員等的使用記錄，而使得控制程序更有效。

4.提供審計軌跡：

電腦每處理一批次，就有處理批次號，並記錄各項交易情況，包括時間、金額、使用之程式、程式處理之結果、文件來源、使用人員，並記錄這些資料的位址或儲藏所在；因而，有不同型態的審計軌跡。

5.增加人工核准程序及保護程序：

有時系統不能自動核准付款作業、或自動逕行採購作業；比如金額龐大、第一次向此供應商採購、第一次銷售給該客戶、或賒銷額度太高或超過額度等。這時電腦系統只核對電子文件及列示核對結果；要等多層密碼輸入（分由不同層級的負責人檢視後，各自輸入自己的核准密碼），電腦程式再核對是否有各層密碼後，才執行下一動作。此外，系統對有些資料及檔案採用加密措施，以進一步保護資料及檔案完整性。

6.運用多個稽查程序：

比如有資訊部門的專人運用線上監查螢幕，隨時監控系統的情形；在系統內，使用系統矩陣表比對歷史檔上的使用者、使用頻率、使用的作業、及應查核之狀況等，自動列報；或設計系統應自動偵查的情況，並列出異常報告或發出警訊等。因而，在系統不同階段，依不同作業所需，設計不同稽查程序，增加了稽核、控制的功能。

新製造環境的內部控制原則，其實就是電腦化資訊環境下之控制原則。讀者可參考第九章，則可有更清楚的概念，及瞭解不同的控制方法的運用。

第九節 結 語

製造循環與其他循環關係密切，從收益循環中得到行銷預測。製造完成的製成品，供收益循環銷售。製造循環所需的資源，包括原料、物料、供應品、人工等由採購循環、存貨循環及人力資源系統供應。製造循環的人工薪資由薪資循環處理。製造業常使用投資龐大的固定設備，則應遵循固定資產循環的控制程序。製造循環的薪資成本及原物料成本、費用等，均彙總至總帳／財務循環處理。

現代企業在新製造環境下，採用零庫存、作業成本制等新觀念，加緊探討科技化的生產環境及技術。新製造過程對企業的影響很大，除了加緊尋求電腦化設計及製造生產技術外，亦訓練員工學習新科技；極力研發新科技，研發改進生產的技術及更好的生產方式，或企業再造等。企業也運用資訊探測市場、調查市場需求、預測客戶喜好趨勢、探討成本結構改變的情況等。

本章討論了幾個簡單的存貨經濟訂購量模型，以加強讀者對存貨循環的認識。本章提供傳統人工製造環境的內部控制程序，作為新製造環境的內部控制參考。固定資產的控制程序亦詳加介紹，以提醒讀者注意製造業此一重要資產。

研討習題

1. 何謂製造循環？與其他循環有何互動情況？
2. 試述物料及作業需求階段各部門之作業情況。
3. 試述生產過程的作業控制。
4. 何謂經濟訂購量？其前提假設為何？
5. 若每天用量 300 單位，前置時間 4 天；假設每年用量 6,000 單位；每單位訂貨成本 $18；每單位之倉儲成本 $0.3；求訂貨點及經濟訂購量。
6. 假設第 5 題的情形下，若補貨一單位成本 $22；求補貨點及經濟訂購量。
7. 假設第 5 題的情形下，設每日耗用量 300 單位，而每日進貨量 300 單位；求經濟訂購量。
8. 試述傳統人工製造環境之內部控制程序。
9. 試述固定資產的控制程序。
10. 試述生產循環及固定資產的控制目標。
11. 試述新製造環境的特點。
12. 試述新製造環境下，會計技術有何變動？
13. 試述新製造環境下，資訊報告有何變動？
14. 新製造環境下，資訊系統整合的情況如何？有何優點？
15. 試述新製造環境常採用的控制方法。

參考文獻

Baker, M. W., Fry, D. T. and Karwan, K. "The Rise and Fall of Time-Based Manufacturing." *Management Accounting*, June 1994: 56–59.

Cheathan, C., "Measuring and Improving Throughput." *Journal of Accountancy*, March 1990: 89–91.

Gammell, F. and McNair, C. J. "Jumping the Growth Threshold Through Activity-Based Cost Management." *Management Accounting*, September 1994: 37–46.

Hall, James, *Accounting Information Systems*, St. Paul, Minn. West Publishing Co., 1995.

Keegan, D. P. and Eiler, R. G., "Let's Reengineer Cost Accounting." *Management Accounting*, August 1994: 26–31.

Moscove, S. A., Simkin, M. G. & Bagranoff, N. A., Core Concepts of *Accounting Information Systems*, John Wiley & Sons, Inc., New York, 1997.

Romney, M. B., Steinbart, P. J. & Cushing, B. E., *Accounting Information Systems*, Seventh ed., Addison-Wesley, 1996.

Vollman, T. E., Berry, W. L. and Whybark, D. C., *Manufacturing Planning and Control Systems*, 3rd ed., Homewood, IL:Irwin, 1992.

Wilkinson, J. W. & Cerullo, M. J., *Accounting Information Systems—Essential Concepts and Applications*, Third ed., John Wiley & Sons, Inc., 1997.

第十四章

會計總帳、彙報系統及融資、投資循環

14

概　要

本書第十一章至第十三章討論了會計交易處理系統的收益、支出、製造、固定資產及薪資等循環；本章則討論總帳循環及財務循環。本章先討論總分類帳系統如何統制前述的交易循環，如何彙總交易循環資料，包括調整會計事項、分錄、結帳、並編製報表的過程。如此，讀者可以瞭解會計資訊系統如何完成整個會計循環作業。總帳循環完成後，則會計資料完整建立於資訊系統中，可作為編製財務及各種管理報表的基礎。在會計電腦化資訊系統時代，管理人員亦應瞭解總帳系統的檔案結構、及更新情形。本章後段介紹財務循環；財務循環包括融資及投資循環，交易量雖少，卻常牽動龐大資金，也是會計資訊系統的重要循環，故本章亦討論其相關的內部控制及電腦作業注意要點。

第一節　緒　論

總帳及彙報循環連結各交易循環，彙總會計資訊系統的其他子系統資料，可說是會計資訊系統的核心。總帳及彙報循環的主要功能為：更新總分類帳，製作各種需求的報表，並彙總報導組織的財務、及各類營運活動狀況。這些報表有專供外部使用者的財務報表，也有供內部各管理階層專用的管理報告。總帳系統有其特有的收集、記錄、分類、核效、調整、更新、編製報表的程序，也有其主要的內部控制措施，如此，才能確保會計資訊合乎攸關性、可靠性、時效性、正確性、完備性、一致性、可驗證性及可瞭解性的品質特性。有這些品質特性的會計資訊才能有效的提供給使用者作決策用，也才能達到會計資訊系統的有效用目標。

財務報表主要報導企業的財務來源、運用、狀況及企業營運狀態，通常應依據法規及會計一般公認原則編製。管理報告主要為達成企業的管理、控制目的而編製，提供內部使用，因而不必遵守會計原則。

融資循環與投資循環在現代企業中扮演的角色更形重要。企業若善用財務循環規劃，有計畫的投資、擴充，可促進企業穩定且快速的成長；若企業只是利用財務循環作為投機標的，不重本業的經營，不但不能累積盈餘，反而在股市低迷時，拖累本業盈餘；管理人員應有這類智慧，提醒企業注意這些問題。

第二節　總帳系統

圖 14–1 的資料流程圖顯示從各會計交易循環傳來總帳系統的日記傳票、資料，及總帳系統彙整資料後的報告流向圖。圖 14–2 顯示總帳之資料與各帳簿、及報表關係，即其間之輸入、及輸出關係。日記彙總傳票提供總分類帳系統（簡稱總帳系統）統制、勾稽功能，簡述如下：

⑴確定各交易被完整且正確的即時記錄。

⑵從收益循環來的銷貨日記彙總傳票（顯示銷貨貸方總額），與從應收帳款送來的日記傳票（顯示應收帳款之借方總額）相比較，若相符，總帳借記總分類帳的應收帳款及貸記銷貨總帳。

⑶依據從收益循環的存貨管理傳來之日記彙總傳票（記載存貨貸方總額），借記銷貨成本總帳並貸記存貨總帳。

⑷從應收帳款傳來之日記彙總傳票（記載收到款項的應收帳款貸方總額），及現金收入日記借方彙總傳票可互相比對、勾稽。

⑸依據從支出循環來的進貨日記彙總傳票，借：進貨總帳，貸：應

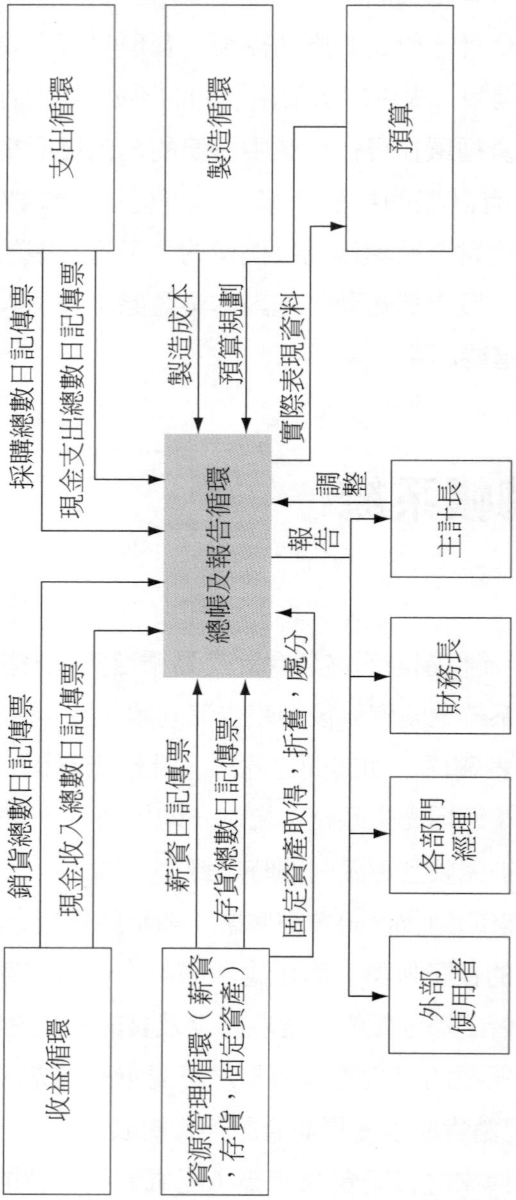

收益循環

銷貨總數日記傳票

現金收入總數日記傳票

資源管理循環（薪資，存貨，固定資產）

薪資日記傳票

存貨總數日記傳票

固定資產取得，折舊，處分

支出循環

採購總數日記傳票

現金支出總數日記傳票

製造循環

製造成本

預算規劃

預算

實際表現資料

總帳及報告循環

報告

調整

主計長

財務長

各部門經理

外部使用者

圖 14-1　總帳與其他會計循環資料流程圖

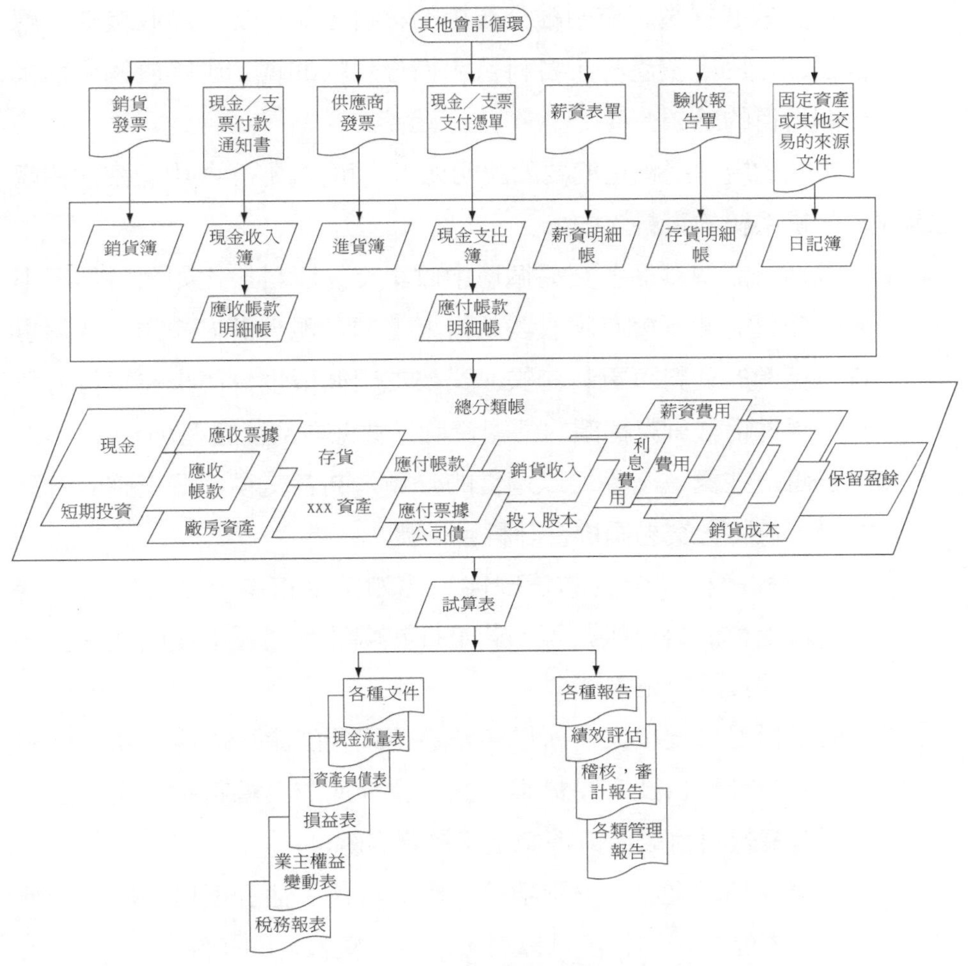

圖 14–2　總帳的資料來源與報表關係

付帳款總帳。依據傳來的存貨日記彙總傳票（顯示存貨之借方總額）及應付帳款日記彙總傳票（顯示應付帳款已付款之借方總額），可與現金支出日記彙總傳票（現金的貸方總額）互相比對、勾稽。

(6)從薪工循環傳來的薪資日記彙總傳票（借：薪資費用，貸：現金）可與薪資專戶支票副本及支票登記簿、薪資付款憑單相比對、勾稽。

(7)所有科目的借方總額必須與所有科目的貸方總額相等。

(8)從日記帳過帳後，有明細分類帳的科目，如存貨、應收帳款、應付帳款、固定資產等，各科目明細分類帳的總和應等於總分類帳相關科目的餘額。

總帳系統的處理過程可簡要的說明如下，可從圖 14–3 中觀察這些處理過程及總帳系統的資料流向。

(1)以各種日記傳票從各交易循環中收集交易資料。比如收益循環中的彙總日記傳票會有應收帳款借方總額，現金借方總額，及銷貨貸方總額的資料可更新總帳。又如支出循環也會傳來進貨借方總額、應付帳款貸方總額的彙總資料，供總帳系統處理。

(2)每日將這些彙總交易加以適當的分類，為各交易選擇正確的會計科目，並將各交易編排會計科目帳號。

(3)以一定程序核校資料的正確性，比如數字正確否？會計科目對嗎？編上會計科目帳號等。若是批次處理，則與上次處理的批次總數比較其是否正確。

(4)由於總帳是重要檔案，所以各彙總傳票要過帳，才能更新總分類帳的各會計科目及交易檔案。在各會計期末，編製試算表，以確定所有總帳科目的借方總額相等於貸方總額。

(5)由於應計基礎之故，遞延項目、應計項目、估計項目等應作調整分錄，才能製作調整後試算表，以為編製報表的準備。

(6)編製財務報表先從調整後試算表中的收益、費用科目資料編製損益表；結清收益、費用科目後，再將淨利或淨損結轉保留盈餘。次編資產負債表，並將資產負債科目之餘額結轉到下期。最後編製現金流量表及業主權益變動表。給各部門經理的財務報表則可有：營運報表、經營預算、責任報告、績效報告等。給股東的報告則有年度財務報表、股利率、及企業的將來營運目標等。這些報告都需要會計人員再複驗過、無誤，才會派送給相關人員。

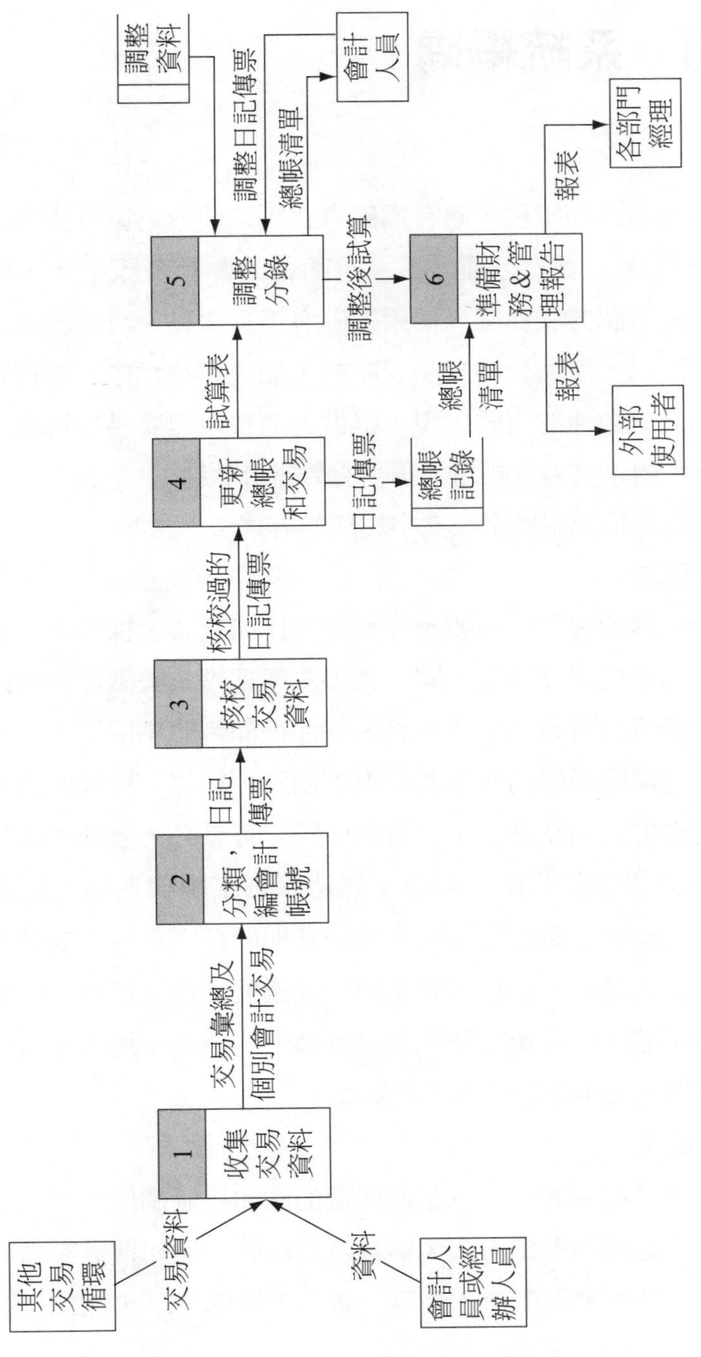

圖 14-3 總帳系統的資料流程圖

第三節　系統編碼

會計資訊系統的帳目，應有編碼方式，以便容易區分帳目，簡化帳目的描述及規格，便於正確入帳。電腦化的會計資訊系統，使用系統化、邏輯式的辨認方式編碼。使用編碼有下列優點：可以讓員工在原始文件上容易記錄，幫助分辨貨品或帳號，加快作業程序，將複雜難處理的龐大資訊以一致性的方式呈現，提供可完整處理交易的可靠工具，辨認同一類檔案內之交易及帳目，提供有效審計軌跡。

以下介紹幾種使用數字或文字編碼的方式：

1.循序編碼：

會計原始憑證有許多需要預先編碼，比如支票、採購單、發票等，在印刷時即已事先循序編號，同一號碼決不重複。號碼可供追蹤交易，也可供確認憑證是否有缺號或憑證、文件被顛倒順序使用。批次處理號也應循序，這類應循序的交易若號碼不循序，經理人員就會追查偵測問題。這種編碼方式的缺點是：只有循序與否可參考，號碼本身無法提供其他資訊；比如帳號若循序編製，無法區別某帳號是屬於哪類會計科目？是屬於資產類？還是負債類？或是其他的類別？另一缺點是無法在循序號中加插新編號，如果有新產品，其編號不是從最後一碼編下去，就是與其他產品一起重新編號。循序編碼方式非常不適合項目、帳目常需增添、改變、或刪除等情形下之編碼。

2.區段編碼：

為改進循序編碼的缺點，在循序號前添加幾個欄位，用以表示其屬性、分類、或區段的編碼方式，稱為區段編碼。比如機械設備號碼的第一個欄位表示其所屬之廠房，則第一廠的機器都是以 1 開頭；第二廠的機器都是以 2 開頭，後面再加上序號。

會計總分類帳目通常依據區段編碼方式編製。假設會計總分類帳目使用四個欄位編號，設定第一個欄位表示第一級分類碼；若以 1 表資產，2 表示負債，3 表示業主權益，4 表示收益類，5 表示費用類。第二個欄位表示第二級分類碼；以 1 表流動性，2 表示長期，3 表示無形資產，5 表示其他類。第三、四欄位表示號序。表 14–1 列示此例如下：

表 14–1　會計科目編號表

資產	負債及業主權益
流動資產	流動負債
1101　××銀行—活存現金	2101　應付帳款
1102　零用金	2102　應付票據
1104　應收帳款	2103　應付利息
1106　應收票據	2104　應付薪資
1107　商品存貨	2105　應付公司債——年內到期
1108　供應品存貨	……………………
……………………	
	長期負債
固定資產	2201　應付公司債
1201　土地	2202　應付公司債溢價
1203　建築物	……………………
1213　累計折舊—建築物	
1205　廠房	業主權益
1215　累計折舊—廠房	3101　股本
1207　機械設備	3102　資本公積—普通股發行溢價
1216　累計折舊—機械設備	3201　保留盈餘
……………………	……………………
其他資產	
1501　存出保證金	

區段編碼適合詳細分類使用，區段編碼方式也易於插入新科目或新項目，而不必重新編碼；比如應付所得稅可編為 2107，插入會計科目表中。區段編碼的缺點是在同一區段中，若有項目要插入已經循序編號之項目中，那一區段的所有項目，就需要重新編號；比如應付所得稅想插入應付利息之前，則原先排列在應付利息後面的項目，就要和應付所得稅一起重新排序。

3.群組編碼：

依照群組分別編號，通常使用於較複雜的編碼系統。比如連鎖商號會設定城市別或地區別、商號別、產業別、產品別或負責人員之代號、序號等。表 14–2 列示此例如下：

表 14–2　商品編號表

城市別	供應商	產業別	產品別	序號	負責人
01 臺北市 02 臺中市 ………… 30 恆春	01 統一 02 國聯 03 寶鹼 …………	01 食品業 02 化工業 03 零件業 …………	01 食品 02 清潔劑 03 乳品 …………	0001 0002 …………	01 張牧 02 李樹 03 王林 …………

群組編碼的優點是：便於表現大量資料；易於顯示有複雜階層式的資料結構；容易依據不同的層級，做不同的分析。缺點是：由於群組編碼方式可以表現不同群組，常被濫用，當可使用簡單編碼時，卻做了不必要的複雜群組編碼；當採取不必要的群組編碼方式時，可能有增加儲存成本、增加人為失誤、增加處理的時間等的缺點。

4.文字配合數字編碼：

以英文字母與數字配合編碼。比如臺灣地區轎車的牌照號碼，前兩碼使用英文字母排列順序，後面有四個數字順序碼；臺北市和臺灣省使用不同的英文字母區分。又如臺北市的身分證號碼都是以 A 開頭，新竹的身分證編號以 J 開頭。身分證的第二個號碼代表性別，1 表示是男性，2 表示是女性，後面再加上號碼來區分不同的人。文字配合數字編碼的優點是英文字母有 26 個字母，容易區分不同的 26 個屬性；若兩個欄位都是英文文字，則可區分 676 個屬性。不容易瞭解英文文字的編碼意義，及無法分類搜尋是此方法之缺點。

5.記憶法編碼：

以英文簡寫或以英文文字前數個字母代表該項目的編碼方式，便於記憶，也便於分辨。比如會計系開的課程以 Acct 開頭，或以 Acc 開頭編號；企業管理系開的課程以 BA 開頭；財務管理系開的課程以 Fin 開頭編號等。此方法的優點是不需使用人強加記憶，又能代表含意，且方便區分。雖然此種編碼方式，便於區別不同屬性，但仍需配合數字編碼，才能表現不同的項目。比如會計學㈠、會計學㈡、會計學㈢不能全部只用 Acct，必須配合數字才能區別此三種課程，比如以 Acct001 代表會計學㈠，以 Acct002 代表會計學㈡，以 Acct003 代表會計學㈢。

第四節　總帳之財務／管理報告系統

總帳除了可彙總報告財務報表外，尚可提供各類的財務／管理報告，提供管理人員作為規劃、管理、控制之所需。這類報告，除了提供外部使用者的財務報表（資產負債表、損益表、現金流量表、業主權益變動表）外，還包括總帳系統的會計管理報告，及給內部管理階層的管理報告。提供外部使用者的財務報表一定要依照一般公認會計原則編製，總帳系統的會計管理報告，及給內部管理階層的管理報告則不受此限。

總帳系統的會計管理報告可分為兩大類：⑴總帳的控制報告及⑵預算。總帳的控制報告有：各彙總日記傳票清單及其相關會計帳號，試算表，調整後試算表，結帳後試算表，及總帳各科目餘額表等，這些報表的目的都是為了確定有正確的過帳程序及金額，才能彙總、編製其他報表。

預算與績效報告是管理報告系統中相當重要的報告。預算是主要的財務規劃工具，亦即將管理之目標以規劃的財務數字，經正式的編製程序制訂完成。績效報告則是主要的財務控制工具，將實際經營數字與預算數相比較，評量其差異，供管理者分析，判斷是否應有因應措施。請參考第十五章有關預算編製的過程說明，及例示說明的一些常用的預算內容，比如現金預算、經營預算及績效報告等。

給內部管理階層的管理報告可以相當多，比如存貨狀況報告、各產品之相對獲利分析、銷貨人員績效比較表、應收帳款之現金收款情形及遲延收款報告、短期內將到期之票據、負債報告等。圖 14–1 及圖 14–3 都標示這部分的循環。運用會計資訊系統很容易提供各種需求之管理評估報告。比如將銷貨金額除以銷售人員，就可得到平均銷售量，此可視為一種生產力之評估，可與以往銷售資料相比，或與同業作比較。若將銷貨金額除以銷售人員的工作總時數，又可得到平均每小時之銷售量；若將此平均每小時之銷售量，與銷售人員的每小時工資相比，可看出銷售人員的工資成本佔銷售金額的百分比。這些例子只是說明運用會計資訊系統可計算各種數據，以供管理者查詢、評估。

第五節　總帳的內部控制

總帳的內部控制仍可以下列五項來討論：

1.授權與核准：

從各交易循環傳來的彙總日記傳票，是總帳入帳的根據。這些彙總日記傳票根據不同帳簿彙總而來，比如現金日記簿、銷貨日記簿、應收帳款明細分類帳、存貨明細分類帳等。可知負責這些帳簿的人員及各來源部門的主管實際擔負了授權總帳入帳的責任。

2.職權分工：

由於總帳負責勾稽明細分類帳，因而負責總帳與負責明細分類帳及負責保管資產的職務應由不同人員負責。總帳不可負責特種日記簿或明細分類帳；不可開製日記傳票；也不可負責保管資產。

3.使用控制：

無權限的人員使用總帳，會引起錯誤、舞弊、或財務報表不正確。限制可開立日記傳票的人員即是使用控制的方法。要實際控制日記傳票，則各日記傳票應在各來源部門事先編號並登記。萬一日記傳票號碼跳號或有失漏，則可複查登記簿，並可調查是否有不當情事。

4.會計記錄：

總帳完成整個會計記錄的審計軌跡。從最初的原始交易文件、日記簿及分錄、明細帳及分錄、日記傳票、總帳到財務報表可形成一完整的審計軌跡。審計軌跡可供追查交易始末，也可以查證財務報表是否正確。審計軌跡可提供下列用途：(1)回答查詢；(2)若檔案有缺失，審計軌跡可供補充、或重建檔案用；(3)提供稽核、審計人員有關的歷史性資料；(4)完成法規要求的程序或政府、證期會等的規定；(5)提供為防弊、偵測、或修正錯誤的工具；(6)因審計軌跡保有檔案，有其一定邏輯，便於處理資料。由於審計軌跡有這些特性，故而可定期查核，並與總帳相勾稽；還可依據其詳細內容修正錯誤。

5.獨立驗證：

從前幾章和本章中，讀者不難得出總帳的獨立驗證責任。比如總帳將支出循環傳來的進貨日記彙總傳票、和應付帳款（貸項）日記彙總傳票比對；又比對現金支出日記彙總（貸項）傳票、和應付帳款日記彙總（借項）傳票互相比對後，才記相關分錄。又可獨立驗證從收益循環傳來的銷貨日記彙總傳票（顯示銷貨貸項總額），與從應收帳款送來的日記傳票（顯示應收帳款之借方總額）相比、核對。

第六節　電腦化的總帳系統

簡單的電腦化會計交易處理系統，就可以很容易的彙總各帳戶餘額，並印製各項會計報表，圖 14–4 的總帳電腦處理流程說明整個電腦化總帳系統的運作與各交易循環的關係，其輸出報表以及其查詢功能。電腦化總帳系統從彙總各交易循環的日記分錄開始，經過線上的會計處理後，再經總帳人員做適當的線上調整及結帳處理，就更新總分類帳檔。更新後的總分類帳檔，可提供各主管及各部門查詢或列印需要的報表，報表的範圍涵蓋各類財務報表以及各種管理報告。總分類帳檔的資料，也可提供給決策支援系統作進一步的管理以及決策的分析。圖 14–5 顯示電腦化的總帳系統及其輸出表單。從此圖中可觀察到總帳系統包含的檔案，以及可依據這些檔案產生出的各種報表；包括財務類、成本類、預

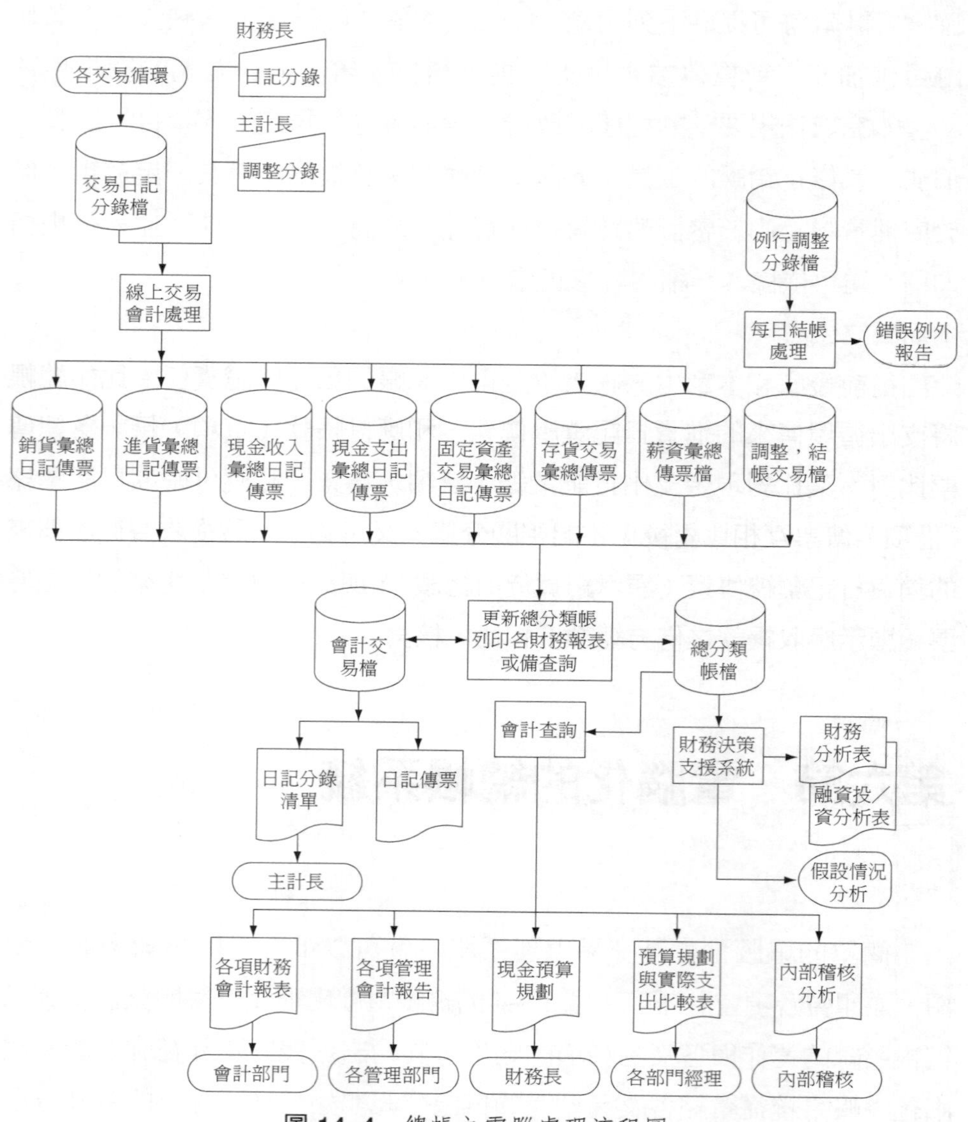

圖 14–4　總帳之電腦處理流程圖

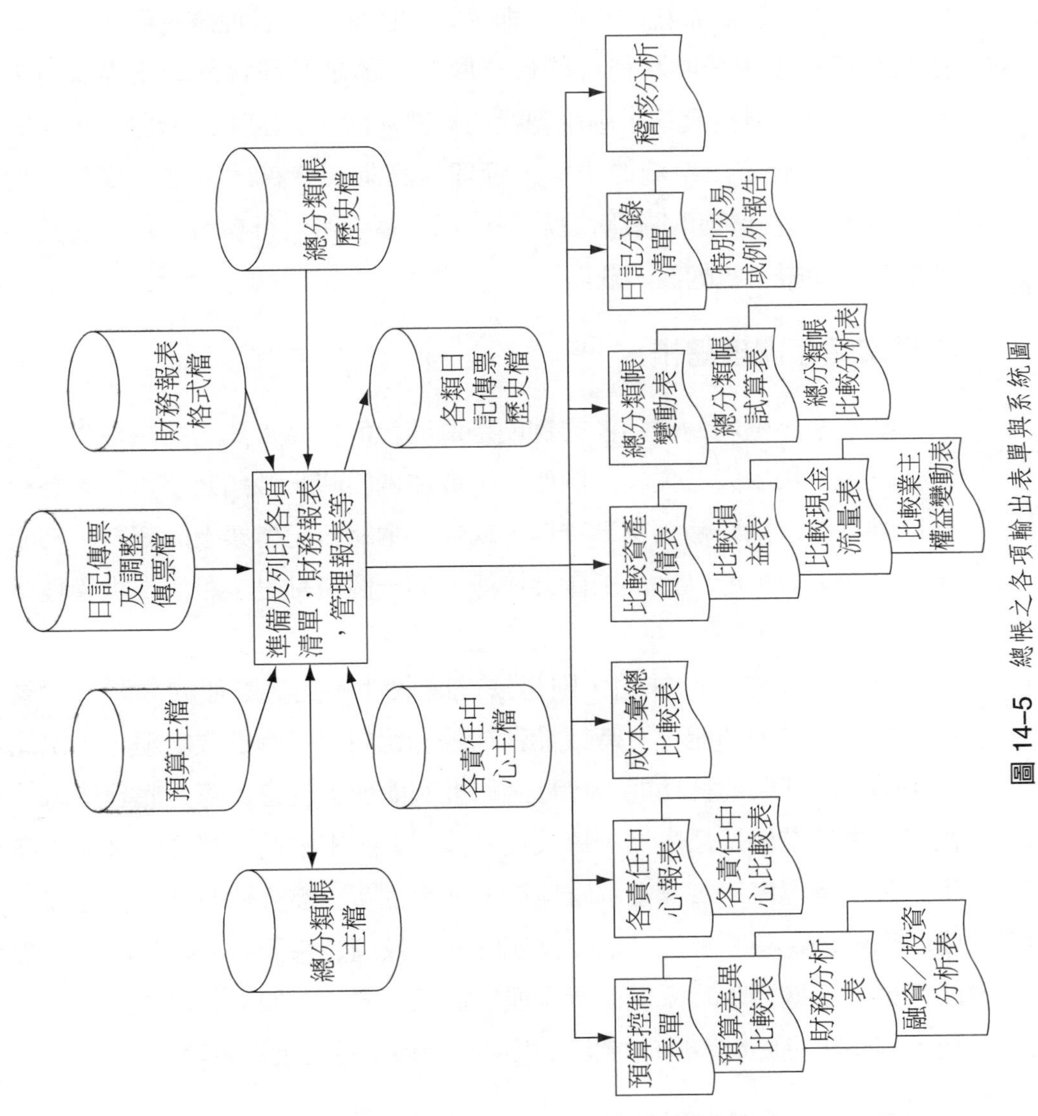

圖 14-5　總帳之各項輸出表單與系統圖

算類、管理類以及稽核報表等。

財務報表通常定期編製，故可採批次處理作業。以總帳系統之彙整資訊為基礎，依循管理之需求，再經過其他處理，如專家系統、決策支援系統、主管資訊系統的設計，則可以提供進階的管理諮詢服務。因而總帳系統可以說是財務會計的最終產物，卻是管理會計的基礎資料來源。現代資訊科技發達，應用總帳的彙整功能，再加上進階服務，才能充分發揮會計資訊系統的彙整、管理、諮詢、參謀、策略、規劃等功能。進階的會計資訊系統討論於下一章，讀者可自行參考。以下討論各種電腦化總帳系統的優、缺點。

㈠批次循序處理總帳

批次循序處理的優點，其實就是電腦化的優點；比人工處理作業快速且正確，較少人工失誤。例如：不會在過帳時，抄錯數字；也不會有結算錯誤等。只要輸入交易資料，或輸入彙總日記傳票上的資料，總帳便可自動更新，所以比人工作業快速。另一個優點是：可以提供管理當局彙總的交易報告。

批次循序處理的缺點，則是缺乏時效性。批次處理的間隔時間越長，總帳的勾稽功能、及時效性就越差。比如每月的批次處理，一定比每週批次處理的勾稽功能差，每週的批次處理，就會比每天處理的時效性差。由於主檔是循序檔，每次交易檔要更新主檔前，都要先排序，多了一個作業程序。每次電腦處理後，會產生新主檔，佔較多儲存空間，處理也就較花時間。所以批次循序處理，較適合每天只要批次處理一次的行業，不適合時時需要更新處理的總帳作業。比如：發行信用卡之公司，需要隨時更新客戶的檔案，因而其總帳不適合批次處理。

㈡批次直接檔案處理總帳

批次直接檔案處理可以克服批次循序處理的缺點。交易檔不需排序，主檔更新後，不會產生另一個主檔，因而處理的時間較快，也適合

常需要更新的情況，總帳的勾稽功能較強。批次直接檔案處理總帳，由於較具時效性，使得運用總帳系統彙總資料的後續管理資訊系統，也能較早且快速的產生。

㈢電腦化總帳系統的內部控制

電腦化的總帳系統，較人工作業缺少一些文件流程，審計軌跡可能隱藏，因而應設計適當的內部控制程序，甚至可將內部控制程序設計在電腦系統中。有關之內部控制措施可討論如下：

1. 在授權核准方面：

可設計員工使用個人帳號、密碼處理自己權限內的職務，以達到人員核准及電腦處理的分工目標。不要將電腦系統設計成可以自動過入總帳的方式，要設計成經由負責員工核准後，才能過帳的程序；好讓電腦日誌記錄此一核准程序，以明責任。

2. 在職責分工方面：

輸入日記傳票的人員與執行總帳過帳功能的人員應由不同人員擔任。資訊處理部門最好能列印出日記傳票清單、及各科目處理情況報告（比如每天的各科目餘額報告）給會計主管，一方面可從書面審視各人是否適當執行職務，一方面製作出相關的審計軌跡。

3. 在會計記錄方面：

由於總帳是由其他系統轉來資料或依據日記傳票輸入總帳系統，可列印清單，以顯示審計軌跡；否則也應將這些原始單據保存在適當地方，以維護會計記錄的完整性。

4. 在使用控制方面：

由於資料都存在磁碟與電腦中，應採取保護措施，限制可接觸系統、及檔案的人員，及避免不當的操作系統。在第十章「電腦化會計資訊系統的控制」中討論過多種硬體保護措施、及運用軟體設計的使用控制，讀者可自行參考。

第七節　財務循環

財務循環包括投資、融資活動，是企業營運管理中相當重要的循環。企業一方面為營運所需，需要向業主、股東或債權人募集資金，調度運用，這些活動稱為融資活動。另一方面，企業必須有運用資金的策略目標，規劃投資方案、購置有價證券、或購置生產設備以產生孳息、收益等，這些稱為投資活動。投資、融資活動交易次數較少，但金額相當龐大，常需要董事會及較高層的管理階層介入並作決定；是企業除了日常營運活動外，牽涉大宗資金交易的活動。這些投資、融資等理財活動，主要由財務部門負責，而各項交易，則詳細記錄於會計交易循環中；比如所購置的生產設備，會在固定資產循環中，詳細記錄這類投資交易；比如向銀行貸款的融資交易，會登錄在會計日記簿中，並彙總在總帳報告中。

企業的營運活動，主要為增加營運資金、增加業主財富。財務部門必須配合企業其他部門，如行銷、生產、會計及研發部門，善用資金，做適當的投資及融資等理財管理，不但要達到企業長期目標，中期營運規劃，並在短期營運中，不致使資金匱乏、或閒置，是財務循環最重要的管理功能。財務循環的功能如圖 14–6。

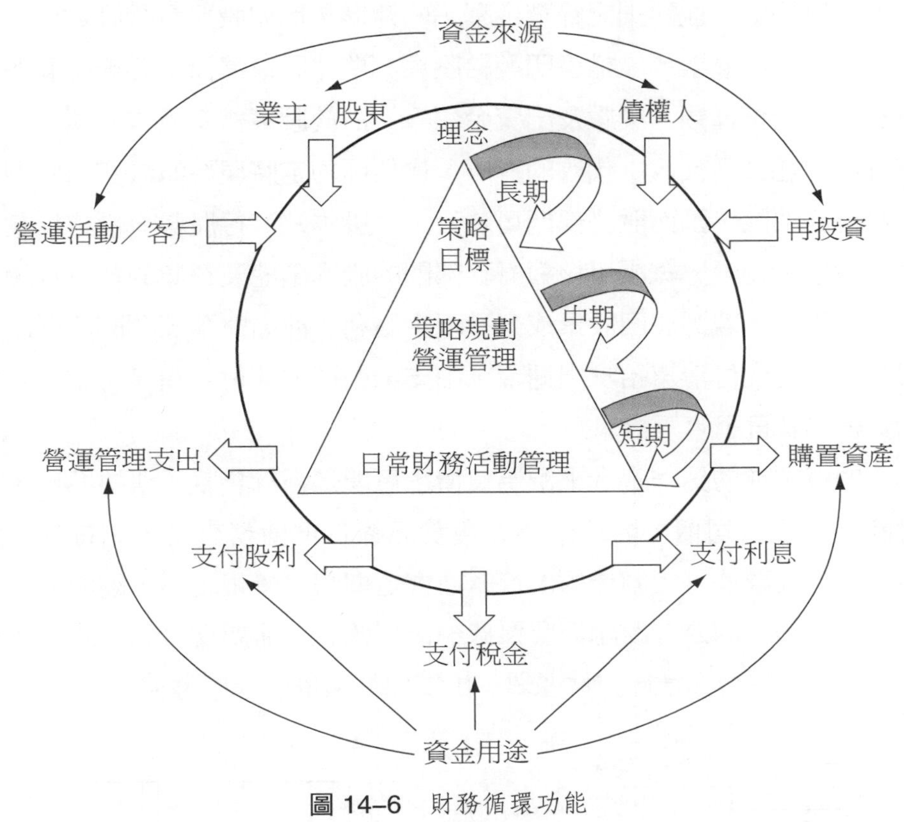

圖 14–6　財務循環功能

第八節　融資循環

企業的主要資金來源分別為業主／股東提供的股本，借款，以及從營運產生的收益及資金。從營運產生的資金來源，已經在會計交易的其他循環中討論過，比如銷售循環與現金收入循環等，因而只討論從業主及債權人募來的資金。圖 14–7 顯示融資循環與其他會計循環的資料流程關係。

企業在創業或增資時，需向業主或股東募集資金，由財務部門或股務處理部門處理並詳細記錄資金募集的情形，比如股票發行股數、發行金額等，並將股票或股權證明發給股東，整理股東清冊，詳細記載各股東資料、股份種類、股數及出資金額等。由於股東繳交股本的現金多託銀行或信託公司代收；代收的行庫，會依照約定將現金轉帳資料定期報告給財務部門，因而財務部門可將資金／股本及發行股數、價格以彙總日記傳票報總帳。總帳可核對財務部門的股本彙總及行庫的代收彙總，作獨立驗證。若需買回股票或分發現金股利，亦由財務部門開具支出憑單及詳細的支付清單給支出循環，由支出循環依據付款程序付款，此支出彙總亦有日記傳票給總帳。

融資循環的另一資金來源為負債，可能是銀行貸款，票據貼現，也可能是發行公司債。財務部門亦負責記錄各項債務交易，如貸款、抵押、債券及票據等。同樣的，行庫亦會定期報告轉帳金額，總帳亦可與財務部門報告的公司債總額及票據總額相核對。需要支付利息或贖回債務時，財務部門亦準備支付憑單，由支出循環依照程序付款。

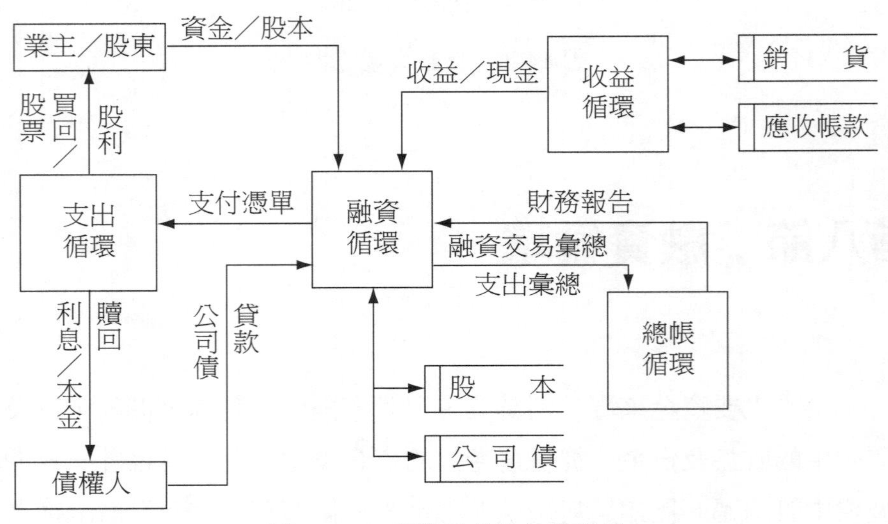

圖 14–7　融資循環資料流程圖

企業在創建及年度規劃時，必先擬定中、長期發展計畫。再依據企業的中期、長期計畫，擬定短期營運及資金目標，確定營運資金和資本支出所需的資金需求。設定了目標資金後，依據收集的資本市場資訊，謹慎評估資金來源的可行性，確定資金需求制度，決定多少資金由股本而來，多少資金由債務而來，並規劃、預測現金流量。

企業的資金需求制度通常規劃中期或長期資金需求由股本或公司債、抵押貸款等長期款項支應，且由專人審慎規劃、分析擬定中、長程融資計畫及辦法，提報董事會討論。若決定發行股本或公司債，董事會討論且規定股本／公司債的募集時間、募集方式及條件等。若決定向金融機構借款，則授權財務部門與往來行庫商討借款條件、額度、期間等，借款合約授權總經理或財務主管審核。

企業的短期營運資金需求，通常會規定由短期借款支應。董事會亦授權財務部門依據資金需求的融資規定及預測的現金流量、各往來行庫的優惠貸款方案、商討融資額度、融資種類、融資條件等，以選擇最適當的融資作業，借款合約亦報請財務主管審核。

若董事會決定發行股票或公司債，則財務部門應準備申請文件，向主管機關申請發行，主管機關核可後，才進行股票或債券的發行作業。向銀行借款，財務部門依據審核後的合約，進行借款作業。融資的款項最好即刻轉入公司的銀行帳戶內，以確保資金安全。

財務部門除了取得融資外，亦負責按時計算，或以電腦計算、列印應付的利息清冊，經主管核驗後，開支出傳票，交付出納支付利息給債權人。還本及發放股利的情形亦同，亦報請主管核示後，開支出傳票交支出循環處理。

第九節　融資循環的內部控制

以下分別就授權核准、職權分工、會計記錄、資產安全、獨立驗證及監督等程序說明融資循環的內部控制程序：

㈠授權核准

⑴若是擴充生產設備或債務到期的還款，如前述，企業通常規劃長期資金支應，需由董事會核定金額，訂定資金來源方式。動用中、長期款，有時還需會同法務部門或會計長會簽，使用企業專用印鑑，轉送總經理核可。

⑵若發行股票，則除了董事會核定股本種類（現金增資、發行特別股、盈餘轉增資、或是資本公積轉增資）及金額外，尚需股東大會的認可。股東大會認可後，尚需向相關機關申請核可；比如上市、上櫃公司，應經證期會核可。董事會再訂定股票發行程序，制定股票種類、名稱、數量、金額、格式、發行辦法、交易日期等，並選擇股票發行方式（委託承銷、或包銷），並選定信託銀行，委託收集新股款項。

⑶發行公司債的程序類似發行新股，唯由董事會核准即可。但也需依照相關規定，備齊文件，向主管機關申請核可。

⑷若是營運周轉所需的資金，通常由短期借款支應，董事會亦會制定短期借款的授權融資權限，融資核准的程序，申請融資文件的種類，往來銀行名單，權限融資的額度，資產抵押的順序，及融資的條件等。員工應依據既定的程序，填寫融資申請書，並經主管核准，才可進行融資業務。

⑸明定可簽署股權證書、債權證書、債務契約人員名稱及授權權限。

⑹這些不同的授權權限及核准程序，應經高階主管討論，正式寫成執行辦法，經董事會認可後，依據施行。

㈡職權分工

⑴財務部門被授權的員工才可負責融資業務，填寫融資申請書，並與銀行討論融資條件等。

⑵若是發行股票，則通常由股務處理部門，負責記載各股東的股數，股本等，及股票的過戶、變更、遺失、註銷等業務，並處理股利發放的作業。

⑶股票若委託股務代理機構或信託公司辦理，則應以契約詳細約定雙方的權利及責任。公司債與票據或抵押票據的處理，若委託代理機構處理，也應明訂契約，約定雙方權責。

⑷由信託公司代理發行股票或公司債，可有最好的控制。信託公司必須保持完整詳細的股東、或公司債的明細帳，記載股票、公司債持有人資料，所有有關股票、公司債交易的記錄，並保管股權證書、債券證書，還負責發放股利或利息等作業。信託公司且在公司債存續期間，代表公司債持有人監督公司確實履行公司責任。

⑸代理機構或信託公司也負責控制股票或公司債的發行量不超過主管機關核准的數量。

⑹負責融資業務與股務處理的員工應由不同人員負責，以明責任。

⑺有些公司自行派員處理股務或公司債業務；則負責保管股權證書、債權證書、或保管貸款合約、債務文件的人員，不能在這些文件上簽名或核准、變更登記等的交易，也不能負責書面記錄，這些工作都應分由專人負責。

⑻若公司自行處理股務及公司債業務，則應由專人負責處理、計算應付利息、股利或到期還本的書面及文件作業。應支付利息或還本時，則提供計算清冊及相關文件，準備支付憑單，由主管確認利率及支付條件正確並核可後，交由支出循環，依據發款作業程序，發放利息、股利或歸還本金等發放作業。

⑼計算利息、股利、本金與發放作業分由不同部門負責。

⑽會計長或稽核小組則負責獨立審查或稽核這些作業流程。

㈢會計記錄

⑴股票、公司債、股權證書、債權證書、票據等文件均應預先編號以便審查。

⑵股票與公司債的文件、帳冊，或由代理機構，或由專人保管，並負責記錄明細交易記錄。代理機構或信託銀行亦定期報告交易及帳務情形給會計長或稽核小組。這些帳冊明記投資人個人資料、擁有的股票或債券號碼、面額、付息或發放股利辦法等。有些大型公司發行不同種類的股票或公司債，則每種股票或公司債各自應有一份詳細的股東或公司債持有人明細帳。

⑶應付票據如果數量多，亦應設置明細帳，以詳實記錄票據的交易情形。

⑷除了明細帳外，總帳有股本、資本公積等股東權益科目；公司債亦有應付公司債或折價、溢價等相關科目。票據亦有應付票據科目。

⑸抵押或貸款文件也應由專人負責保管，並應適當記錄所交付的抵押品或質押品名稱、數量等，財務部門應負責定期更新、清點這些記錄，並定期彙報總帳，於財務報表中揭露。

⑹支付利息、股利或還本時應有支付憑單及清冊，轉帳支票或支付明細清單等，均應妥善保管這些文件、記錄，以明審計軌跡。

⑺總帳亦定期彙總有關股本及債務，抵押等的財務報告，提供給相關部門。

⑻會計長或稽核小組可檢視這些會計記錄。

㈣資產安全

⑴最好規定所有的股本、公司債、或票據等的資金交易款項，都委託銀行代收，亦即資金即刻轉入銀行，並即時入帳，以確保資金安全。

(2)所有合約、會計記錄、帳冊等資產，亦應有專人負責保管在保險箱中，以保護帳冊安全。

(3)所有銀行往來印鑑、關防，應只財務主管可接觸使用，甚至可設計成分由兩人保管在各自上鎖的保險箱中，申請融資時，才合用印鑑，以有效控制融資作業的安全。

(4)充作抵押的資產，最好承購保險，以避免不必要的損失。

(五)獨立驗證及監督

(1)申請融資、抵押的程序由授權的財務主管核准，有時需要兩人以上的核可認證，故申請融資的作業流程，可被驗證是否有效。

(2)牽涉資金流入的融資，一如收益循環，總帳可驗證其有效性。

(3)支出利息，或還本時，由支出循環負責資金發放，總帳亦可驗證其有效性。

(4)會計長或稽核小組可自行勾稽總帳的報告，財務部門的報告，及往來行庫的對帳單，獨立驗證。

第十節　電腦化融資作業

由於融資作業的申請及核准程序，由專人負責，只有會計記錄部分，可電腦化。故有關資金收入的電腦化作業，讀者可參考現金收入循環電腦化作業；有關利息、本金、股利的發放，則可參考支出循環電腦化作業。現舉例簡單說明有關股本電腦化作業的方式：股務部門人員將股本交易資料，鍵入電腦，由電腦詳細記錄各股東的個人資料、股本、股數、相關的過戶、變更等資料的更新等，並可列印股東清冊等；當董事會宣佈發放股利後，股務部門亦依照規定，將每股分發多少股利的資料輸入電腦，記載除權日、停止交易日、及發放股利日等日期；至停止交易日時，電腦除了更新股東名冊外，便計算各股東應分得的股利，列印股利發放通知書，股利發放清單，或股利轉帳清單，以準備發放股利。到了發放日，則列印支出憑單，連同股利清單一併交支出循環依據既定程序，發放股利。支出循環中，電腦會自動記錄股利發放的明細，過帳並更新總帳記錄，及列印彙總報告。公司債作業亦相當類似，若是記名公司債，則由電腦記錄各債券持有人、利率、發放利息的時間，按時計算利息，攤銷折、溢價，並過帳至各明細帳及總帳中。而股本、公司債資金的收取，亦可按現金收入循環處理，電腦亦可自動更新各明細帳、總帳，彙總、並產生報表。圖 14–8 簡示有關股本、股利的電腦處理作業。

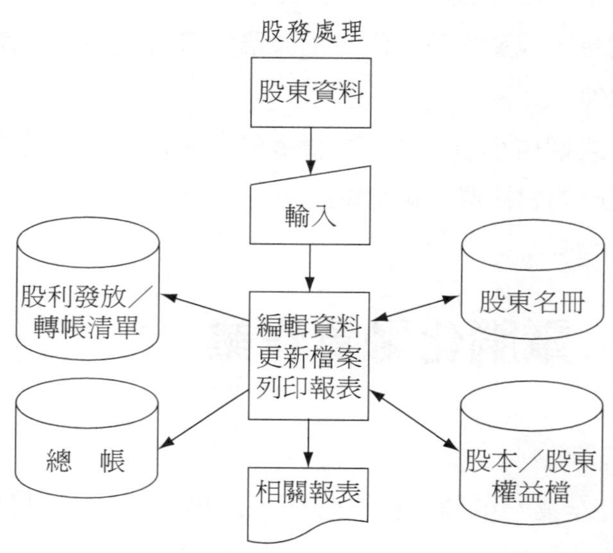

圖 14–8　電腦處理股本、股利作業流程圖

若發行記名公司債，則其電腦處理作業與電腦處理股本、股利作業類似，只是檔案不同，主檔案為公司債明細檔，交易檔為利息檔。若為無記名公司債，則與下圖簡示之電腦貸款程序相似，只是主檔案改為長期負債檔，交易檔仍為利息檔。圖 14–9 簡示電腦作業處理貸款的程序：

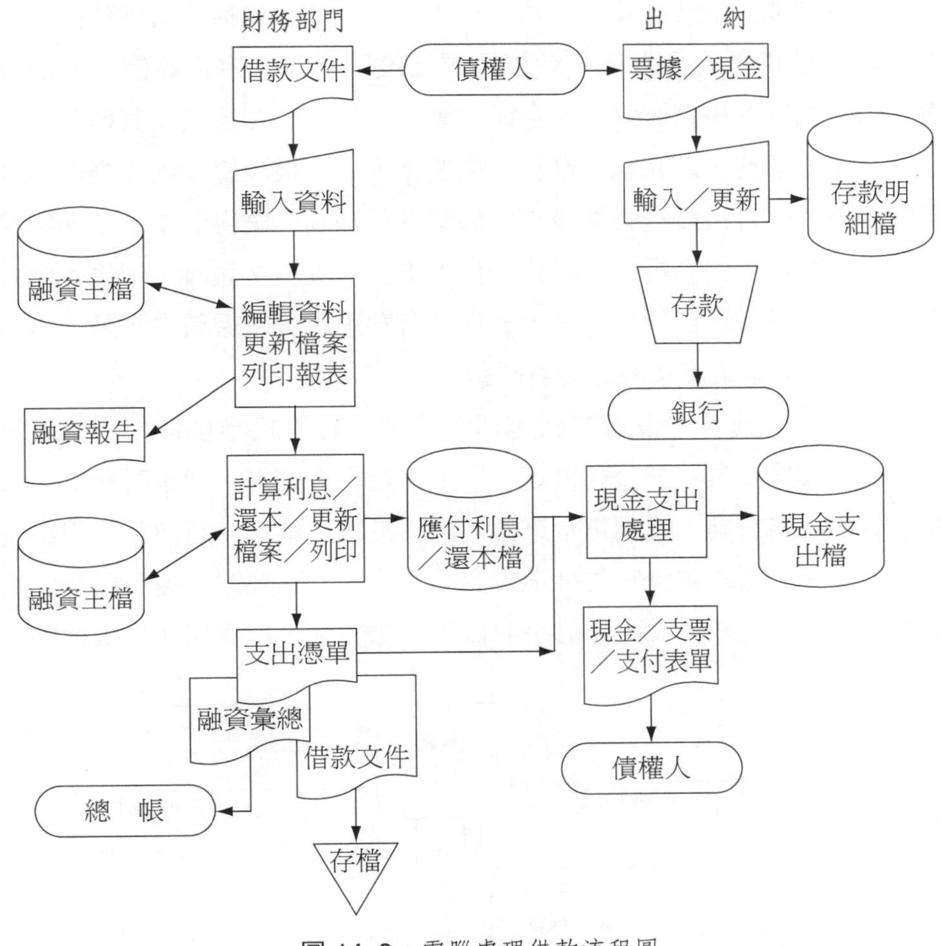

圖 14–9　電腦處理借款流程圖

第十一節　投資循環

如同融資循環，投資循環也牽涉大量資金的流動及運用，所以企業多在創建之初及每年的年度規劃時，審議並規劃中、長程投資計畫，且擬定短期投資目標。大多數企業由財務部門負責有價證券類、不動產投資、投資其他企業業務及子公司的投資業務處理，包括負責評估投資計畫、取得投資標的、出售、計算及評估投資損益、定期評價投資的現值、保管相關的投資記錄等。生產、製造部門、研發部門及其他部門則可能為擴充業務、或為執行業務，需要添購、汰換設備，則先提報年度部門預算，經審核後提報採購支出循環進行採購，購得資產後，即開始固定資產循環，提列折舊、維修、資本支出、處理、報廢、出售等會計處理流程，讀者可自行參考第十三章，有關固定資產循環之討論，本章偏重於討論固定資產以外的投資活動。

財務部門負責之投資標的包括：購併、有價證券投資、不動產投資、投資其他企業、子公司投資、衍生性金融投資等。通常財務部門依據董事會規劃方向，規劃資金來源，評估投資計畫後，將評估及規劃送董事會討論。董事會確定並批准投資計畫後，財務部門即運用已規劃的資金來源，進行取得投資標的；取得投資標的後，負責保管投資標的，

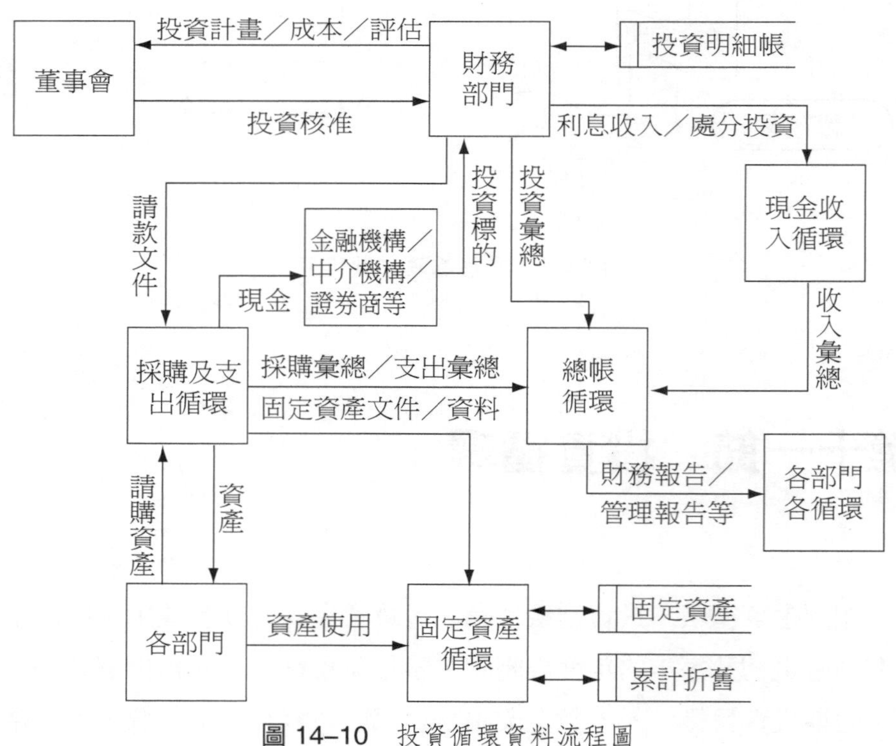

圖 14–10 投資循環資料流程圖

或由董事會指定某部門或委由專門機構保管；財務部門並定期評價投資資產、評估投資損益。從投資資產收取的利息、股利或出售投資資產而得到的現金，則透過現金收入循環，存入銀行；帳務則由保管投資帳冊之專人，負責依據交易文件，更新投資明細帳，並定期將投資彙總報總帳，以利總帳作財務報表。圖 14–10 顯示投資循環的資料流程圖。

第十二節　投資循環內部控制

以下就授權及核准、職能分工、會計記錄及文件、資產保管、獨立驗證、及監督等討論投資循環的內部控制：

(一)授權及核准

(1)確定所有投資規劃／評估均遵行法令規定，並按照董事會的決議，收集必要資訊，如投資資產公平市價，證券市場行情、趨勢，或收集資產鑑價資料，或者是產品生產計畫，市場調查及預測趨勢，以及資金運用辦法等，一併詳細分析／評估後，呈報董事會批准投資計畫。

(2)董事會批准後，才依據公司相關投資購買辦法或資產招標等規定，在授權範圍內，進行投資，以確保投資資產之取得成本合乎公平市價行情，的確合理且必要。

(3)企業應明訂投資資金來源及執行投資的處理程序，以為業務執行人員從事投資活動的準則及權限根據。比如規定資金如何動用？什麼職務可以執行何種投資交易，權限範圍，交易對象等；投資業務執行人必須遵照執行投資處理程序，切實遵照授權範圍及程序辦理投資。

(4)應明定出售投資資產的授權程序，權限及處理的程序。

㈡職能分工

⑴由於有價證券變現性高，保管資產之人員與保管資產記錄之人員應分由不同人員負責。有的企業通常將有價證券委託集保公司集中保管，公司自行保管有價證券的記錄及權益證書，並定期與集保公司核對。有的企業則保管在保險箱內，但要兩個主管一起使用各自保管的鑰匙或同時啟動密碼，才能開啟保險箱；有價證券的記錄及文件，則常由會計長保管在會計部門的保險箱。

⑵財務部門負責投資文件的製作、記錄，開支出傳票，向支出循環請款，並將相關交易文件交會計入投資明細帳，支出傳票副本也交給總帳。支出循環依據付款規定審核後，開具付款票據，交付金融機構，並將票據副本及投資支出彙總在日記傳票，交總帳。是故，請購投資資產，由財務部門負責；明細帳由會計部門負責或財務部門不負責承購投資的專人負責；付款由支出循環負責；總帳核對支出循環與投資資產明細。

⑶取得投資資產的利息、股利或出售投資時，財務部門專人負責更新明細帳或將文件交會計更新投資明細帳；現金則交由現金收入循環負責處理；總帳則核對兩部門的處理。

㈢會計記錄及文件

⑴明確記錄各投資資產的明細分類帳：內容包括資產種類、名稱、會計帳戶明細編號、取得日期、取得成本、保管人資料、保管場所等。

⑵如為有價證券，除應記錄其編號、票面額、數量、取得日期、成本、所有人資料、權益證書編號、保管人資料外，尚需分類為長期投資或短期投資。

⑶有價證券、衍生性金融商品、投資其他企業等類的投資價值，會隨市價而變動，應依照會計準則的規定，在期末作適當的會計評

價處理；比如有價證券依照成本與市價孰低法評估未實現投資損益；衍生性金融商品依據風險值評估市場風險；投資其他企業的股權投資若為該投資公司股權的 20% 至 50% 時，應按權益法處理；若股權超過 50% 以上，以權益法處理外，還應與這些子公司一起編製合併報表等；以及若有期末應計利息，應作調整分錄等。這些評價處理有分錄，有報表，應與評價參考資料等一起存檔保留，以明審計軌跡。

⑷債券投資若有折、溢價情形，亦應定期攤銷，編製攤銷表。

⑸因投資賺得利息、股利或出售投資等的交易資料，除有適當會計記錄外，交易憑證亦應保留。

⑹負責處理投資的部門或會計部門，應定期製作投資彙總報告，向總經理及董事會報告投資業務的執行情形。

㈣資產保管

⑴保管投資資產、資產文件、資產持有證明及記錄的保險箱，應注意實體安全，防止災害或被無權限者侵入。

⑵應定期盤點文件與投資資產；如果是有價證券，至少每季盤點一次，以防止被竊、被盜賣，或被不當抵押等情事，以確保有價證券、投資資產、及相關投資文件的安全。

⑶投資資產的保管，應按已訂持有目的，授權權限及處理程序處理。比如有價證券應按照持有目的，分別依長期投資或短期投資方式處理。衍生性金融商品也應按照持有目的及公司規定，作適當的交易或會計處理。

㈤獨立驗證

會計長或稽核小組定期稽核投資業務，盤點投資財產，以獨立驗證投資業務確實遵行法規、會計準則及公司內部控制規定。

㈥監　督

管理當局及董事會應派專人或稽核小組定期或不定期查詢投資處理程序；以切實監督投資的處理，確實遵行董事會授權、符合投資規劃及公司各項相關規定辦理。

第十三節　電腦化之投資循環

與融資循環相同，投資循環的作業進行及核准程序，均由專人負責，只有會計記錄部分，可電腦化。故有關投資資產採購的電腦化作業，讀者可參考電腦化支出循環；收到利息及股利時，則可參考現金收入循環的電腦化作業。有關投資循環電腦化作業，開始於投資資產取得時，財務部門將取得資產的相關文件轉送會計部門，由會計人員輸入資產取得時之交易資料，收到專人清點取得資產的文件或資產報告後，核對交易資料，若無誤，則讓電腦開支出傳票，付款清單，過帳入相關的投資明細帳戶內，作投資財產的詳細財務報告。取得的資產，由會計部門派員監督，將資產轉交負責保管單位。

由投資資產取得利息或股利時，應將交易輸入電腦，更新相關明細帳冊。債券投資有折、溢價時，電腦可定期攤銷，並印製攤銷表。期末評價，則由負責人員或總帳作調整分錄，輸入電腦，更新帳冊，製作報表。

出售或處分投資資產（比如交換其他資產、或將可轉換債券換成股權等），亦應輸入交易資料，讓電腦更新帳冊，製作最新投資明細報表。圖 14–11 簡示投資之電腦作業流程。

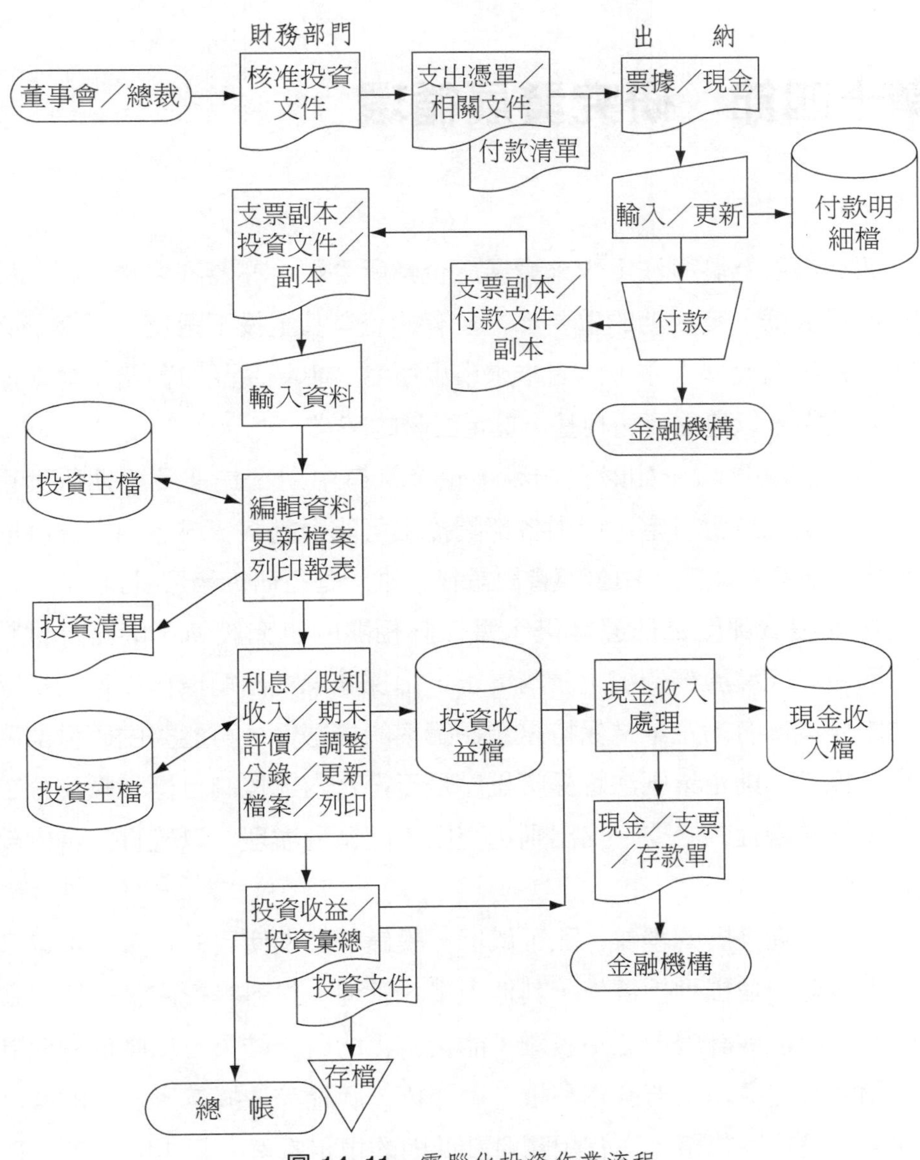

圖 14-11　電腦化投資作業流程

第十四節　研究發展循環

研究發展為許多注重未來發展之企業所重視，亦為許多企業視為機密、明日武器、及成功的重要部門。有的企業甚至投下鉅資，延攬研究人才、及技術發展人才，針對未來市場所需、更新產品、甚至研發新產品、新技術，以建立公司利基，奠定必勝的基業。

研究發展循環一如財務循環，企業常有中期、長期及短期研發目標；通常由董事會訂定，或由各部門提出可能企劃案，或者由研究發展部門提出研發企劃案，由董事會討論後，准予進行研究發展計畫。

研究發展部門為研發計畫，需採購相關的研究設備、儀器及材料等；則由研究發展部門提出請購需求，由採購、支出循環作後續的採購及支出作業。有的企業為保持這類採購案的機密性，可能委由研發部門的專人採購，則企業應注意採購程序是否符合內部控制目標，職務分工及監督採購過程的必要。支出則仍交由支出循環辦理，以確實符合內部控制目標。

由於研究發展的經費，除了儀器、設備等長期使用的資產，可以列為固定資產，並提列折舊外，其他人事、管理、材料等費用，一概以費用處理；所以會計處理並不複雜。能資本化的研究結果，也應依據會計準則相關規定處理；若有專利權、著作權、版權等依據無形資產的會計處理；若是電腦軟體，亦有相關會計準則的規定處理。圖 14–12 簡示研究發展循環資料流程圖。因而，研發循環的內部控制，應注意採購過程的控制、及支出循環的控制，讀者可參考第十二章支出循環。研發循環的監督，則由總裁或稽核小組定期或不定期作績效評估，以確實達到計畫中的短期目標，並符合中、長程規劃。

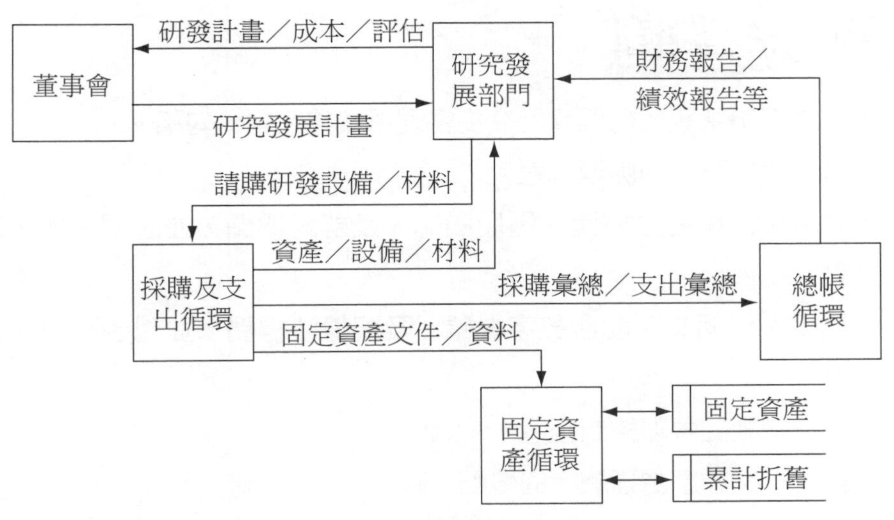

圖 14–12　研究發展循環資料流程圖

第十五節　結　語

民國八十七年四月，證券暨期貨管理委員會發佈上市、上櫃公司內部控制要點，為最新且最重要之內部控制規範標準。該規定中，訂定九大循環內部控制要項。本書自第九章起至本章依次討論資訊管理、收益、支出、薪資、生產製造、固定資產、融資、投資、研究發展各循環說明之。下一章則為會計資訊系統的進階應用，以期提供讀者一完整之會計資訊系統控制及應用概念。

研討習題

1. 試述總帳系統如何與會計交易處理系統相比對、勾稽。
2. 試述總帳系統的處理流程。
3. 試舉例說明循序編碼、區段編碼、及群組編碼，並說明其優、缺點。
4. 試舉例說明文字配合數字編碼、及記憶法編碼，並說明其優、缺點。
5. 試述總帳的內部控制程序。
6. 試述批次循序處理總帳的優點、缺點。
7. 試述批次直接檔案處理總帳的優點、缺點。
8. 試述電腦化總帳系統的內部控制注意要點。
9. 財務循環包括哪兩個循環？有何重要性？
10. 試說明融資循環與投資循環的特性。
11. 試說明融資循環的內部控制程序。
12. 試簡述電腦化融資作業的流程。
13. 試說明投資循環的作業程序。
14. 試說明投資循環的內部控制程序。
15. 試簡述電腦化投資作業的流程。

參考文獻

AICPA. "Improving Business Reporting—A Customer Focus Report." The AICPA Special Committee on Financial Reporting, Supplement to the *Journal of Accountancy*, September 1994: 4.

Hall, John *Accounting Information Systems*, St. Paul, Minn. West Publishing Co., 1995.

Labrack, B. D., "Small Business Controller," *Management Accounting*, November 1994: 38–41.

Moscove, S. A., Simkin, M. G. & Bagranoff, N. A., *Core Concepts of Accounting Information Systems*, John Wiley & Sons, Inc., New York, 1997.

Romney, M. B., Steinbart, P. J. & Cushing, B. E., *Accounting Information Systems*, Seventh ed., Addison-Wesley, 1996.

Waller, T. C., and Gallun, R. A., "Microcomputer Literacy Requirements in the Accounting Industry." *Journal of Accounting Education*, 3, Fall 1985: 31–40.

Wilkinson, J. W. & Cerullo, M. J., *Accounting Information Systems—Essential Concepts and Applications*, Third ed., John Wiley & Sons, Inc., 1997.

第十五章

管理報告系統及進階會計資訊系統的應用

概要

為達到提供有用資訊給使用者，尤其是內部管理階層，會計資訊系統應提供不同的管理報告給管理階層作規劃、控制及決策用。會計資訊系統還應設計成能隨時提供給組織內的這些相關人員查詢，要達到這個功能，就需要特別的系統，如專家系統、主管資訊系統等。各種管理報告中，預算及績效報告是最常使用的管理報告；預算是以財務數字規劃預定目標，績效報告則將實際發生的金額與預算作比較，而算出差異數。管理人員自應瞭解其內涵。

會計資訊系統中的專家系統、主管資訊系統及決策支援系統都是利用電腦化資訊系統的特性，運用會計資訊、配合軟體功能，提供專業性服務，讓使用者可以從系統中得到彙總資訊、專家意見、各決策方案的分析、評估等報告。這些系統可使會計資訊系統除了提供技術性的會計交易處理外，還可充分發揮具會計專業特性的財務規劃、稅務規劃及諮詢、管理諮詢及建議較佳方案等功能。

第一節 緒論

會計資訊系統的最重要的功能應該是：提供有用的資訊供使用者作決策之用。在人工作業時代，管理人員需要耗費許多時間整理這類報表，但在電腦化作業時代，管理人員應瞭解如何運用系統提供不同的報告給不同的管理階層制訂決策，達成管理、控制目標。因而管理人員應相當明白預算及績效報告的內容，甚至應熟習如何製作及如何使用系統製作。

進階會計資訊系統的應用係指會計資訊系統中的專家系統、主管資訊系統及決策支援系統。其中專家系統、決策支援系統在本章中的討論不同於第九章。第九章偏重於討論其組成分子、運作的邏輯及方式；本章則著重其在會計資訊系統中的應用功能，也就是討論這些系統可運用哪些會計資訊，並可發展出哪些功能。當然在本章中所討論的功能，只是舉例參考而已，可應用的功能絕對不只限於這些列舉的範圍，希望讀者在讀完本章後，在未來運用會計資訊系統時，能以本身的專業素養，思索為所服務的企業，利用會計資訊開發適用的專家系統、主管資訊系統及決策支援系統，以使會計資訊系統不只是低階的作業執行系統而已，而是能提供具高階性的會計專業建議、規劃及諮詢等資訊，能有效協助使用者作決策。

第二節　管理資訊報告

不同使用者有不同的資訊需求，比如：各部門經理需要查詢各自部門的實際績效，並與預算數相比較，以便分析差異數後，判斷是否控制良好，是否需要採取改正措施。又如財務長應能隨時查詢現金流量，以確定企業有足夠的營運現金。故而管理階層所需的資訊可大概分為財務類及非財務類資訊：

㈠財務類資訊報告

這類報告的資訊包括淨利（每月、累積至本月）、各部門別的營運及毛利報告、現金流量、每股盈餘、財務比例、與預算、績效分析等相關報告、生產成本、差異分析、成本分配、作業基礎成本、營運毛利、營運邊際、銷貨預測、主要產品銷貨趨勢及分析等。這類報告主要使用財務數字，為不同功用編製、彙總、分析，或加上變動、差異原因的說明。有些企業將這些資訊不只提供給管理者，甚至還提供給員工，如美國的 Walmart 百貨公司。因為該公司的高階主管認為這些報表，可讓員工瞭解自己在組織中的貢獻，並能積極的改善自己的服務績效。Walmart 的經營績效在美國百貨業首屈一指，可見員工能收到財務類報告，亦能增加營運績效。

(二)非財務類資訊報告

有些公司只將非財務類報告提供給特定管理人員。但有越來越多的企業擴大了這類報告的對象，不止經理、重要技術員工、專案小組都可獲得非財務類報告。非財務類報告可包括有關營運作業類的資訊報告，有關客戶的資訊報告，有關股東的資訊報告及有關一般管理的資訊報告等。比如市場趨勢，缺貨資料，退貨資料，產品維修資料，在保證期間內的產品維修報告，如期完成的生產業績，生產線狀況，完成品報告，如期送達銷貨記錄，可能研發的新產品，供應商送來不良貨品的報告，從採購到收到貨品所需時間等。

非財務類報告與財務類報告最大的區別在於非財務類報告的資訊通常不是累積的數字資料，較詳細、較重細節、常非定期製作，有時是為了特別目的而製作。也有些非財務類資訊報告不經過正式的流通程序；比如員工讀到報章、雜誌上報導本公司的情形，現在通行的電子郵件信箱，或員工建議信箱都是非正式的資訊流動。主管也應注意這些資訊，是否有新觀念、新管理方式可運用，但有時也要分析員工得到這些資訊可能引起的後果。茲將非財務類的資訊報告舉例說明如下：

1.有關營運作業類的資訊報告：

包括所有與員工作業有關的營運報告。如員工生產力、員工製作不良品比率報告、產品品質報告、每小時或每天的不良率分析、品質控制報告、機器故障率、原料物料的報廢率、需整修或重作的貨品數量、員工如期完成訂單或生產報告等。這類報告可能因需要的時機不同，而有不同的製作週期；可能每小時需要彙總報告，也可能每天或每週作比較、彙總報告。這類與營運相關的問題必須及時發現並報告，以便主管經理能針對問題，加以處理、調度，以免影響組織績效。

2.有關客戶的資訊報告：

主要是分析客戶特性及與營運有關的資訊。比如：客戶類別及購貨量、每位客戶貢獻的平均利潤、銷貨百分比、客戶抱怨的類別及次數、客戶退貨情形、客戶繳款情形、客戶滿意度調查、客戶抽樣調查報告、競爭對手資料、市場產品資料、市場趨勢、客戶最常購買的貨品、客戶購貨的時機分析、回應客戶服務要求的次數及所花的時間等。這些資訊有時需要儘速回應，比如客戶的抱怨應馬上處理，以免引起客戶不滿。

3.有關股東的資訊報告：

包含股東有興趣的資料。如每股盈餘，股票市價，企業組織的市場價值，主要股東名冊，董事、監察人名冊，股利發放計畫，股東會議記錄等。這些資料若有變動，應解釋、說明變動的原因、變動趨勢，及變動情形。

4.一般管理資訊報告：

包括銷貨訂單、銷貨趨勢、銷貨地域別分析、銷貨產品別分析、最佳銷貨業績、市場佔有率、員工職業道德觀念調查、管理計畫及目標、管理策略、員工雇用計畫、員工缺席率、員工滿意度調查、員工認股計畫、資本預算資料等一般管理報告。

5.外部資訊報告：

有關企業的環境因素，企業也應讓員工及管理階層瞭解。此類報告如經濟情況預測，與企業相關的新頒法令、修改的法規、政府政策、市場趨勢、新技術的發展情形、競爭對手及其業績、競爭對手研發的新產品情形、同類產品的市場價格比較等資訊。這些資訊可讓主管們評估未來的外部環境情況，可能對企業的營運、收益、利潤、競爭能力會發生什麼樣的影響；並策劃如何調整營運目標、如何修正產品線或如何因應法規需求的策略。

第三節　管理階層使用的財務類報告

從總帳及彙報循環中可產生許多財務報表。財務報表如資產負債表、損益表及現金流量表，應依照一般公認會計原則編製，大部分是彙總資訊，且多數提供外部使用者使用。很多企業也發給員工及管理人員。本章由於討論管理階層如何使用這類財務報表，故偏重於討論其對內報告的特性。這類財務報表在發給組織內的管理人員時，為了能提供管理階層所需的規劃、管理、控制資訊，不同於提供給外部使用者的報表。其不同點如下：

(1)不只是彙總資料而已，報表都以詳細內容呈現，甚至還加上比例分析、趨勢分析等，也可能依照部門別編列，或依照部門需求編製，以便各部門擁有自己的相關資料，並有充分有效的管理資訊。

(2)給內部使用者的財務報表，不必依照一般公認會計原則編製；因而可能有同樣淨利數字的對內損益表，其格式與對外的損益表完全不同，且可能使用多種格式編製。比如可編製一個成本完全吸收、全部分攤的損益表，也可有另一個採取直接成本格式，將成本分為固定及變動成本兩部分的損益表。

(3)許多企業改用作業基準成本制，比傳統的全部成本分攤有更好的成本動因、作業基準，較有效率，也較符合現代的成本內涵。作業成本制將所有作業活動的成本都考慮在內，不只生產部分的成本而已；因而驗收、處理、製造、裝配、測試、運送、服務、裝置等作業活動的成本都包含在內。

(4)對內的財務報表為管理、規劃及控制目的，不是只報導財務狀況而已。

管理階層常用的財務類報告在此討論三種類型，財務類報告中最重要的預算及績效報告則在下節詳細介紹。此三種類型如下：

1. 預算類報告：

幾乎是各種企業都會採用的管理報告，其編製步驟略述如下：

(1)高階主管考慮經濟情況、企業環境及預計目標、策略、市場研究、或新發展的產品計畫等各項因素後，決定應有的預測數。

(2)訂出長期及短期銷貨預測。

(3)高階主管要求各部門或組成分子依據銷貨預測，分別訂出各細部的成分預算。這些成分預算不但決定如何有效的分配組織的資源，並提供每個作業的詳細規劃。

(4)成分預算經過管理階層覆核後，再簡化為彙總的預計損益表、現金流量表、及預計的財務狀況表。

成分預算及彙總的財務報表便成為績效標準，將與實際績效相比較，並定期提出預算與實際的比較報告。當會計年度快接近結束時，又再製作新會計年度的預算。可知預算係以財務數字編製成可達到目標的財務規劃，並作為管理控制的工具，故非常重要。預算類報告可有銷貨預算、現金預算、存貨預算、採購預算、生產預算（包含直接人工、原、物料及間接製造費用的預算）、行銷費用預算、管理費用預算、資本預算、研究發展費用預算、人事費用預算、應收帳款預算、應付帳款預算等。

2. 責任類報告：

又稱責任會計報告，提供管理階層有關的管理、控制資訊。每個責任類報告責成每個責任中心製作一套相關報告。每個管理階層彙總其下各層的報告，因而是自下而上、一層層組織互相連結、彙總相關資訊的報告。每個責任報告都包含預算，因而成為每個責任中心的績效標準。如果責任中心以成本為指標，則責任報告就是應控制的成本目標；若責任中心以利潤為導向，則責任報告應有收益、成本及利潤等。

3.利潤類報告：

不應當作財務控制的工具，而應當作策略規劃的工具。主要目的為規劃組織內各結構分子及其作業活動的利潤貢獻；著重每個結構分子的利潤規劃。結構分子的單位可以是生產線單位、客戶類別單位、銷貨地區等。利潤報告顯示每個結構分子對固定成本的影響、變動成本的影響及所貢獻的利潤或獲利百分比等。比如，可預測獲利能力最高的幾種產品的銷貨數量趨勢、價格趨勢；再以產品的數量分別計算所需的固定成本、變動成本；最後就可計算出各產品的利潤及其獲利百分比。因而若某產品獲利能力極高，且市場潛力很好，則管理階層可能決定關閉獲利能力較差且表現不良的產品線，而將其經濟資源改為生產較高利潤的產品。因此利潤報告可以當成責任報告的補充報告，提供給管理者選擇有效的調配經濟資源、調整生產線、訂定產品價格或選擇適當的促銷活動等，以達到預期利潤。

第四節　預算與績效報告

預算及績效報告是每個企業都會使用的財務規劃及控制報告。預算主要為規劃組織財務的工具，亦即將管理的目標以財務數字編製而成。績效報告則主要為控制組織財務的工具，亦將實際績效數字與預算績效相比較，評量其差異，以供管理者分析其差異，尋求差異原因，並判斷是否應該有因應措施。管理人員應相當瞭解預算及績效報告。上一節說明了預算編製的程序，本節則舉例說明現金預算、經營預算、及績效報告的內容。

㈠現金預算

現金預算顯示企業在一段期間內預計的現金流入量、流出量，以預測現金是否足夠？估計何時需要融資？抑或有太多閒置現金。表 15–1 舉例說明以季為基準的現金預算。現金預算對中、小企業，或財務較緊促的企業尤其重要，因為若現金周轉不足，常導致營運困難、甚或破產，良好的現金預算甚至可每週將實際的現金流量與現金預算相比，以修正以後各期的現金預算。通常至少每月底應評估實際現金流量與現金預算流量的差異，不但藉以修正後期的現金預算，也能對異常的現金流量盡早提出警訊，並設法因應。

表 15–1　季預算例示（單位：十萬元）

	第一季	第二季	第三季	第四季
期初現金	30	33	27	25
預計現金收入：				
現金銷貨	36	40	37	47
賒銷收得的現金	82	85	83	98
可供使用的現金總計	118	125	120	145
預計現金支出	(85)	(98)	(95)	(105)
預計的期末餘額	33	27	25	40
期望的最低現金餘額	30	30	30	30
需融資的金額	0	3	5	0
期末餘額	33	27	25	40

㈡經營預算

經營預算是另一個常用的預算，預計企業在一段期間內的銷貨收入及費用支出，通常以每月為一預算基準，持續預算一年。通常也需要管理人員將每月實際銷貨及實際費用與預算數作比較，以評估差異數，並判斷是否要修正原預算數字。表 15–2 例示季經營預算。

表 15–2 季經營預算例示（單位：十萬元）

	第一季	第二季	第三季	第四季
現金來源：				
現金銷貨	25	20	38	32
賒銷	90	85	120	110
從本期賒銷收得的現金 (80%)	72	68	96	88
從上期賒銷收得的現金 (20%)	15	18	17	24
其他來源（如利息收入等）	0	1	2	0
所有來源總額	112	107	153	144
現金的支用：				
支付應付帳款	66	64	92	82
支付行銷費用	10	9	15	12
支付薪資、管理費用	18	18	20	20
資本支出	25	15	5	6
支付稅捐、利息、及股利	4	4	5	5
所有支出總額	123	110	137	125
來源與支出差異	(11)	(3)	16	19

㈢績效報告

預算是為了規劃下期財務情況而編製的目標，績效評估則是控制財務的工具。最常見的績效報告是將實際的銷貨收入及費用與預算之數字加以比較，以計算其差異。管理人員可根據績效報告，再進一步分析其差異的內涵，判斷引起差異的原因。管理階層可因此加強注意、追蹤或修正一些措施，以增強績效。表 15–3 例示績效報告。

表 15–3 績效報告例示

民國八十八年八月份績效報告（單位：千元）						
	本月份			本年度累積數字		
	預算	實際	差異	預算	實際	差異
銷貨	$660	$675	$15	$7,000	$7,120	$120
銷貨成本	400	404	4	4,500	4,540	40
毛利	$260	$271	$11	$2,500	$2,580	$ 80
行銷費用	95	101	6	920	940	20
管理費用	63	67	4	600	610	10
其他支出及費用	10	15	5	120	110	(10)
稅前淨利	$ 92	$ 88	($ 4)	$ 860	$ 920	$ 60

由於預算乃為估計數，與實際表現總有差異，在績效報告中總有差異數可檢討。若差異數不大，管理階層可判斷相關的活動的確在所規劃的、控制的目標中，且表現良好。若差異數異常或太大，則應做成例外報告，以便各管理階層進一步調查發生的原因，採取何種方式改善等步驟。

有時預算制度會引起一些反效果，比如隨意編製預算，或虛增預算。在我國的有些公家機構常在接近會計年底時，為了消化預算，以免下年度的預算被刪減，而做出將鋪設才幾年的大理石地板打掉、重鋪或重新整修草皮、花樹等浪費、不必要的支出。對企業來說，有些部門經理為獲得好的績效評估，常刻意壓低部門預算；比如其部門內有些設備應該汰換或應添置新設備，該經理只編製租賃設備費用。這些不當預算行為都要靠內部稽核人員評估。稽核人員評估租賃與自購的租稅效益、費用支出分析後，提出的稽核報告，才能糾正這些不當行為，而確保預算制度具有增加價值的會計功能。

第五節　會計專家系統

會計專家系統 (accounting expert systems)：將會計、財務或某一專門的管理領域的知識完善的整理、組織成知識庫存在系統內。使用者在面臨問題或作決策時，可以查詢知識庫，尋求專家意見、過去處理同類、類似問題所用的方法，以為參考。專家系統可以一步步指導使用者做出決策，可建議較穩重的決策，也可確保作決策時考慮了所有應顧慮的因素。一般的專家系統包含下列要素（見圖 15–1），一些有學習功能的程式，也有這些要素，本書第八章亦有詳細說明，本章係舉例說明會計專家系統的應用：

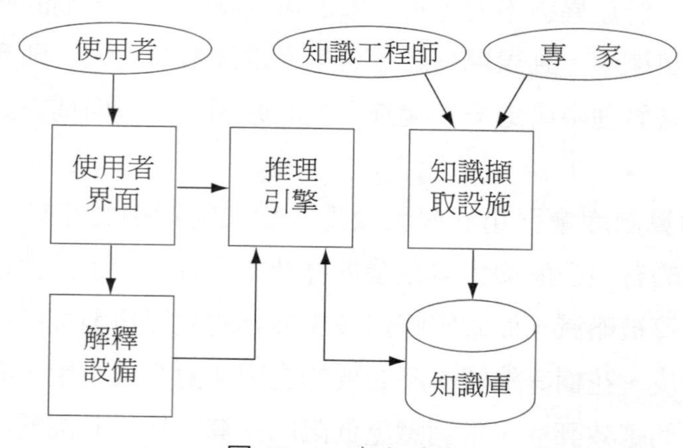

圖 15–1　專家系統

1. 知識庫 (knowledge base)：

收集專門領域的專家在解決問題時，所需要考慮、應用的相關資料、知識、相互關係、推理規則及決策規則等。常要花許多時間才能完整的收集、整理同類的多位專家們的專門知識、推理過程，並經過知識工程儲存於知識庫。通常用兩種技術來表現知識：⑴若則 (if-then) 規則，比如：若流動比例太低，或將到期的流動負債超過速動資產，就可能產生資金調度的困難；(2)結構網路法：將事項、狀況分解成某些屬性，再分解成更小單位、單一屬性，並連結其間關係。圖 15–2 顯示一簡單的結構網路。

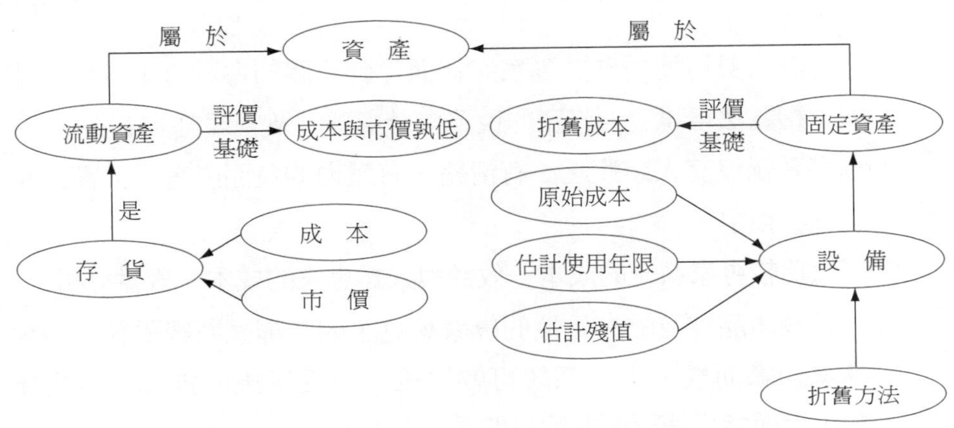

圖 15–2　專家系統結構網路簡單示例

2.推理器或推理引擎 (inference engine)：

主要是邏輯分析、推理判斷的程式，模擬專家如何推理，及如何做出建議的過程。使用知識庫及使用者輸入的資料，判斷相關因素，推理並提出決策建議。

3.使用者界面 (user interface)：

這些程式可讓使用者與專家系統交談、溝通。也提供使用者設計、創造、更新、運用專家系統的功能。

4.解釋設備 (explanation facility)：

解釋專家系統如何作出結論、推理、建議的邏輯程序。

5.知識擷取設備 (knowledge facility)：

結合專家及知識工程師一起建立知識庫。知識工程師是專門擷取專家的知識，並使用知識擷取設備輸入知識庫的程式師。擷取專家的知識，並輸入知識庫的過程，稱為知識工程 (knowledge engineering)。

會計資訊系統中的專家系統可提供下列功能：

(1)可以藉專家系統訓練新進管理人員。比如讓新進管理人員編製一份報告，再與專家系統的報告相比較，則新進的管理人員可發現自己欠周詳的地方。

(2)專家系統的建議可提供會計人員或管理人員思考另一種的建議及分析。

(3)非會計人員可運用會計專家系統而得到有關的會計專業分析、建議、相關法規規定、修正的稅務會計處理、及管理諮詢的結果。

(4)專家系統沒有人類疲乏、有情緒、有壓力的負面影響，因而決策意見較穩定。

(5)可以比較專家系統的成本—效益與人類專家的成本—效益分析。

(6)可有較佳品質及較一致性的專家意見，因為專家系統係結合多位專家知識而成。專家系統可較快速、不受干擾的推理問題之所在，因而能迅速反應並解決問題。

(7)有較佳的生產力。許多企業使用專家系統協助生產過程，都提高了生產力。如美國運通公司使用專家系統負責信用卡購貨時的線上核准工作，不但減少了壞帳損失，還節省了原來需用的 700 位專門負責刷卡消費核准的員工。又如美國 Coopers and Lybrand 會計師事務所的專家系統，專供審計人員及稅務專家查詢有關稅務規劃、並提供查核協助；發展該系統時動用了該事務所將近 24 位稅務專家，耗時超過 1,000 小時，並花費美金一百萬元才開發完成。

(8)不必擔心專家系統會辭職、生病；組織內總有專家系統駐守、提供專業建議。

會計資訊系統的專家系統可就下列四領域發展、運用，試舉例說明之：

1.財務會計：

(1)退休金及其基金的會計處理。

(2)兩稅合一的會計處理。

(3)衍生性金融的會計處理。

(4)股權投資的會計處理。

(5)或有會計的處理。

(6)非現金交易的會計處理。

(7)權益法或購買法的會計處理。

(8)租賃的會計處理。

(9)如何評估或沖銷壞帳。

(10)長期工程的會計處理。

(11)試算、結算。

2.管理／成本會計：

(1)分配收益及費用。

(2)間接製造費用的分攤。

(3)專案的成本分析。

(4)生產成本分析。

(5)成本差異分析。

(6)績效分析。

(7)損益兩平分析。

3.稅務會計：

(1)薪工稅務處理。

(2)銷項稅與進項稅的處理。

(3)如何預估暫繳公司營業所得稅。

(4)提供公司的稅務諮詢或員工個人的稅務諮詢。

(5)租稅規劃。

(6)節稅方式。

(7)收購或合併後，有關稅務的變動分析。

(8)遞延所得稅的處理。

4.審計或內部稽核：

(1)人事定期稽核。

⑵存貨盤點。

⑶分析壞帳的評估方式及備抵壞帳估計數。

⑷分析異常交易。

⑸評估企業風險。

⑹評估內部控制結構。

⑺評估資訊系統的風險、及內控結構。

⑻工作底稿編製。

⑼查核報表。

⑽稽核、審計程序。

⑾如何撰寫審計、稽核報告。

⑿如何評估是否接受委任查帳工作。

第六節　主管資訊系統

會計資訊系統中亦可設計會計主管資訊系統 (executive information systems)、或提供彙總的會計、管理資訊給其他的主管資訊系統使用。主管資訊系統係提供主管們很容易瞭解、容易使用、操作的系統，方便主管們很容易的擷取資訊，以供其規劃策略，督察企業營運情形，瞭解企業的經濟、財務狀況、確認問題所在、制訂決策。主管資訊系統主要讓主管們從組織中的各子系統中擷取彙總資訊，所以主管們會查詢、取用就可以，不必瞭解程式。為了提供方便的取用環境，有的公司使用觸摸螢幕的方式，有的公司以圖像提供主管利用滑鼠點選。美國的銀行約60% 以上使用主管資訊系統。

使用會計資訊而發展的主管資訊系統可舉數例說明；如會計長可查詢預算的執行情形，稅務會計的分析報告，成本控制報告，或資產的彙總報告，累積銷貨報告等。若會計長對成本控制不滿意，將可稽查、分析，並思尋改善的方法。又如財務長亦可有其主管資訊系統，可隨時查詢現金流量，現金預算的情形，有無近期到期的票據等有關的財務彙總報告。比如：若財務長查詢到最近有即將運抵港口的進口貨品，則財務長會進一步查詢有無足夠的報關、押匯資金？如無，則將儘速調度資金。行銷主管可查詢銷貨情形，與其他月份的比較，與歷年的銷貨比較或與同業比較，以決定是否推出促銷方案等。存貨、物料管理主管也能利用其主管資訊系統隨時查詢存貨現況，哪些存貨在訂購階段，哪些即將運抵，哪些貨品需要轉到生產線上等等，以便其控制適當的存貨量，或設計更好的存貨轉入、儲藏、轉出等的處理方式。

第七節　會計資訊系統的決策支援系統

有時主管資訊系統與決策支援系統 (decision support systems) 被認為是相同的；事實上有許多區別，茲說明如下。本書第九章有決策支援系統組織結構的詳細說明，讀者可交互參考。

1.目的不同：

主管資訊系統為方便主管們能有效的掌握控制機制，但決策支援系統只為幫助規劃的目的。

2.內容不同：

主管資訊系統提供彙總資料，但決策支援系統提供許多決策模式，可讓使用者分析、操縱資料。

3.組成分子不同：

主管資訊系統只要有資料庫，和彙總資料的程式；甚至只要將會計交易處理系統中的資料彙總、做成彙總資訊檔儲存後，供主管選取即可。但決策支援系統包含⑴決策者知識及經驗；⑵決策模式（如存貨安全存量是多少、使用哪一種經濟採購模式等）；⑶可供快速、有效率地擷取資料的資料庫；(4)可讓使用者與電腦溝通的介面。圖 15–3 簡示決策支援系統的組成分子。

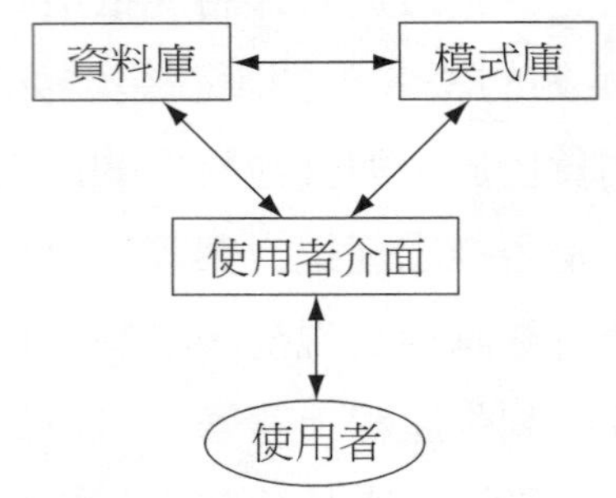

圖 15–3 決策支援系統的組成分子

4.使用難易度不同：

主管資訊系統非常容易使用；但決策支援系統較複雜，使用者需熟習程式，要知道有哪些模式可選用，故需要學習時間。

5.使用者不同：

由於主管資訊系統容易使用，高階主管亦常使用；但決策支援系統較複雜，很少高階主管使用。通常都是中階經理、專業幕僚、管理人員、市場研究者使用決策支援系統後，將分析出的決策方案（有時有好幾個）提報高階主管參考。

6.用途或資料層不同：

由於主管資訊系統注意所提供的資料，故而主管們有權限追查資訊來源；因而可從報表向前查到彙總資料，再往前一層層查，查到原始資料止。而決策支援系統，通常為尋求在不同決策模式下可能有何不同的結果，因而只輸入資料，讓模式分析、處理，有時使用模擬的資料，因而決策支援系統很少去追查資料的來源。

會計資訊系統中的決策支援系統可以運用、發展的方向很多，比如：如何判定新申請客戶的信用評等？可否提高客戶的信用額度？至何金額？選擇何種適合的員工福利政策？匯率變動下，如何順應調整外銷訂單，以達到較高收益？選擇購買或是租賃資產？向哪家銀行貸款較划算？哪個員工退休基金管理方案最佳？如何確定各部門的可行的、最佳預測淨利，及投資報酬率？還有許多運用會計資訊的決策模式可設計在系統中，以上只是舉例而已。

會計資訊系統中的決策支援系統資料庫可大概分為兩大類，營運類資料庫和規劃類資料庫：

1.營運類資料庫：

包含有關營運的資料，這一部分資料庫可能和會計資訊系統的資料庫相通，也可能直接從會計資訊系統的資料庫中選用資料。包含會計科目及會計科目編號、組織結構、員工資料、存貨資料、現金收入資料、現金支出資料、銷貨資料、採購資料、客戶資料、供應商資料、財產設備資料、生產資料、運送資料、支出憑單資料等有關的營運資料。

2.規劃類資料庫：

為企業作各類規劃時，所用的資料；可有：

⑴有關內部管理的資料：如管理政策、營運策略、預算、標準、資本預算、各計畫專案、成本效益分析等。

⑵有關本行業的相關資料：如經濟指標預測、同業情況、市場佔有率、技術支援、資源情況、政府政策、供需情形、匯率等。

⑶彙總資料：如銷貨歷史、銷貨趨勢、融資情況彙總、財產彙總、各項財務比例、趨勢分析等資料。

⑷模式資料：如提供銷貨預測模式、成本預測模式、機會成本模式、投資規劃模式、會計控制及其他各種模式等。

各企業因需求不同，而可能開發不同的模式以支援決策。表 15–4 列舉一些在會計資訊系統中的決策支援系統可以採用的模式庫及其功能：

表 15-4 決策支援系統的模式及功能

模　　式	功　　能
1.現金流量模式	財務預測
2.折現現金流量模式	資本預算規劃
3.淨現值模式	資本預算規劃
4.修正之內部報酬率模式	資本預算規劃
5.機會成本模式	投資規劃、成本預測
6.成本分配模式	成本控制
7.成本流動模式	成本控制
8.成本效益分析模式	成本預測、效益預測
9.預算模式	會計控制
10.現金預算模式	財務控制
11.生產成本差異模式	成本控制
12.經濟存貨採購量模式	存貨控制
13.迴歸模式	銷貨預測、生產預測等
14.指數模式	銷貨預測、生產預測等
15.計畫評核術模式	生產規劃、工程設計等
16.線性規劃模式	生產排程
17.供應商評估模式	採購
18.客戶信用評等模式	銷貨
19.運送分派模式	通路
20.人力資源規劃模式	人事規劃

會計決策支援系統可能採用的分析技術如下：

1.回答問題 (what is)：

回答「什麼」一類的問題。比如：列示行銷人員銷貨排行榜；本年度、或歷年的貨品行銷排行榜；哪個貨品最暢銷？哪個貨品的獲利率最高？本年度某貨品與去年度的銷貨狀況的比較，預定目標是多少？本年度最佳的銷貨量是多少？列示歷年的壞帳客戶及其壞帳金額等。這些資料經過程式整理、或已經儲存在資料庫內，則只要查詢，就可獲得。

2.如果分析 (what if)：

可以回答如果有某些因素變動，而可能發生的結果。比如：如果銷貨增加 10%，毛利可增加多少？如果採用退休金計畫，現金流動量有何影響？如果薪資增加 5%，對人工成本、或淨利有何影響？如果融資利率降低一碼，對利息支出有何影響？

3. 目標搜尋分析 (goal seeking analysis)：

回答如何達成某個特定目標的問題。比如：想達某目標淨利，則銷貨與費用的水準可在哪個範圍內？如果某貨品想達到 25% 的市場佔有率，則該貨品至少應有的銷貨金額為多少？或銷貨數量為多少？如果想節省10%的製造成本，各個成本要素應節省的金額為多少？哪些成本要素可能節省？

4. 敏感度分析 (sensitivity analysis)：

也是一種「如果分析」。針對決策要素提出變動假設，以確定在某一特定水準下，可以增、減該要素的範圍。比如：若下一季各貨品的銷貨量都減少 10%，則對淨利有何影響？欲增收訂單，增加生產量，則在不影響成本結構的情況下，可增加生產量之上、下限各為多少？如何在既定利潤目標下，改變成本結構？

5. 模擬分析 (simulation)：

提供主要要素的期望值，使用不同的機率或變動率模擬某一特定狀況。比如：模擬五年的預算，觀察每年的銷貨、及淨利的變動情形；或模擬不同銷貨水準下的淨利變動情形；或模擬在不同銷貨水準下對現金預算的影響。

第八節　結　語

會計資訊系統的目標是提供有用的資訊給使用者作決策用。各類有關的報表即為達到此目的而編製。在電腦化會計資訊時代，管理人員應瞭解如何運用會計資訊系統提供不同的管理報告給不同的管理階層制訂決策，以達成管理、及控制目標。因而本章先說明管理報告的類別，管理階層常使用的財務報告及非財務類的資訊報告。有關管理階層使用的財務報告和提供給外部使用者的財務報表有何不同也在本章說明清楚。

由於管理人員應熟知預算和績效報告觀念，所以除了詳述預算的編製過程，常用的現金預算、經營預算及績效報告都在本章舉例說明，使讀者充分瞭解其財務規劃的功能。由於會計資訊系統不只是作業執行系統而已，故而舉例說明如何利用會計資訊開發專家系統、主管資訊系統及決策支援系統，也簡述這些具有特殊用途的資訊系統的組成分子。希望管理人員在將來能多開發這類高階應用系統，以使管理人員能以自己的專業素養，運用會計資訊系統，提供有用的資訊給管理階層各項有關的決策資訊，充分發揮管理人員的專業管理、諮詢能力。

研討習題

1.試述管理報告的類別。
2.舉例說明非財務類的資訊報告類別。
3.管理階層使用的財務報告與外部使用者的財務報表有何不同？
4.簡述管理階層常用的三種類型財務類報告。
5.預算的功能為何？常用的有哪些？
6.績效報告是什麼？與預算有何關係？有何不同？
7.會計資訊系統若設置專家系統可提供哪些功能？
8.會計資訊系統可提供主管資訊系統哪些資訊？試舉例說明。
9.會計資訊系統在決策支援系統方面，有哪些功能？
10.試述會計資訊系統中的決策支援系統所用的資料庫類別及其內容。
11.試列舉決策支援系統可應用會計資訊的模式。
12.簡述會計決策支援系統可用的分析技術。

參考文獻

AICPA. "Improving Business Reporting—A Customer Focus Report." The AICPA Special Committee on Financial Reporting, Supplement to the *Journal of Accountancy*, September 1994: 4.

Cerullo, M. J. and Cerullo, V., "Information for Management Decision Making." *International Journal of Management*, September 1987: 467–476.

Cerullo, M. J. and Greer, O., "Using Decision Support in the Basic Accounting Information System Course." *Journal of Accountancy and Computers*, Fall 1992: 27–47.

Hall, James, *Accounting Information Systems*, st. Paul, Minn. West Publishing Co., 1995.

Keyes, E. T., "Budget-Busting Leases," Internal Auditor, June 1995: 66.

Labrack, B. D., "Small Business Controller," *Management Accounting*, November 1994: 38–41.

Moscove, S. A., Simkin, M. G., & Bagranoff, N. A., *Core Concepts of Accounting Information Systems*, John Wiley & Sons, Inc., New York, 1997.

Romney, M. B., Steinbart, P. J., & Cushing, B. E., *Accounting Information Systems*, Seventh ed., Addison-Wesley, 1996.

Schwartz, E. I., "Software Even a CEO Could Love." *Business Week*, November 2, 1992: 132–137.

Waller, T. C. and Gallun, R. A., "Microcomputer Literacy Requirements in the Accounting Industry." *Journal of Accounting Education*, 3, Fall 1985: 31–40.

Wilkinson, J. W. & Cerullo, M. J., *Accounting Information Systems—Essential Concepts and Applications*, Third ed., John Wiley & Sons, Inc., 1997.

電腦叢書書目

電腦啟蒙	齊 玉	著
計算機概論	朱惠勇 黃煌嘉	著
計算機概論	盧希鵬	著
計算機概論	鄒宏基 陳素貞 陳自雄 陳智豪	著
計算機程式	王泰裕	著
計算機概論總整理	蔡文能	著
資訊處理	黃景彰 黃仁宏	著
企業資訊系統設計	劉振漢	著
COBOL 程式語言	許桂敏	著
COBOL 技巧化設計	林柏青	著
FORTRAN 程式語言	劉振漢	著
應用 PASCAL	朱德中	著
PASCAL 程式語言	陳振三	著
NCR COBOL 程式設計範例集	何促勝	著
微算機應用	王明習	著
系統分析	陳 進	著
系統分析與設計	吳宗成	著
IBM PC 初學指導與 BASIC	羅鳳鳴 李政輯	編著
（IBM PC）DOS 系統	劉振漢	著
dBASE IV 精華	陳俊仁	譯
dBASE IV 剖析	陳俊仁 王派欽 郭銘良	譯
dBASE IV 1.5設計師寶典	Howard Dickler 原著 陳建源、彭勝龍 譯	
精通 Quick C	趙象華 蔡文財	著
1-2-3 指令詳解（2.2版）	張進丁	譯
1-2-3 初學指導（Release 3）	張進丁	譯
TURBO C 程式設計入門	張進丁	譯
PE II 文書處理	陳麗卿	著
學習並有效運用 LOTUS 1-2-3	鄧志成	著
區域網路與連結技術	黃能富	著

書名	作者
PC BASIC 入門與應用	王弘宗 編著
Auto CAD Release 11學習手冊（附磁碟片）	蕭漢臣 楊洪濤 合譯 黃約瑟
中文版 dBASE III PLUS 入門學習教材	彭勝龍 許正憲 編著
PC FORTRAN 結構化程式與應用	李惠明 編著
硬式磁碟機使用大全（附磁碟片）	黃泰一 曾儒龍 譯
dBASE III PLUS 入門與實作	謝文雄 著
TURBO C++ 初階——C與C++的比較	廖克煌 賴清詰 譯
精通 TURBO PASCAL 6	黃協羣 譯
Windows 3.1 入門指引	Alan R. Neibauer 著 黃協羣 譯
CLIPPER 實作系列(一): 基礎篇（附磁碟片）	鄧志成 著
CLIPPER 實作系列(二):陣列、網路暨資料庫進階（附磁碟片）	鄧志成 著
類神經網路概論	蔡瑞煌 著
商業套裝軟體	曾文宏 著
作業系統	彭勝龍 著
決策支援系統	范懿文 季延平 著 王存國

三民大專用書書目——會計・審計・統計

書名	作者		單位
會計制度設計之方法	趙仁達	著	
銀行會計	文大熙	著	
銀行會計（上）（下）（革新版）	金桐林	著	
銀行會計實務	趙仁達	著	
初級會計學（上）（下）	洪國賜	著	前淡水工商學院
中級會計學（上）（下）（增訂版）	洪國賜	著	前淡水工商學院
中級會計學題解（增訂版）	洪國賜	著	前淡水工商學院
中等會計（上）（下）	薛光圻 張鴻春	著	美國西東大學 臺灣大學
會計學（上）（下）（修訂版）	幸世間	著	前臺灣大學
會計學題解	幸世間	著	前臺灣大學
會計學概要	李兆萱	著	前臺灣大學
會計學概要習題	李兆萱	著	前臺灣大學
成本會計	張昌齡	著	成功大學
成本會計（上）（下）	費鴻泰 王怡心	著	臺北大學
成本會計習題與解答（上）（下）	費鴻泰 王怡心	著	臺北大學
成本會計（上）（下）（增訂版）	洪國賜	著	前淡水工商學院
成本會計題解（上）（下）（增訂版）	洪國賜	著	前淡水工商學院
成本會計	盛禮約	著	真理大學
成本會計習題	盛禮約	著	真理大學
成本會計概要	童綷	著	
管理會計	王怡心	著	中興大學
管理會計習題與解答	王怡心	著	中興大學
政府會計	李增榮	著	政治大學
政府會計－與非營利會計（增訂版）	張鴻春	著	臺灣大學
政府會計題解－與非營利會計（增訂版）	張鴻春 劉淑貞	著	臺灣大學
財務報表分析	洪國賜 盧聯生	著	前淡水工商學院 輔仁大學
財務報表分析題解	洪國賜	著	前淡水工商學院
財務報表分析（增訂版）	李祖培	著	臺北大學

書名	作者		單位
財務報表分析題解	李祖培	著	臺北大學
稅務會計（最新版）（含兩稅合一）	卓敏枝 盧聯生 莊傳成	著	臺灣大學 輔仁大學 文化大學
珠算學（上）（下）	邱英祧	著	
珠算學（上）（下）	楊渠弘	著	臺中技術學院
商業簿記（上）（下）	盛禮約	著	真理大學
審計學	殷文俊 金世朋	著	政治大學
統計學	成灝然	著	臺中技術學院
統計學	柴松林	著	交通大學
統計學	劉南溟	著	前臺灣大學
統計學	張浩鈞	著	臺灣大學
統計學	楊維哲	著	臺灣大學
統計學	顏月珠	著	臺灣大學
統計學題解	顏月珠	著	臺灣大學
統計學	張健邦 蔡淑女	著	前政治大學
統計學題解	蔡淑女 著 張健邦 校訂		前政治大學
統計學（上）（下）	張素梅	著	臺灣大學
現代統計學	顏月珠	著	臺灣大學
現代統計學題解	顏月珠	著	臺灣大學
商用統計學	顏月珠	著	臺灣大學
商用統計學題解	顏月珠	著	臺灣大學
商用統計學	劉一忠	著	舊金山州立大學
推理統計學	張碧波	著	銘傳大學
應用數理統計學	顏月珠	著	臺灣大學
統計製圖學	宋汝濬	著	臺中技術學院
統計概念與方法	戴久永	著	交通大學
統計概念與方法題解	戴久永	著	交通大學
迴歸分析	吳宗正	著	成功大學
變異數分析	呂金河	著	成功大學
多變量分析	張健邦	著	前政治大學
抽樣方法	儲全滋	著	成功大學
抽樣方法——理論與實務	鄭光甫 韋端	著	中央大學 前行政院主計處
商情預測	鄭碧娥	著	成功大學

三民大專用書書目——心理學

書名	著者		單位
心理學（修訂版）	劉安彥	著	傑克遜州立大學
心理學	溫世頌	著	
心理學	張春興 楊國樞	著	臺灣師大等
怎樣研究心理學	王書林	著	
人事心理學	黃天中	著	淡江大學
人事心理學	傅肅良	著	前中興大學
心理測驗（修訂版）	葉重新	著	臺中師院
青年心理學	劉安彥 陳英豪	著	傑克遜州立大學 監察院
人格心理學概要	賈馥茗	著	國策顧問
兒童發展心理學	莊稼嬰 默瑞・湯馬斯 汪欲仙	著	蒙特雷國際研究院

三民大專用書書目——美術

書名	著者		單位
美術	林文昌	著	輔仁大學
國畫（普及本）	林仁傑 江正吉 侯清地	著	臺灣師大 景美女中 內壢高中
水彩畫（普及本）	黃進龍	編著	臺灣師大
油畫（普及本）	馮承芝 莊元薰	編著	臺灣師大
版畫（普及本）	李延祥	編著	臺灣師範
素描（普及本）	黃進龍 楊賢傑	編著	臺灣師大
廣告學	顏伯勤	著	輔仁大學
展示設計	黃世輝 吳瑞楓	著	日本筑波大學 日本京都大學
基本造形學	林書堯	著	臺灣藝術學院
色彩認識論	林書堯	著	臺灣藝術學院
造　形(一)	林銘泉	著	成功大學

書名	作者	單位
造　形(二)	林振陽 著	成功大學
構　成(一)	林清田 編著	臺灣藝術學院
畢業製作	賴新喜 著	成功大學
設計圖法	林振陽 編	成功大學
廣告設計	管倖生 著	成功大學
藝術概論（增訂新版）	陳瓊花 著	臺灣師大
藝術批評	姚一葦 著	前國立藝術學院
美術鑑賞（修訂版）	趙惠玲 著	臺灣師大
兒童與青少年如何說畫——在描述、表示喜好、和判斷繪畫作品時的觀念傾向	陳瓊花 著	臺灣師大
舞蹈欣賞	平珩 主編 張中煖 等著	國立藝術學院
戲劇欣賞——讀戲、看戲、談戲	黃美序 著	文化大學
音樂欣賞（增訂版）	陳樹熙 林谷芳 著	臺灣藝術學院
音樂欣賞	宮芳辰 編著	文藻學院
音　樂（五專）	宋允鵬 著	東吳大學
音　樂（上）、（下）	韋瀚章 林聲翕 著	前珠海學院 前東吳大學